Aprendizado Profundo Para leigos

O aprendizado profundo afeta todas as áreas da sua vida — do smartphone ao diagnóstico médico. O Python é uma linguagem de programação incrível, útil para realizar as tarefas de aprendizado profundo com o mínimo esforço. Ao combinar a enorme quantidade de bibliotecas disponíveis com os frameworks amigáveis ao Python, é possível evitar a codificação de baixo nível normalmente necessária para criar aplicativos de aprendizado profundo. Basta fazer o trabalho. Este material traz as dicas essenciais para tornar sua experiência de programação rápida e fácil.

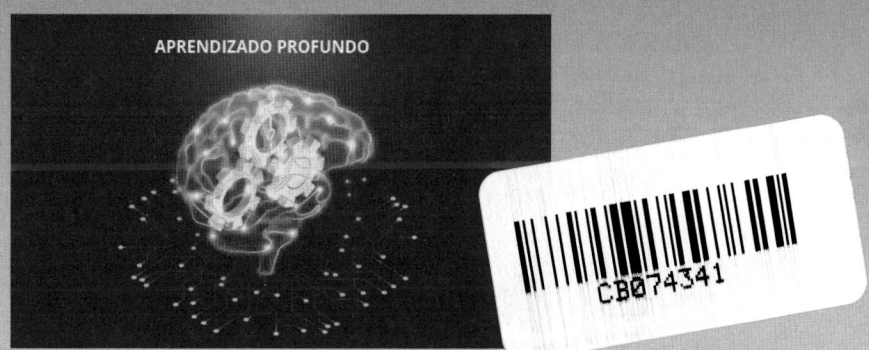

©Por Allies Interactive/Shutterstock

FRAMEWORKS DE APRENDIZADO PROFUNDO

Para aplicar o aprendizado profundo em tarefas de Python sem recriar muitos códigos já desenvolvidos, um framework entra em cena. Ele é uma abstração que cria um ambiente no qual o código é executado. Diferentemente de uma biblioteca que você importa para o aplicativo para fornecer serviços que ele controla, o framework resguarda o aplicativo e propicia um ambiente comum, a fim de criar e implementar aplicativos que funcionem de maneira previsível e confiável.

A lista a seguir (ordenada por popularidade) fala sobre os frameworks básicos compatíveis com o Python.

- **TensorFlow:** Este é atualmente o framework mais popular. Suporta C++ e Python. Ele viabiliza a criação de bons aplicativos como produto de código aberto, mas também tem versões pagas para desenvolvedores que precisem de algo mais. Suas maiores vantagens são a facilidade de instalar e usar. Porém há quem afirme que ele é lento na execução das tarefas.

- **Keras:** O Keras é menos um framework e mais uma API. E também funciona como ambiente de desenvolvimento integrado (IDE), mas geralmente integra-se a outros frameworks de aprendizado profundo usados nesse sentido. Para usar o Keras, é necessário outro framework, como TensorFlow, Theano, MXNet ou CNTK. O Keras é, na verdade, empacotado com o TensorFlow, o que torna a solução fácil para reduzir a complexidade do TensorFlow. A conexão entre o Keras e o TensorFlow só ficará mais forte quando o TensorFlow 2.0 for

Aprendizado Profundo Para leigos

lançado. Felizmente, se optar pela rota Theano, em vez de trabalhar com o TensorFlow, ainda terá a opção de usar o Keras com ele, que suporta as linguagens do framework subjacente.

- **PyTorch:** Escrito na linguagem Lua, o PyTorch deriva do Chainer (mostrado adiante nesta lista). O Facebook inicialmente desenvolveu o PyTorch, mas muitas outras organizações o usam hoje, incluindo o Twitter, o Salesforce e a Universidade de Oxford. O PyTorch é extremamente acessível, usa memória de forma eficiente, é relativamente rápido e é comumente usado para pesquisas. Este framework suporta apenas o Python como linguagem.

- **Theano:** Este framework não desfruta mais de desenvolvimento ativo, o que é um problema expressivo. Porém essa estagnação não impede os desenvolvedores de usar o Theano, pois ele fornece amplo suporte para tarefas numéricas. Além disso, os desenvolvedores consideram seu suporte à GPU acima da média. Este framework suporta apenas o Python.

- **MXNet:** Seu maior apelo é a velocidade. Determinar qual é o mais rápido — MXNet ou CNTK (discutido adiante) — é difícil, mas ambos são bem rápidos e frequentemente contrapostos à lentidão que alguns experimentam ao trabalhar com o TensorFlow. O MXNet é especial porque oferece suporte avançado à GPU, é executável em qualquer dispositivo, oferece uma API imperativa de alto desempenho, fácil serviço de modelo e é altamente escalável. Este framework suporta uma grande variedade de linguagens de programação, incluindo C++, Python, Julia, Matlab, JavaScript, Go, R, Scala, Perl e Wolfram Language.

- **Microsoft Computational Network TookKit (CNTK):** O CNTK é um produto de código aberto que requer o uso de uma nova linguagem, o Network Description Language (NDL), então tem uma pequena curva de aprendizado. Ele suporta o desenvolvimento em C++, C#, Java e Python, proporcionando maior flexibilidade do que muitas soluções. Também é famoso pela alta extensibilidade, o que facilita a adaptação do framework.

- **Caffe2:** Útil quando é necessário usar o aprendizado profundo para tarefas comuns mas não se entende muito de desenvolvimento. As pessoas gostam bastante do Caffe2 porque permite o treinamento e a implementação de modelos sem ter que escrever código. Basta escolher um dos modelos pré-escritos e o adicionar a um arquivo de configuração (similar ao código JSON). Há uma grande seleção de modelos preconcebidos no Model Zoo, úteis para várias necessidades. Este produto suporta C++ e Python diretamente. Em teoria, é extensível pelo Protobuf, mas, de acordo com a discussão do GitHub, isso é arriscado.

- **Chainer:** Seu destaque é a facilidade de acesso à funcionalidade que a maioria dos sistemas oferece ou o acesso por meio de hosts online. Assim, o Chainer confere estes recursos: suporte ao CUDA para acesso à GPU; suporte a múltiplas GPUs com pouco esforço; suporte para uma variedade de redes; suporte à arquitetura por lote; controle de declarações de fluxo em computação antecipada sem perder a retropropagação; e uma funcionalidade de depuração significativa para facilitar a localização de erros. Muitos desenvolvedores usam essa estrutura para substituir bibliotecas, como o Pylearn2, construídas no TensorFlow para preencher a lacuna entre algoritmos e o aprendizado profundo. Este framework suporta apenas o Python.

Aprendizado Profundo

para **leigos**

Aprendizado Profundo

Para leigos

**John Paul Mueller
e Luca Massaron**

ALTA BOOKS
EDITORA
Rio de Janeiro, 2020

Aprendizado Profundo Para Leigos®
Copyright © 2020 da Starlin Alta Editora e Consultoria Eireli. ISBN: 978-85-508-1572-5

Translated from original Deep Learning For Dummies®. Copyright © 2019 by John Wiley & Sons, Inc. ISBN 978-1-119-54304-6. This translation is published and sold by permission of John Wiley & Sons, Inc., the owner of all rights to publish and sell the same. PORTUGUESE language edition published by Starlin Alta Editora e Consultoria Eireli, Copyright © 2020 by Starlin Alta Editora e Consultoria Eireli.

Todos os direitos estão reservados e protegidos por Lei. Nenhuma parte deste livro, sem autorização prévia por escrito da editora, poderá ser reproduzida ou transmitida. A violação dos Direitos Autorais é crime estabelecido na Lei nº 9.610/98 e com punição de acordo com o artigo 184 do Código Penal.

A editora não se responsabiliza pelo conteúdo da obra, formulada exclusivamente pelo(s) autor(es).

Marcas Registradas: Todos os termos mencionados e reconhecidos como Marca Registrada e/ou Comercial são de responsabilidade de seus proprietários. A editora informa não estar associada a nenhum produto e/ou fornecedor apresentado no livro.

Impresso no Brasil — 1ª Edição, 2020 — Edição revisada conforme o Acordo Ortográfico da Língua Portuguesa de 2009.

Produção Editorial Editora Alta Books	**Produtor Editorial** Thiê Alves	**Marketing Editorial** Livia Carvalho marketing@altabooks.com.br	**Editores de Aquisição** José Rugeri j.rugeri@altabooks.com.br Márcio Coelho marcio.coelho@altabooks.com.br	**Ouvidoria** ouvidoria@altabooks.com.br
Gerência Editorial Anderson Vieira		**Coordenação de Eventos** Viviane Paiva comercial@altabooks.com.br		
Gerência Comercial Daniele Fonseca				

Equipe Editorial Adriano Barros Ian Verçosa Illysabelle Trajano Juliana de Oliveira	Keyciane Botelho Laryssa Gomes Leandro Lacerda Maria de Lourdes Borges	Raquel Porto Rodrigo Dutra Thales Silva	**Equipe Design** Ana Carla Fernandes Larissa Lima Paulo Gomes	Thais Dumit Thauan Gomes

Tradução Carolina Gaio	**Copidesque** Alberto G. Streicher	**Revisão Gramatical** Hellen Suzuki Thaís Pol	**Revisão Técnica** Carlos Eduardo P. de Camargo Doutor em Tecnologias da Inteligência e Design Digital(TIDD/PUC-SP)	**Diagramação** Luisa Maria Gomes

Publique seu livro com a Alta Books. Para mais informações envie um e-mail para autoria@altabooks.com.br

Obra disponível para venda corporativa e/ou personalizada. Para mais informações, fale com projetos@altabooks.com.br

Erratas e arquivos de apoio: No site da editora relatamos, com a devida correção, qualquer erro encontrado em nossos livros, bem como disponibilizamos arquivos de apoio se aplicáveis à obra em questão.

Acesse o site **www.altabooks.com.br** e procure pelo título do livro desejado para ter acesso às erratas, aos arquivos de apoio e/ou a outros conteúdos aplicáveis à obra.

Suporte Técnico: A obra é comercializada na forma em que está, sem direito a suporte técnico ou orientação pessoal/exclusiva ao leitor.

A editora não se responsabiliza pela manutenção, atualização e idioma dos sites referidos pelos autores nesta obra.

Ouvidoria: ouvidoria@altabooks.com.br

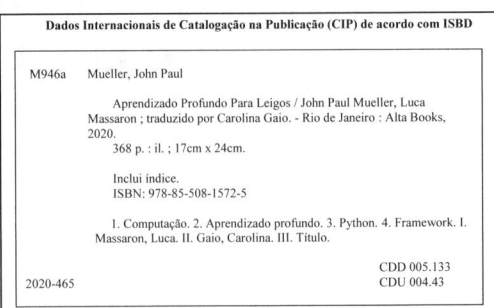

Dados Internacionais de Catalogação na Publicação (CIP) de acordo com ISBD

M946a   Mueller, John Paul
         Aprendizado Profundo Para Leigos / John Paul Mueller, Luca Massaron ; traduzido por Carolina Gaio. - Rio de Janeiro : Alta Books, 2020.
         368 p. : il. ; 17cm x 24cm.

         Inclui índice.
         ISBN: 978-85-508-1572-5

         1. Computação. 2. Aprendizado profundo. 3. Python. 4. Framework. I. Massaron, Luca. II. Gaio, Carolina. III. Título.

2020-465   CDD 005.133
                 CDU 004.43

Elaborado por Vagner Rodolfo da Silva - CRB-8/9410

Rua Viúva Cláudio, 291 — Bairro Industrial do Jacaré
CEP: 20.970-031 — Rio de Janeiro (RJ)
Tels.: (21) 3278-8069 / 3278-8419
ALTA BOOKS   www.altabooks.com.br — altabooks@altabooks.com.br
EDITORA   www.facebook.com/altabooks — www.instagram.com/altabooks

Sobre os Autores

John Mueller é autor freelancer e editor técnico. Tem a escrita correndo nas veias: até hoje, produziu 112 livros e mais de 600 artigos, cujos tópicos abarcam networking, inteligência artificial, gerenciamento de banco de dados e programação heads-down, entre outros. Alguns de seus últimos livros incluem debates sobre data science, aprendizado de máquina e algoritmos. Suas habilidades técnicas de edição foram empregadas para auxiliar mais de 70 autores a refinar o conteúdo de seus manuscritos. John prestou serviços de edição técnica para várias revistas, realizou diversos tipos de consultoria e escreveu exames de certificação. Não deixe de ler seu blog: http://blog.johnmuellerbooks.com/. Você pode contatá-lo pelo e-mail John@JohnMuellerBooks.com. Ele também tem um site: http://www.johnmuellerbooks.com/. E siga John na Amazon: https://www.amazon.com/John-Mueller/.

Luca Massaron é cientista de dados e diretor de pesquisa de marketing, especializado em análise estatística multivariada, aprendizado de máquina e percepção de clientes, com mais de uma década de experiência na solução de problemas reais, além de gerar valor para stakeholders mediante aplicação de lógica, estatística, data mining e algoritmos. Pioneiro em análise de audiência na web, começou na Itália, objetivando, na época, alcançar o ranking dos dez maiores do Kaggle, em kaggle.com. Luca sempre foi apaixonado por tudo o que diz respeito a dados e análises, e por demonstrar o poder da descoberta do conhecimento baseada em dados para especialistas e amadores. Entusiasta da simplicidade, em detrimento de sofisticações desnecessárias, acredita que muito será alcançado no data science por meio do entendimento e da prática de seus aspectos essenciais. Luca também é Google Developer Expert (GDE) em aprendizado de máquina, função exercida por desenvolvedores de altíssimo nível.

Dedicatória de John

Este livro é dedicado aos meus vizinhos, pessoas excepcionalmente gentis, Donnie e Shannon Thompson. Eles redefiniram a ideia que eu tinha de "vizinho" de tantas maneiras, que perdi a conta.

Dedicatória de Luca

Gostaria de dedicar este livro à minha família, Yukiko e Amelia; a meus pais, Renzo e Licia; e à família de Yukiko: Yoshiki, Takayo e Makiko.

Agradecimentos de John

Agradeço à minha esposa, Rebecca. Mesmo que tenha partido recentemente, seu espírito está em todos os livros que escrevo, em cada palavra que aparece nas páginas. Ela acreditou em mim quando ninguém mais o fez.

Russ Mullen merece agradecimentos por sua edição técnica deste livro. Ele contribuiu muito para a precisão e a complexidade do material que você vê aqui. Seu trabalho foi excepcional, ajudou nas pesquisas, localizou URLs difíceis de encontrar e ainda nos ofereceu muitas sugestões.

Matt Wagner, meu agente, merece crédito por ter me ajudado a conseguir o contrato, antes de tudo, e por ter cuidado de todos os detalhes em que a maioria dos autores nem pensa. Sempre valorizei seu apoio. É bom saber que existe alguém solícito por perto.

Várias pessoas leram todo ou parte deste livro para me ajudar a refinar a abordagem, testar scripts e, de modo geral, apresentar informações que todos os leitores gostariam de conhecer. Esses voluntários contribuíram de tantas formas, que é impossível as enumerar. Destaco especialmente a dedicação de Eva Beattie, Glenn A. Russell, Sr. Osvaldo Téllez Almirall e Simone Scardapane, que colaboraram de maneira mais geral, leram todo o livro e se dedicaram abnegadamente a este projeto.

Por fim, gostaria de agradecer a Katie Mohr, Susan Christophersen e a toda a equipe editorial e de produção.

Agradecimentos de Luca

Meus maiores agradecimentos vão para minha família, Yukiko e Amelia, por seu apoio, paciência e carinho. Também quero agradecer a Simone Scardapane, professora-assistente da Universidade Sapienza (de Roma) e colega Google Developer Expert, que fez críticas construtivas inestimáveis durante o desenvolvimento deste livro.

Sumário Resumido

Introdução 1

Parte 1: Mergulhando no Aprendizado Profundo 7
- **CAPÍTULO 1:** Apresentando o Aprendizado Profundo 9
- **CAPÍTULO 2:** Conhecendo o Aprendizado de Máquina 25
- **CAPÍTULO 3:** Obtendo e Utilizando o Python 45
- **CAPÍTULO 4:** Aproveitando Frameworks de Aprendizado Profundo 73

Parte 2: Erguendo os Alicerces do Aprendizado Profundo 91
- **CAPÍTULO 5:** Revisando Matriz e Otimização. 93
- **CAPÍTULO 6:** Fincando as Bases da Regressão Linear 111
- **CAPÍTULO 7:** Apresentando as Redes Neurais 131
- **CAPÍTULO 8:** Elaborando uma Rede Neural Básica 149
- **CAPÍTULO 9:** Chegando Junto do Aprendizado Profundo. 163
- **CAPÍTULO 10:** Explicando as Redes Neurais Convolucionais 179
- **CAPÍTULO 11:** Apresentando as Redes Neurais Recorrentes................. 201

Parte 3: Interagindo com o Aprendizado Profundo 215
- **CAPÍTULO 12:** Classificando Imagens. 217
- **CAPÍTULO 13:** Aprendendo CNNs Avançadas 233
- **CAPÍTULO 14:** Processando a Linguagem. 251
- **CAPÍTULO 15:** Produzindo Música e Arte Visual 269
- **CAPÍTULO 16:** Construindo Redes Generativas Adversárias.................. 281
- **CAPÍTULO 17:** Aprendendo por Reforço 295

Parte 4: A Parte dos Dez 311
- **CAPÍTULO 18:** Dez Aplicações do Aprendizado Profundo.................... 313
- **CAPÍTULO 19:** Dez Queridinhas do Aprendizado Profundo 323
- **CAPÍTULO 20:** Dez Profissões que Usam o Aprendizado Profundo 333

Índice 341

Sumário

INTRODUÇÃO 1
    Sobre Este Livro 1
    Penso que... 2
    Ícones Usados Neste Livro 3
    Além Deste Livro 4
    De Lá para Cá, Daqui para Lá 5

PARTE 1: MERGULHANDO NO APRENDIZADO PROFUNDO 7

CAPÍTULO 1: Apresentando o Aprendizado Profundo 9
    O que Significa Aprendizado Profundo 10
        Partindo da inteligência artificial 11
        Refletindo sobre o papel da IA 12
        Mirando o aprendizado de máquina 15
        Passando do aprendizado de máquina para o aprendizado profundo ... 16
    Aprendizado Profundo no Mundo Real 18
        Entendendo o conceito de aprendizado 18
        Tarefas com o aprendizado profundo 19
        Aprendizado profundo em aplicações 19
    Ambiente de Programação do Aprendizado Profundo 19
    Superando o Falatório 22
        Descobrindo o ecossistema de start-up 22
        Quando usar o aprendizado profundo 22

CAPÍTULO 2: Conhecendo o Aprendizado de Máquina 25
    Definindo Aprendizado de Máquina 26
        Entendendo como o aprendizado de máquina funciona 26
        A matemática manda! 27
        Aprendendo com diferentes estratégias 28
        Treinamento, validação e teste 30
        Caçando a generalização 32
        Conhecendo os limites do viés 32
        Considerando a complexidade do modelo 33

Mapeando Rotas para o Aprendizado. 33
    Nem o pão, nem a cachaça, nada é de graça!. 34
    As cinco principais abordagens. 34
    Avaliando abordagens diferentes. 36
    Esperando a revolução. 39
Fazendo Usos Reais. 40
    Entendendo os benefícios. 40
    Descobrindo os limites. 42

CAPÍTULO 3: Obtendo e Utilizando o Python. 45

Trabalhando com Python. 46
Obtendo uma Cópia do Anaconda. 47
    Anaconda do Continuum Analytics. 47
    Instalando o Anaconda no Linux. 47
    Instalando o Anaconda no MacOS. 48
    Instalando o Anaconda no Windows. 50
Baixando os Conjuntos de Dados e os Códigos de Exemplo. 54
    Usando o Jupyter Notebook. 54
    Determinando o repositório de código. 56
    Obtendo e usando conjuntos de dados. 61
Criando o Aplicativo. 62
    Entendendo as células. 62
    Adicionando células de documentação. 64
    Usando outros tipos de célula. 64
Entendendo o Uso do Recuo. 65
Adicionando Comentários. 66
    Entendendo os comentários. 67
    Usando comentários como lembretes. 68
    Usando comentários para impedir a execução do código. . . . 69
Conseguindo Ajuda para o Python. 69
Trabalhando na Nuvem. 70
    Usando kernels e conjuntos de dados do Kaggle. 70
    Usando o Google Colaboratory. 70

CAPÍTULO 4: Aproveitando Frameworks de Aprendizado Profundo. 73

Apresentando os Frameworks. 74
    Determinando as diferenças. 74
    Explicando a popularidade dos frameworks. 75
    Framework para aprendizado profundo. 77
    Escolhendo um framework específico. 78

Lidando com Frameworks Low-End........................... 79
    Caffe2 79
    Chainer 80
    PyTorch.. 80
    MXNet 81
    Microsoft Cognitive Toolkit/CNTK........................ 82
Entendendo o TensorFlow.................................. 82
    Sacando por que o TensorFlow é tão bom 82
    Simplificando o TensorFlow com TFLearn 84
    O melhor simplificador: Keras 85
    Obtendo uma cópia do TensorFlow e do Keras 86
    Corrigindo o erro de ferramenta de construção
      de C++ no Windows................................. 88
    Acessando seu novo ambiente no Notebook 89

PARTE 2: ERGUENDO OS ALICERCES DO APRENDIZADO PROFUNDO 91

CAPÍTULO 5: **Revisando Matriz e Otimização**...................... 93

Revelando a Matemática Necessária......................... 94
    Trabalhando com dados 94
    Criando e operando com uma matriz..................... 95
Entendendo Escalar, Vetor e Operações Matriciais 96
    Criando uma matriz 97
    Multiplicando matrizes................................. 99
    Fazendo operações avançadas 100
    Levando a análise aos tensores.........................103
    Usando a vetorização com eficácia 104
Interpretando com Otimização..............................105
    Explorando funções de custo...........................106
    Curva descendente de erro 107
    Descobrindo a direção certa............................107
    Atualizando..109

CAPÍTULO 6: **Fincando as Bases da Regressão Linear**..........111

Combinando Variáveis 112
    Começando com regressão linear simples 113
    Conquistando a regressão linear múltipla 113
    Incluindo a descida de gradiente.......................115
    Luz, câmera, ação!...................................116

Misturando Tipos de Variáveis 117
    Modelando as respostas 117
    Modelando os elementos 118
    Lidando com relações complexas 119
Alternando entre as Probabilidades 121
    Especificando uma resposta binária 121
    Transformando estimativas numéricas em probabilidades ... 122
Conjeturando os Elementos Certos 124
    Definindo resultados de elementos incompatíveis 124
    Resolvendo o sobreajuste com seleção e regularização ... 125
Aprendendo com um Exemplo por Vez 126
    Usando a descida de gradiente 127
    Descobrindo por que a SGD é diferente 127

CAPÍTULO 7: Apresentando as Redes Neurais 131

O Incrível Perceptron 132
    Entendendo a funcionalidade 132
    Atingindo o limite de não separabilidade 134
Detonando a Complexidade com as Redes Neurais 136
    Considerando o neurônio 136
    Nutrindo dados com alimentação adiante 138
    Caçando o fio de Ariadne 140
    Adaptando com retropropagação 143
Guerra ao Sobreajuste! 146
    Compreendendo o problema 146
    Abrindo a caixa-preta 147

CAPÍTULO 8: Elaborando uma Rede Neural Básica 149

Entendendo as Redes Neurais 150
    Definindo a arquitetura básica 151
    Documentando os módulos essenciais 152
    Resolvendo um problema simples 155
Entrando nos Bastidores das Redes Neurais 158
    Escolhendo a função de ativação ideal 158
    Confiando em um otimizador inteligente 160
    Definindo a taxa de aprendizado 161

CAPÍTULO 9: Chegando Junto do Aprendizado Profundo ... 163

Se Esses Dados Fossem Meus 164
    Considerando os efeitos da estrutura 164
    Entendendo as implicações de Moore 165
    Entendendo as transformações 166

Quanto Mais, Melhor 167
    Definindo as ramificações dos dados 167
    A ladra do tempo 168
Processando Mais Rápido que Nunca 169
    Aproveitando a potência dos hardwares 170
    Fazendo outros investimentos 170
O Aprendizado Profundo Não É Mais uma IA na Fila do Pão 171
    Indo a fundo 171
    Alterando as ativações 173
    Não, não me abandone! 174
Encontrando a Metade da Laranja 175
    Aprendendo online 176
    Aprendendo por transferência 176
    Aprendendo de ponta a ponta 177

CAPÍTULO 10: **Explicando as Redes Neurais Convolucionais** ... 179

Reconhecendo Caracteres 180
    Noções básicas de imagens 180
Explicando Como as Convoluções Funcionam 183
    Entendendo as convoluções 183
    Simplificando o uso do agrupamento 187
    Descrevendo a arquitetura LeNet 188
Detectando Bordas e Formas em Imagens 193
    Visualizando as convoluções 194
    Analisando arquiteturas eficientes 196
    Transferência de aprendizado 197

CAPÍTULO 11: **Apresentando as Redes Neurais Recorrentes** ... 201

Apresentando as Redes Recorrentes 202
    Modelando sequências com memória 202
    Reconhecendo e traduzindo a fala humana 204
    Inserindo a legenda correta nas fotos 206
Explicando a Memória Longa de Curto Prazo 207
    Definindo as diferenças de memória 208
    Um passeio pela arquitetura LSTM 209
    Descobrindo variantes interessantes 211
    Obtendo a atenção necessária 212

PARTE 3: INTERAGINDO COM O APRENDIZADO PROFUNDO...........215

CAPÍTULO 12: **Classificando Imagens**...............217
Conhecendo os Desafios da Classificação de Imagens..........218
    Analisando o ImageNet e o MS COCO...............219
    Aprendendo a mágica do aumento de dados..............221
Distinguindo Sinais de Trânsito.......................224
    Preparando os dados de imagens.....................225
    Executando uma tarefa de classificação..................228

CAPÍTULO 13: **Aprendendo CNNs Avançadas**.................233
Distinguindo as Tarefas de Classificação....................234
    Executando a localização........................235
    Classificando múltiplos objetos.....................236
    Anotando múltiplos objetos em imagens................237
    Segmentando imagens........................238
Percebendo Objetos nos Ambientes.....................239
    Descobrindo como o RetinaNet funciona................239
    Usando o código do Keras-RetinaNet..................241
Superando Ataques Adversariais a Aplicações
de Aprendizado Profundo..........................245
    Enganando pixels...........................246
    Hackeando com adesivos e outros artefatos...............248

CAPÍTULO 14: **Processando a Linguagem**..................251
Fazendo Acontecer............................252
    Compreendendo como tokenização...................253
    Colocando tudo no saco........................254
Memorizando Sequências Relevantes....................257
    Entendendo a semântica........................257
Encosta no Meu Ombro e Chora......................261

CAPÍTULO 15: **Produzindo Música e Arte Visual**..............269
Aprendendo a Imitar a Arte e a Vida....................270
    Transferindo um estilo artístico....................271
    Reduzindo o problema a estatísticas..................273
    O aprendizado profundo não cria nada.................274
Imitando um Artista............................275
    Gerando uma nova obra com base em um artista único.....275
    Combinando estilos para criar arte nova................277

Sonhando com as redes neurais 277
Compondo música com uma rede 278

CAPÍTULO 16: Construindo Redes Generativas Adversárias 281

Pedindo a Cabeça das Redes 282
Disparando a largada 282
Resultados mais realistas 284
Uma Área em Crescimento 291
Criando fotos realistas de celebridades 291
Detalhes e conversão de imagens 292

CAPÍTULO 17: Aprendendo por Reforço 295

Jogando com as Redes Neurais 296
Apresentando o aprendizado por reforço 297
Simulando ambientes de jogos 298
Apresentando o Q-learning 302
Esmiuçando o Alpha-Go 305
Sabendo se você está pronto para vencer 306
Aplicando o autoaprendizado em escala 308

PARTE 4: A PARTE DOS DEZ 311

CAPÍTULO 18: Dez Aplicações do Aprendizado Profundo 313

Recuperando a Cor de Imagens e Vídeos em Preto e Branco 314
Reconhecendo Movimentos Humanos em Tempo Real 315
Analisando o Comportamento em Tempo Real 316
Traduzindo Idiomas 316
Economizando com Energia Solar 317
Superando os Seres Humanos em Jogos Eletrônicos 317
Produzindo Vozes Digitais 318
Prevendo Dados Demográficos 319
Gerando Arte a partir de Imagens do Mundo Real 320
Prevendo Desastres Naturais 321

CAPÍTULO 19: Dez Queridinhas do Aprendizado Profundo ... 323

Compilando com o Theano 323
Incrementando o TensorFlow com o Keras 324
Computando Gráficos Dinâmicos com o Chainer 325
Simulando o Ambiente do MATLAB com o Torch 326
Dinamizando Tarefas com o PyTorch 326
Acelerando a Pesquisa com o CUDA 327

Viabilizando as Necessidades
  Corporativas com o Deeplearning4j 329
Extraindo Dados com Neural Designer 329
Treinando Algoritmos com o Microsoft
  Cognitive Toolkit (CNTK) 330
Esgotando Toda a Capacidade da GPU com o MXNet 331

CAPÍTULO 20: Dez Profissões que Usam o Aprendizado Profundo 333

Gerenciando Pessoas 334
Aprimorando a Medicina 334
Desenvolvendo Novos Dispositivos 335
Atendendo Melhor ao Cliente 336
Olhando os Dados por Outro Ângulo 336
Analisando Mais Rápido 337
Criando um Ambiente Melhor 337
Encontrando Informações Difíceis 339
Erguendo Construções 339
Reforçando a Segurança 340

ÍNDICE 341

Introdução

Quando conversa com as pessoas sobre o aprendizado profundo, a maioria acha que se trata de um mistério profundamente obscuro; mas, na verdade, ele não tem nada de misterioso — você o usa toda vez que fala com o smartphone; ou seja, ele está a seu lado todos os dias. Ele é utilizado a todo momento. Por exemplo, quando usa muitos aplicativos online e até mesmo quando faz compras. Você está cercado pelo aprendizado profundo e mal percebe, o que torna essencial entendê-lo, porque ele faz muito mais do que se imagina.

Algumas pessoas têm uma ideia do aprendizado profundo que não corresponde à realidade. Acham que, de algum jeito, ele acarretará um tenebroso apocalipse; mas isso não é uma possibilidade tangível com a tecnologia de hoje. O mais provável é que alguém encontre uma forma de usá-lo para criar pessoas falsas, com o propósito de cometer crimes ou dar um calote milionário no governo. De qualquer forma, robôs assassinos definitivamente não fazem parte do futuro.

Independentemente de você ser afeito ao cenário místico ou ao apocalíptico, esperamos que leia *Aprendizado Profundo Para Leigos* com o objetivo de entender o que ele, de fato, faz. Essa tecnologia realiza mais tarefas banais do que você provavelmente acredita ser possível, mas também tem limites, e é necessário conhecer esses dois lados.

Sobre Este Livro

Conforme percorrer *Aprendizado Profundo Para Leigos*, você terá acesso a muitos códigos de exemplo executáveis em sistemas padrões Mac, Linux ou Windows. Também é possível rodar o código online usando o Google Colab ou análogos. (Ensinamos a obter as informações necessárias para fazer isso.) Equipamentos especiais, como uma GPU (graphical processing unit), farão com que os exemplos sejam executados mais rapidamente. No entanto, o objetivo deste livro é que consiga criar um código de aprendizado profundo, independentemente do tipo de máquina que tiver, contanto que se disponha a esperar o tempo necessário para concluí-lo. (Nós lhe diremos quais exemplos demoram para ser executados.)

A primeira parte deste livro apresenta algumas informações elementares para lhe dar uma base antes de começar. Você descobrirá como instalar os vários produtos de que precisa e passará a ter uma noção de um pouco da matemática essencial. Os primeiros exemplos estão mais no campo da regressão padrão e do aprendizado de máquina, mas essa base é necessária para entender de forma geral o que o aprendizado profundo pode fazer por você.

Depois dessas informações iniciais, você começará a fazer algumas coisas incríveis. Descobrirá como gerar a própria arte e executar tarefas que talvez tenha presumido que exigissem muita codificação e tipos especiais de hardware. No final do livro, ficará surpreso com tudo o que pode fazer, mesmo sem um curso avançado de aprendizado de máquina ou de aprendizado profundo.

Para facilitar ainda mais a compreensão dos conceitos, este livro usa as seguintes convenções:

» O texto que você deve digitar exatamente como aparece no livro está em **negrito**. A exceção acontece quando lidar com uma lista de etapas: como todas estão em negrito, o texto a ser digitado não tem destaque.

» Quando vir palavras em *itálico* como parte de uma sequência de digitação, é necessário substituí-las pelo que for aplicável a seu caso. Por exemplo, se vir "Digite **Seu nome** e pressione Enter", é necessário substituir o trecho *Seu nome* pelo seu nome real.

» Endereços da web e código de programação aparecem em `monofont`. O conteúdo da maioria dos sites está em inglês.

» As sequências de comandos que você precisa digitar estão separadas por uma seta especial, assim: Arquivo ➪ Novo. Seguindo esse exemplo, você acessaria primeiro o menu Arquivo e, em seguida, a entrada Novo.

Penso que...

É difícil de acreditar que presumimos algo sobre você — afinal, ainda nem o conhecemos! Embora a maioria seja boba, fizemos algumas suposições para estabelecer um ponto de partida para o livro.

Você precisa estar familiarizado com a plataforma que deseja usar, porque o livro não oferece nenhuma orientação a esse respeito. (O Capítulo 3, no entanto, apresenta instruções para a instalação do Anaconda, e o Capítulo 4 o ajuda a instalar os frameworks TensorFlow e Keras que usamos aqui.) Para conseguirmos passar o máximo de informações sobre como o Python se aplica ao aprendizado profundo, não discutimos nenhum problema específico da plataforma. Você precisa saber como instalar e usar aplicativos, e, de modo geral, como lidar com a plataforma escolhida antes de começar a trabalhar com este livro.

Você precisa saber como trabalhar com o Python. Há uma grande variedade de tutoriais online (veja exemplos, em inglês, em `https://www.w3schools.com/python/` e `https://www.tutorialspoint.com/python/`).

Este livro não é um manual de matemática. Sim, há muitos exemplos de matemática complexa, mas a ênfase é ajudá-lo a usar o Python para executar tarefas de aprendizado profundo, não ensinar teoria matemática. Incluímos alguns exemplos que discutem a aplicação do aprendizado de máquina ao aprendizado profundo. Os Capítulos 1 e 2 apresentam uma compreensão melhor do que exatamente você precisa saber para usar o livro com excelência.

Este livro também presume que você consegue acessar a internet. Há inúmeras referências a material online espalhadas por toda parte, que aprimorarão sua experiência de aprendizagem. No entanto, essas fontes que adicionamos somente lhe serão úteis se as encontrar e aplicar.

Ícones Usados Neste Livro

Ao ler o livro, verá ícones nas margens que indicam material de interesse (ou não, conforme o caso). Esta seção descreve brevemente cada um deles.

Dicas são legais porque o ajudam a economizar tempo ou realizar alguma tarefa sem muito trabalho. As dicas deste livro são técnicas para economizar tempo ou indicativos de recursos que deve experimentar para obter o máximo do Python ou da execução das tarefas relacionadas ao aprendizado profundo.

Não queremos parecer pais irritados ou algum tipo de maníaco, mas evite fazer o que estiver marcado com este ícone. Do contrário, seu aplicativo pode não funcionar como o esperado, você pode obter respostas erradas dos algoritmos, aparentemente à prova de balas, ou (na pior das hipóteses), perder dados.

Sempre que vir este ícone, pense em dicas ou técnicas avançadas. Você pode achar essas informações úteis chatas à beça, mas elas podem ser a solução de que precisa para rodar um programa. Ignore-as se quiser.

Se não conseguir extrair muito de um capítulo ou seção em particular, lembre-se do material marcado por este ícone. Esses trechos geralmente contêm processos essenciais ou algumas informações que deve saber para trabalhar com o Python ou executar tarefas relacionadas ao aprendizado profundo da melhor forma possível.

Além Deste Livro

Este livro não é o fim de sua experiência com o aprendizado profundo nem com o Python — é apenas o começo. Oferecemos conteúdo online para torná-lo mais flexível e capaz de atender a suas necessidades. Você tem acesso a todos estes extras legais:

» **Folha de cola:** Você se lembra de quando fazia resumos, na época da escola, para tirar notas melhores? Ainda os faz? Bem, uma folha de cola é mais ou menos isso. Ela sintetiza alguns pontos especiais sobre tarefas que o Python, o aprendizado de máquina e o data science realizam, que poucas pessoas conhecem. Vá para www.altabooks.com.br; basta pesquisar o título/ISBN do livro e buscar.

» **Acompanhamentos:** Fala sério! Quem quer digitar o código todo que está no livro e reconstruir todas as redes neurais manualmente? A maioria dos leitores prefere passar seu tempo trabalhando com o Python, realizando tarefas com o aprendizado de máquina ou com o aprendizado profundo e procurando atividades interessantes para fazer, em vez de digitar. Sorte a sua! Os exemplos que usamos estão disponíveis para download, então tudo que precisa fazer é ler o livro para aprender como aplicar o Python às técnicas do aprendizado profundo. Em www.altabooks.com.br, você encontra esses arquivos. Pesquise pelo título/ISBN do livro!

De Lá para Cá, Daqui para Lá

É hora de começar a usar o Python para uma aventura de aprendizado profundo! Se você é completamente iniciante no Python e no seu uso para tarefas de aprendizado profundo, comece no Capítulo 1 e progrida em um ritmo que lhe permita absorver o máximo possível do material.

Se você é um novato correndo contra o tempo para progredir com o uso do Python no aprendizado profundo o mais rápido possível, pule para o Capítulo 3, ciente de que mais tarde alguns tópicos ficarão um pouco confusos. Pular para o Capítulo 4 é bom se já tiver o Anaconda (produto de programação usado no livro) instalado, mas certifique-se de pelo menos ler o Capítulo 3 para saber quais suposições fizemos.

Este livro conta com uma combinação de TensorFlow e Keras para realizar tarefas de aprendizado profundo. Mesmo se for um leitor avançado, precisa ir ao Capítulo 4 para descobrir como configurar o ambiente usado para este livro. Não configurar o ambiente de acordo com as instruções certamente causará falhas quando você tentar executar o código.

1 Mergulhando no Aprendizado Profundo

NESTA PARTE...

Entenda como o aprendizado profundo impacta o mundo à nossa volta.

Descubra a relação entre o aprendizado profundo e o aprendizado de máquina.

Crie sozinho um setup de Python.

Determine a necessidade de um framework no aprendizado profundo.

NESTE CAPÍTULO

» Entendendo o aprendizado profundo

» Trabalhando com o aprendizado profundo

» Desenvolvendo aplicativos com o aprendizado profundo

» Considerando as limitações do aprendizado profundo

Capítulo **1**

Apresentando o Aprendizado Profundo

Você já deve ter ouvido falar muito sobre o aprendizado profundo. O termo aparece em todo lugar e parece se aplicar a tudo. Na realidade, ele é uma subárea do aprendizado de máquina, que por sua vez é uma subárea da inteligência artificial (IA). O primeiro objetivo deste capítulo é fazê-lo entender o que é o aprendizado profundo e como se aplica ao mundo de hoje. Surpreende descobrir que ele não é a última Coca-Cola do deserto; há outros métodos de análise de dados. Na verdade, o aprendizado profundo atende a necessidades específicas quando se trata de análise de dados, então talvez outros métodos estejam em jogo.

O aprendizado profundo é apenas uma subárea da IA, mas uma importante. Suas técnicas são utilizadas em uma série de tarefas, mas não se aplicam indiscriminadamente. Na verdade, algumas pessoas o associam a tarefas que ele nem consegue realizar. O próximo passo para mergulhar no aprendizado profundo é entender o que ele é capaz de fazer por você.

Como parte do trabalho deste livro, você escreve aplicativos que dependem do aprendizado profundo para processar dados e depois produzir a saída desejada. Claro, é necessário saber um pouco sobre o ambiente de programação antes de realizar tarefas complexas. Mesmo que o Capítulo 3 explique como instalar e configurar o Python — a linguagem que usamos para demonstrar o aprendizado profundo — primeiro você precisa saber um pouco sobre as opções disponíveis.

O capítulo termina com uma discussão sobre por que o aprendizado profundo não deveria ser a única técnica de seu kit de processamento de dados. Sim, ele realiza tarefas incríveis quando usado adequadamente, mas também causa sérios danos quando aplicado a problemas que não o suportam bem. Às vezes, você precisa procurar outras tecnologias para realizar determinadas tarefas ou descobrir quais usar com o aprendizado profundo para conseguir uma solução mais eficiente e aprimorada para problemas específicos.

O que Significa Aprendizado Profundo

A compreensão do aprendizado profundo começa com uma definição precisa de seus termos. Do contrário, fica difícil separar o falatório da mídia do que o aprendizado profundo possibilita, de forma real. Ele faz parte tanto da IA quanto do aprendizado de máquina, conforme mostrado na Figura 1-1. Para entendê-lo, comece por fora — isto é, com a IA —, depois siga o caminho pelo aprendizado de máquina até finalmente definir o aprendizado profundo. As seções a seguir o acompanham por esse processo.

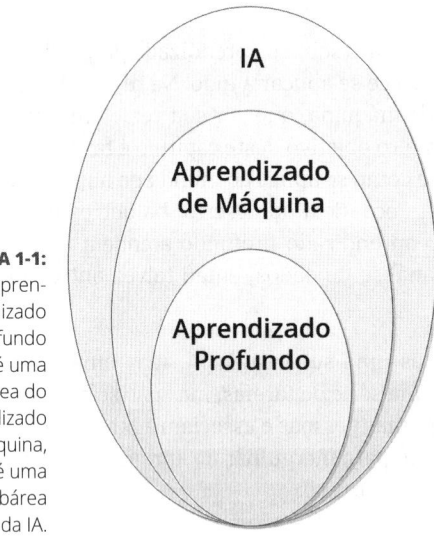

FIGURA 1-1: O aprendizado profundo é uma subárea do aprendizado de máquina, que é uma subárea da IA.

Partindo da inteligência artificial

Falar que a IA é uma inteligência que é artificial não lhe diz nada de significativo, e é por isso que surgem tantas discussões e divergências a respeito do termo. É claro que argumentar que ela é artificial por não ter se originado de uma fonte natural é plausível; porém a parte "inteligência" da expressão é, no mínimo, ambígua. As pessoas definem inteligência de muitas maneiras diferentes. No entanto, a inteligência envolve certos exercícios mentais, que incluem as seguintes atividades:

- **Aprendizado:** Capacidade de adquirir e processar novas informações.
- **Raciocínio:** Capacidade de manipular informações de várias maneiras.
- **Compreensão:** Capacidade de ponderar a respeito do resultado da manipulação de informações.
- **Julgamento:** Capacidade de definir a validade de informações manipuladas.
- **Associação:** Capacidade de prever como os dados validados interagirão com os outros.
- **Interpretação:** Capacidade de aplicar verdades a situações particulares de maneira coerente com a relação entre elas.
- **Diferenciação de fatos e crenças:** Capacidade de determinar se os dados são apoiados de forma apropriada por fontes prováveis, que se mostrem substancialmente válidas.

A lista não para aqui, e mesmo ela é relativamente propensa a interpretações por qualquer um que a considere minimamente plausível. De qualquer forma, como deve ter percebido, a inteligência costuma seguir um processo que um sistema computacional é capaz de reproduzir como parte de uma simulação:

1. **Estabeleça uma meta com base em necessidades ou desejos.**
2. **Avalie o valor de todas as informações conhecidas em apoio à meta.**
3. **Reúna informações adicionais que a respaldem.**
4. **Manipule os dados de modo que alcancem uma forma coerente com as informações existentes.**
5. **Defina relações e valores de verdade entre informações antigas e novas.**
6. **Determine se a meta é alcançada.**
7. **Altere a meta à luz dos novos dados e seu efeito nas chances de sucesso.**
8. **Repita as Etapas de 2 a 7, conforme necessário, até alcançar a meta (verdade) ou até que as possibilidades de alcançá-la se esgotem (falsas).**

LEMBRE-SE

Mesmo que consiga criar algoritmos e disponibilizar o acesso a dados como meio de viabilizar esse processo, a capacidade de um computador de alcançar a inteligência é seriamente limitada. Um computador é inapto para entender o que quer que seja, pois depende de processos de máquina para manipular dados usando matemática pura de maneira estritamente mecânica. Da mesma forma, os computadores não separam a verdade da falsidade. De fato, nenhum computador é capaz de implementar totalmente nenhuma das atividades mentais descritas na lista que define a inteligência.

Ao pensar na IA, considere os objetivos das pessoas que a desenvolvem. Seu propósito é imitar a inteligência humana, não a replicar. Um computador não pensa no sentido real, mas aparenta pensar. Apesar disso, ele demonstra esse aspecto de pensamento apenas no que tange à forma lógica/matemática da inteligência. Um computador é razoavelmente bem-sucedido em imitar as inteligências visual-espacial e física-cinestésica. Ele tem uma capacidade baixa e plausível de inteligências interpessoal e linguística. Diferentemente dos seres humanos, no entanto, um computador não tem como imitar a inteligência intrapessoal ou a criativa.

Refletindo sobre o papel da IA

Conforme descrito na seção anterior, o primeiro conceito crucial a se entender é que a inteligência artificial não tem nada a ver com a humana. Sim, um pouco da IA é preparado para simulá-la, mas é só isso mesmo: uma simulação. Ao pensar em IA, observe que existe uma interação com a busca por metas, o processamento de dados usado para atingi-las e a aquisição de dados em prol de um melhor entendimento delas. A IA depende de algoritmos para alcançar resultados que nem sempre se relacionam aos métodos humanos para os mesmos fins. Com isso em mente, categoriza-se a IA de quatro formas:

» **Ação humana:** Quando um computador age como ser humano, retrata perfeitamente o Teste de Turing, segundo o qual o computador é exímio quando não é possível o diferenciar de um ser humano (veja `http://www.turing.org.uk/scrapbook/test.html` para obter detalhes). Essa categoria representa o que a mídia quer que se entenda como IA. Você a vê empregada em tecnologias como processamento de linguagem natural, representação de conhecimento, raciocínio automatizado e aprendizado de máquina (as quatro devem estar presentes para passar no teste).

O Teste de Turing original não incluía contato físico. Mais recente, o Teste Total de Turing o engloba sob a forma de interrogação de habilidade perceptiva, o que significa que o computador também deve empregar visão computacional e robótica. As técnicas modernas abarcam a ideia de alcançar o objetivo em vez de imitar completamente os seres humanos. Os irmãos Wright não conseguiram criar um avião copiando com precisão o voo dos pássaros; em vez disso, as aves inspiravam ideias que levaram à aerodinâmica, o que por sua vez levou ao voo humano. O objetivo é voar.

Tanto os pássaros quanto os seres humanos atingem esse objetivo, mas usam abordagens diferentes.

» **Pensamento humano:** Quando um computador pensa como ser humano, executa tarefas que exigem inteligência humana (em comparação com os procedimentos de rotina), como dirigir um carro. Para determinar se um programa pensa como ser humano, você precisa de um método que determine este padrão de pensamento, o que é definido pela abordagem de modelagem cognitiva. Esse modelo se baseia em três técnicas:

- **Introspeção:** Detecção e documentação das técnicas usadas para atingir metas, monitorando os próprios processos de pensamento.
- **Testes psicológicos:** Observação do comportamento de uma pessoa e sua adição a um banco de dados de comportamentos semelhantes de outras pessoas, em um contexto de circunstâncias, metas, recursos e condições ambientais (entre outros fatores) similares.
- **Imagem cerebral:** Monitoramento direto da atividade cerebral por intermédio de vários meios mecânicos, como tomografia axial computadorizada (computerized axial tomography — CAT), tomografia por emissão de pósitrons (positron emission tomography — PET), imagem por ressonância magnética (magnetic resonance imaging — MRI) e magnetoencefalografia (magnetoencephalography — MEG).

Depois de criar um modelo, escreva um programa que o simule. Dada a grande variabilidade entre os processos de pensamento humano e a dificuldade de representá-los com precisão como parte de um programa, os resultados são, na melhor das hipóteses, experimentais. Esta categoria é frequentemente usada em psicologia e outros campos nos quais é essencial modelar o processo do pensamento humano para criar simulações realistas.

» **Pensamento racional:** Estuda como o pensamento humano usa padrões que possibilitam a criação de diretrizes para descrever comportamentos humanos típicos. Uma pessoa é considerada racional se segui-los dentro de certos limites de desvio. Um computador que pensa racionalmente depende de comportamentos registrados para criar um guia a fim de interagir com o ambiente, com base nos dados disponíveis. O objetivo dessa abordagem é resolver problemas de forma lógica, quando possível. Em muitos casos, ela propicia a criação de uma técnica de linha de base para a solução de um problema, que seria então modificada para resolvê-lo, de fato. Em outras palavras, a resolução de um problema em princípio é muitas vezes diferente de sua solução na prática, mas você ainda precisa de um ponto de partida.

» **Ação racional:** Estudar como os seres humanos agem em determinadas situações, sob restrições específicas, permite determinar quais técnicas são eficientes e eficazes. Para interagir com o ambiente, um computador que age racionalmente depende de ações registradas com base em condições, fatores ambientais e dados existentes. Como acontece com o pensamento racional, a ação racional depende de uma solução prévia, que pode não ser útil na prática. No entanto, ela apresenta a linha de base sobre a qual um computador começa a negociar a conclusão bem-sucedida de uma meta.

> ## PROCESSO HUMANO VERSUS RACIONAL
>
> Os processos humanos diferem dos racionais em termos de resultado. Um processo é racional se sempre faz o certo com base na informação atual, dada uma medida de desempenho ideal. Em suma, ele segue o "script" e assume que está correto. Os processos humanos envolvem instinto, intuição e outras variáveis que nem sempre são uma cópia fiel do script ou consideram os dados existentes. Por exemplo, a maneira racional de dirigir um carro é seguir sempre as leis. No entanto, o tráfego não é racional. Se segui-las à risca, você acabará preso em algum lugar porque os outros motoristas não fizeram o mesmo. Para se sair bem, um carro autônomo deve, portanto, agir de forma humana, em vez de racional.

A IA tem muitas boas aplicações hoje em dia. O único problema é que a tecnologia funciona tão bem que você nem percebe que ela existe. Na verdade, surpreende descobrir que muitos dispositivos em sua casa já a utilizam. Os usos da IA chegam aos milhões — todos seguramente fora das vistas, mesmo quando são bastante drásticos na prática. Aqui estão apenas algumas amostras de emprego da IA:

- **Detecção de fraude:** Você recebe uma ligação da operadora de seu cartão de crédito perguntando se fez uma compra específica. A empresa não está sendo intrometida; está apenas alertando-o para o fato de que alguém fez uma compra com seu cartão. A IA incorporada no código da operadora detectou um padrão de gastos desconhecido e alertou alguém sobre isso.
- **Agendamento de recursos:** Muitas organizações precisam programar o uso de recursos de maneira eficiente. Um hospital tem que determinar onde alocar um paciente com base em suas necessidades, disponibilidade de especialistas qualificados e o período previsto pelo médico para ele ficar no hospital.
- **Análise complexa:** Em geral, os seres humanos precisam de ajuda com análises complexas porque há incontáveis fatores a serem considerados. Um mesmo grupo de sintomas indica mais de uma doença. Um médico, ou outro especialista, precisa de ajuda para fazer um diagnóstico em tempo hábil a fim de salvar a vida de um paciente.
- **Automação:** Toda forma de automação se beneficia do emprego da IA para lidar com mudanças ou eventos inesperados. Um problema com alguns tipos de automação hoje é que um evento inesperado, como um objeto no lugar errado, consegue interrompê-la. Acrescentar a IA à automação permite manipular eventos inesperados e continuar como se nada tivesse acontecido.

» **Atendimento ao cliente:** A linha de atendimento ao cliente para a qual você liga hoje talvez não tenha um ser humano por trás. A automação é boa o suficiente para seguir scripts e usar vários recursos para lidar com a maioria de suas perguntas. Com boa inflexão de voz (propiciada também pela IA), às vezes você sequer percebe que fala com um computador.

» **Sistemas de segurança:** Muitos dos sistemas de segurança encontrados em máquinas de vários tipos hoje dependem da IA para assumir o controle do veículo em um momento de crise. Muitos sistemas de frenagem automática dependem da IA para parar o carro com base em todas as entradas que um veículo fornece, como a direção de uma derrapagem.

» **Eficiência de máquinas:** A IA ajuda a controlar máquinas para extrair sua eficiência máxima. Ela regula o uso de recursos para que o sistema não ultrapasse a velocidade ou para atender a outros objetivos. Cada pitada de energia é usada conforme o necessário em prol dos serviços desejados.

Mirando o aprendizado de máquina

O aprendizado de máquina é uma das várias subáreas da IA e a única que este livro discute. Seu objetivo é simular o aprendizado humano para fazer com que um aplicativo se adapte a condições incertas ou inesperadas. Para isso, ele depende de algoritmos que analisam conjuntos enormes de dados.

LEMBRE-SE

Atualmente, o aprendizado de máquina não viabiliza o tipo de IA que os filmes mostram (as máquinas não aprendem de forma intuitiva, como os seres humanos); só simula tipos específicos de aprendizado, e apenas em um intervalo estreito. Nem os melhores algoritmos conseguem pensar, sentir, apresentar qualquer forma de consciência ou exercer o livre-arbítrio. Características básicas para os seres humanos são muito difíceis de serem entendidas pelas máquinas devido a esses limites de percepção. As máquinas não têm consciência.

O aprendizado de máquina executa análises preditivas muito mais rápido do que qualquer pessoa. Assim, ele aumenta a eficiência do trabalho humano. A função atual da IA, então, é realizar análises, mas os seres humanos ainda precisam considerar suas implicações: tomar as decisões morais e éticas necessárias. O x da questão é que o aprendizado de máquina oferece apenas a parte do aprendizado, e está longe de ser apto a criar uma IA do tipo que você vê nos filmes.

LEMBRE-SE

O que mais leva à confusão entre aprendizado e inteligência é a suposição de que, simplesmente porque uma máquina aprimora seu trabalho (é capaz de aprender), também tem consciência (inteligência). Nada respalda essa impressão. O mesmo fenômeno ocorre quando as pessoas presumem que um computador lhes causa problemas de propósito. Ele não atribui emoções e, portanto, age apenas com a entrada fornecida e com as instruções, contidas em uma aplicação, para processá-la. Em algum momento teremos uma IA legítima, quando os computadores puderem emular a inteligente combinação da natureza:

» **Genética:** Aprendizagem lenta passada para as gerações seguintes.
» **Ensino:** Aprendizagem rápida feita a partir de fontes organizadas.
» **Exploração:** Aprendizagem espontânea com base em contexto e interação.

Para manter os conceitos de aprendizado de máquina alinhados com a capacidade da máquina, é preciso considerar seus usos específicos. É útil visualizá-los fora do domínio que muitos consideram como o padrão da IA. Aqui estão alguns empregos do aprendizado de máquina que você talvez não associe à IA:

» **Controle de acesso:** Em muitos casos, é uma proposição de sim ou não. Um smartcard concede acesso a um funcionário da mesma maneira que as chaves, usadas há séculos. Alguns bloqueios estabelecem a definição de horários e datas em que o acesso é permitido, mas esse controle de granulação grosseira não atende a todas as necessidades. Ao usar o aprendizado de máquina, você determina se um funcionário deve obter acesso a um recurso com base em função e necessidade. Por exemplo, um funcionário deverá ter acesso a uma sala de treinamento quando isso estiver relacionado à função que exerce.

» **Proteção animal:** O oceano parece grande o suficiente para permitir que animais e navios coabitem sem problemas. Infelizmente, muitos animais são atingidos por navios todo ano. Um algoritmo de aprendizado de máquina faz com que os navios evitem os animais, aprendendo os sons e características de cada um. (O navio contaria com equipamento de escuta subaquático para rastrear os animais pelos seus sons, que se ouvem a uma longa distância do navio.)

» **Previsão do tempo de espera:** A maioria das pessoas não gosta de esperar quando não tem ideia de quanto tempo vai durar. O aprendizado de máquina possibilita que um aplicativo determine tempos de espera com base nos níveis e carga de pessoal, complexidade dos problemas que a equipe precisa resolver, disponibilidade de recursos e assim por diante.

Passando do aprendizado de máquina para o aprendizado profundo

O aprendizado profundo é uma subárea do aprendizado de máquina, como mencionado. Em ambos os casos, os algoritmos aprendem analisando grandes quantidades de dados (no entanto, em alguns casos o aprendizado ocorre mesmo com conjuntos minúsculos de dados). Entretanto, o aprendizado profundo varia na profundidade de sua análise e no tipo de automação que proporciona. As diferenças entre os dois se resumem assim:

» **Um paradigma completamente diferente:** O aprendizado de máquina é uma reunião de várias técnicas que possibilitam a um computador aprender com dados e usar o que aprendeu para fornecer uma resposta, geralmente na forma de previsão. Ele depende de diferentes paradigmas, como análise estatística, localização de analogias nos dados, lógica e trabalho com símbolos. Compare a miríade de técnicas usadas pelo aprendizado de máquina com a técnica única do aprendizado profundo, que imita a funcionalidade do cérebro humano. Ele processa dados usando unidades de computação, chamadas de *neurônios*, organizadas em seções ordenadas, as *camadas*. A base do aprendizado profundo são as *redes neurais*.

» **Estruturas flexíveis:** As soluções de aprendizado de máquina oferecem *hiperparâmetros*, botões de ajuste para otimizar o aprendizado do algoritmo a partir dos dados. As soluções de aprendizado profundo também os utilizam, mas usam várias camadas configuradas pelo usuário (número e tipo). Dependendo da rede neural resultante, o número de camadas é bastante grande e forma redes neurais únicas, capazes de fazer um aprendizado especializado: algumas aprendem a reconhecer imagens, enquanto outras detectam e analisam comandos de voz. A questão é que o termo *profundo* é adequado; refere-se ao grande número de camadas potencialmente usadas para as análises. A arquitetura consiste no conjunto de diferentes neurônios e seu arranjo em camadas em uma solução.

» **Definição de recurso autônomo:** As soluções de aprendizado de máquina demandam intervenção humana para ter êxito. Para processar os dados corretamente, analistas e cientistas usam muito do próprio conhecimento para desenvolver algoritmos de trabalho. Em uma solução de aprendizado de máquina que determina o valor de uma casa confiando em dados que contenham as medidas das paredes dos cômodos, o algoritmo não consegue calcular a superfície da casa, a menos que o analista especifique como fazê-lo. A criação da informação correta para um algoritmo se chama criação de recurso, uma atividade demorada. O aprendizado profundo não exige que os seres humanos realizem qualquer atividade de criação de recursos porque, graças a suas várias camadas, define os próprios recursos. É também por isso que o aprendizado profundo supera o de máquina em tarefas muito difíceis, como reconhecer voz e imagens, entender texto ou vencer um campeão humano no jogo Go (a forma digital do jogo de tabuleiro no qual se captura o território do oponente).

PAPO DE ESPECIALISTA

Você precisa entender várias questões relacionadas a soluções de aprendizado profundo, sendo a mais importante a de que o computador ainda não tem discernimento nem consciência da solução que fornece. Ele simplesmente oferece uma forma de loop de feedback e automação conjunta para produzir saídas desejáveis em menos tempo do que um ser humano conseguiria manualmente para o mesmo resultado, manipulando uma solução de aprendizado de máquina.

A segunda questão é que alguns desinformados insistem que as camadas do aprendizado profundo estão ocultas e não são acessíveis à análise. Esse não é o caso. Tudo o que um computador constrói é, em última instância, rastreável por seres humanos. Na verdade, o Regulamento Geral de Proteção de Dados (GDPR) (`https://eugdpr.org/`) exige que seres humanos realizem tal análise (veja o artigo em `https://www.pcmag.com/commentary/361258/how-gdpr-will-impact-the-ai-industry` para obter detalhes). O requisito para realizá-la é controverso, mas a lei atual diz que deve ser feita.

A terceira questão é que o autoajuste acaba aqui. O aprendizado profundo não garante sempre um resultado confiável ou correto. E algumas de suas soluções às vezes dão terrivelmente errado (veja o artigo em `https://www.theverge.com/2016/3/24/11297050/tay-microsoft-chatbot-racist` para obter detalhes). Mesmo quando o código do aplicativo não dá errado, os dispositivos usados para viabilizar o aprendizado profundo podem ter problemas (veja o artigo em `https://www.pcmag.com/commentary/361918/learning-from-alexas-mistakes?source=SectionArticles` para saber mais). Mesmo assim, com esses problemas em mente, o aprendizado profundo tem inúmeras aplicações extremamente populares, como descrito em `https://medium.com/@vratulmittal/top-15-deep-learning-applications-that-will-rule-the-world-in-2018-and-beyond-7c6130c43b01`.

Aprendizado Profundo no Mundo Real

Não se engane: as pessoas usam o aprendizado profundo no mundo real para realizar uma ampla gama de tarefas. Muitos automóveis hoje usam uma interface de voz que, mesmo no começo, já consegue executar tarefas básicas. No entanto, quanto mais falar com a interface de voz, melhor ficará. Ela aprende quando você fala com ela — não apenas a maneira como fala, mas também suas preferências. As seções a seguir apresentam informações sobre como o aprendizado profundo funciona no mundo real.

Entendendo o conceito de aprendizado

Quando os seres humanos aprendem, dependem de mais do que apenas dados. Eles têm intuição, além de uma compreensão quase mítica do que funciona ou não. Parte desse conhecimento inato é instintivo, passado de geração a geração pelo DNA. O modo como os seres humanos interagem com uma entrada também é diferente de como um computador o fará. Ao lidar com um computador, o aprendizado é uma questão de construir um banco de dados que consiste em uma rede neural que tenha pesos e vieses embutidos para garantir o processamento adequado dos dados. A rede neural os processa, mas de uma maneira que não é nem minimamente parecida com a de um ser humano.

Tarefas com o aprendizado profundo

Seres humanos e computadores são exímios em tarefas diferentes. Os seres humanos são melhores no raciocínio, pesando soluções éticas e o caráter simbólico. Os computadores servem para processar dados — muitos dados — muito rápido. Você costuma usar o aprendizado profundo para resolver problemas que exigem procura de padrões em grandes quantidades de dados — cuja solução não é intuitiva nem perceptível imediatamente. O artigo em http://www.yaronhadad.com/deep-learning-most-amazing-applications/ informa as 30 aplicações atuais do aprendizado profundo para realizar tarefas. Em quase todos os casos, o problema e sua solução se resumem a processar grandes quantidades de dados rapidamente, procurando padrões e, em seguida, confiar nesses padrões para descobrir algo novo ou criar um tipo específico de saída.

Aprendizado profundo em aplicações

O aprendizado profundo é uma solução independente, conforme ilustrado neste livro, mas também é frequentemente usado como parte de uma solução muito maior e misturado com outras tecnologias. Misturá-lo com sistemas especialistas não é incomum. O artigo em https://www.sciencedirect.com/science/article/pii/0167923694900213 descreve um pouco dessa mistura. No entanto, aplicações reais são mais do que números gerados a partir de uma fonte nebulosa. Ao trabalhar no mundo real, considere vários tipos de fontes de dados e entenda como funcionam. Uma câmera demanda um tipo particular de solução de aprendizado profundo para obter informações, enquanto um termômetro ou detector de proximidade gera números simples (ou dados analógicos que requeiram algum tipo de processamento para ser usados). As soluções do mundo real são confusas, por isso é preciso equipar seu kit com mais de uma solução para problemas.

Ambiente de Programação do Aprendizado Profundo

Talvez você suponha automaticamente que precisa transpor terríveis obstáculos e aprender habilidades de programação de outro mundo para mergulhar no aprendizado profundo. É verdade que você ganha flexibilidade escrevendo aplicativos com uma linguagem de programação que funcione bem para as necessidades do aprendizado profundo. No entanto, o Deep Learning Studio (veja o artigo em https://towardsdatascience.com/is-deep-learning-without-programming-possible-be1312df9b4a para detalhes) e outros produtos como ele possibilitam às pessoas criarem soluções de aprendizado profundo sem programar. Basicamente, tais soluções envolvem descrever o que quer como saída, definindo um modelo graficamente. Esses tipos de soluções funcionam bem para problemas mais objetivos, que outros já tiveram que resolver, mas não têm flexibilidade para fazer algo completamente diferente — uma tarefa que demande algo mais complexo do que simples análises.

Soluções de aprendizado profundo na nuvem, como as oferecidas pela Amazon Web Services (AWS) (`https://aws.amazon.com/deep-learning/`), conferem flexibilidade extra. Também tornam o ambiente de desenvolvimento mais simples, fornecendo o máximo ou mínimo suporte que você desejar. Na verdade, a AWS suporta vários tipos de computação sem servidor (`https://aws.amazon.com/serverless/`), para que você não precise se preocupar com nenhum tipo de infraestrutura. No entanto, essas soluções acabam ficando muito caras. Mesmo que ofereçam maior flexibilidade do que o uso de uma solução pronta, ainda não são tão flexíveis quanto o uso de um ambiente de desenvolvimento real.

Há ainda outras soluções não programáveis para considerar. Se deseja poder e flexibilidade, mas não quer programar para obtê-los, confie em produtos como o MATLAB (`https://www.mathworks.com/help/deeplearning/ug/deep-learning-in-matlab.html`), que fornecem um kit de ferramentas para o aprendizado profundo. O MATLAB e alguns outros ambientes concentram-se nos algoritmos que você deseja usar; mas, para obter sua funcionalidade completa, é preciso escrever scripts básicos, o que significa, de certa forma, colocar a mão na massa da programação. Um problema com esses ambientes é que são problemáticos no departamento de energia, fazendo algumas soluções demorarem mais do que o esperado.

LEMBRE-SE

Em algum momento, não importa quantas outras soluções tente, problemas sérios de aprendizado profundo demandarão programação. Ao rever as escolhas online, você geralmente verá IA, aprendizado de máquina e aprendizado profundo. No entanto, assim como as três tecnologias funcionam em diferentes níveis, o mesmo acontece com as linguagens de programação necessárias. Uma boa solução de aprendizado profundo precisará usar multiprocessamento, preferencialmente com uma Unidade de Processamento Gráfico (GPU) com muitos núcleos. A linguagem que escolher também deve suportar a GPU por meio de uma biblioteca ou pacote compatível. Então, escolher geralmente não é suficiente; é preciso investigar para garantir que ela atenda a suas necessidades. Com essa precaução em mente, eis as principais linguagens (em ordem de popularidade) para uso do aprendizado profundo (como definido em `https://www.datasciencecentral.com/profiles/blogs/which-programming-language-is-considered-to-be-best-for-machine`):

» Python
» R
» MATLAB (a linguagem de script, não o produto)
» Octave

O único problema com essa lista é que outros desenvolvedores têm opiniões diferentes. Python e R normalmente aparecem no topo das listas de todos, mas depois você encontra todo tipo de opinião. O artigo em `https://www.geeksforgeeks.org/top-5-best-programming-languages-for-artificial-intelligence-field/` dá algumas ideias alternativas. Ao escolher uma linguagem, considere estes problemas:

- **Curva de aprendizado:** Suas experiências têm muito a dizer sobre o que acha mais fácil de aprender. Python é provavelmente a melhor escolha para alguém que programa há anos, mas R é melhor para quem já experimentou programação funcional. O MATLAB ou o Octave funcionam melhor para profissionais de matemática.

- **Velocidade:** Todo tipo de solução de aprendizado profundo requer muito poder de processamento. Muitas pessoas dizem que, como R é uma linguagem estatística, oferece mais suporte estatístico e geralmente fornece um resultado mais rápido. Na verdade, o suporte do Python para uma ótima programação paralela provavelmente compensa essa vantagem quando você tem o hardware necessário.

- **Apoio da comunidade:** Há muitas formas de apoio da comunidade, mas as duas mais importantes para o aprendizado profundo são a ajuda na definição de uma solução e o acesso a uma grande quantidade de recursos de programação preconcebidos. Dos quatro, Octave provavelmente fornece o mínimo em termos de apoio da comunidade; Python é o que fornece mais.

- **Custo:** O custo de uma linguagem depende do tipo de solução que você escolhe e de onde a executa. O MATLAB é um produto patenteado que requer compra, então você investiu imediatamente em algo ao usá-lo. No entanto, embora as outras linguagens sejam gratuitas no início, há custos atinentes, como a execução do código na nuvem, para obter acesso ao suporte da GPU.

- **Suporte a frameworks de DNN:** Um framework facilita significativamente o trabalho com a linguagem. No entanto, é preciso ter uma estrutura que funcione bem com todas as outras partes da solução. Os dois frameworks mais populares são o TensorFlow e o PyTorch. Curiosamente, o Python é a única linguagem que suporta ambos, por isso tem maior flexibilidade. Você usa Caffe com MATLAB e TensorFlow com R.

- **Produção pronta:** Uma linguagem precisa suportar o tipo de saída necessária para seu projeto. A respeito disso, o Python se destaca porque é de propósito geral. Você é capaz de criar qualquer tipo de aplicativo necessário. No entanto, os ambientes mais específicos propiciados pelas outras linguagens são incrivelmente úteis em alguns projetos, portanto é necessário considerar todos.

Superando o Falatório

Partes anteriores deste capítulo discutem algumas questões sobre a imagem do aprendizado profundo, como a crença de algumas pessoas de que ele aparece em todos os lugares e faz de tudo. O problema é que ele foi vítima da própria campanha de mídia. O aprendizado profundo resolve tipos específicos de problemas. As seções a seguir ajudam a evitar o burburinho associado a ele.

Descobrindo o ecossistema de start-up

Utilizar uma solução de aprendizado profundo é muito diferente de criar a própria. O infográfico em `https://www.analyticsvidhya.com/blog/2018/08/infographic-complete-deep-learning-path/` mostra algumas ideias para começar a usar o Python (processo que este livro simplifica para você). Leva um pouco de tempo para se cumprir cada requisito educacional. No entanto, depois de ter trabalhado em alguns projetos por conta própria, você começa a perceber que o estardalhaço sobre o aprendizado profundo se estende até o início da configuração. Ele não é uma tecnologia madura, por isso usá-lo é como construir uma aldeia na Lua ou mergulhar profundamente na Fossa das Marianas. Você achará problemas, e a tecnologia mudará constantemente.

Alguns dos métodos usados para criar soluções de aprendizado profundo também dão trabalho. A ideia de que computadores realmente aprendem algo é falsa, assim como a de que têm alguma forma de consciência. A Microsoft, a Amazon e outros fornecedores têm problemas com o aprendizado profundo porque até mesmo seus engenheiros têm expectativas irreais. O aprendizado profundo resume-se à matemática e ao padrão de correspondência — matemática e combinação de padrões realmente sofisticados, com certeza, mas qualquer ideia diferente disso é totalmente equivocada.

Quando usar o aprendizado profundo

O aprendizado profundo é apenas uma maneira de realizar análises, e nem sempre é o melhor caminho. Embora os sistemas especialistas sejam considerados tecnologias antigas, você não cria um carro autônomo sem um deles, pelos motivos descritos em `https://aitrends.com/ai-insider/expert-systems-ai-self-driving-cars-crucial-innovative-techniques/`. Uma solução de aprendizado profundo é muito lenta para essa necessidade em particular. Seu carro provavelmente conterá uma dessas soluções, mas é mais provável que a use como parte da interface de voz.

A IA, em geral, e o aprendizado profundo, em particular, fazem sucesso quando a tecnologia falha em corresponder às expectativas. Por exemplo, o artigo em `https://www.techrepublic.com/article/top-10-ai-failures-of-2016/` apresenta uma lista de falhas da IA, e algumas baseadas no aprendizado profundo. É um erro pensar que, de alguma forma, ele sabe tomar decisões éticas ou escolher o curso correto de ação com base em sentimentos (o que nenhuma máquina possui). Antropomorfizar o uso do aprendizado profundo será sempre um erro. Algumas tarefas simplesmente precisam de um ser humano.

A velocidade e a capacidade de pensar como um ser humano são as principais questões para o aprendizado profundo, mas existem muitas outras. Não há como usá-lo sem dados suficientes para treiná-lo. O artigo em `https://www.sas.com/en_us/insights/articles/big-data/5-machine-learning-mistakes.html` mostra uma lista de cinco erros comuns que as pessoas cometem quando começam a trabalhar com os ambientes do aprendizado de máquina e do aprendizado profundo. Se não tiver os recursos certos, o aprendizado profundo nunca funcionará.

NESTE CAPÍTULO

» Considerando o que o aprendizado de máquina envolve

» Entendendo os métodos usados para obter o aprendizado de máquina

» Usando o aprendizado de máquina pelos motivos certos

Capítulo **2**

Conhecendo o Aprendizado de Máquina

Como discutido no Capítulo 1, o conceito de aprendizado é diferente para computadores e para seres humanos. No entanto, o Capítulo 1 não esmiúça o aprendizado de máquina, o tipo de aprendizagem que um computador usa em profundidade. De forma geral, o que você vê é um tipo de aprendizado específico, que alguns entenderiam como uma combinação de matemática, correspondência de padrões e armazenamento de dados. Este capítulo traça a rota para entender como o aprendizado de máquina funciona.

Porém uma definição não o faz entender o que acontece na prática. O funcionamento também é importante, o que é assunto da próxima seção deste capítulo. Nesta seção, você descobre que não há métodos perfeitos para executar análises. Para obter a saída esperada, teste a análise. Além disso, estão disponíveis diferentes abordagens para o aprendizado de máquina, e cada uma tem vantagens e desvantagens.

A terceira parte do capítulo une o que você aprendeu nas anteriores e o ajuda a aplicar. Não importa como forma seus dados e os analisa, o aprendizado de máquina é a abordagem errada em alguns casos e nunca dará resultados úteis. Conhecer os usos certos para o aprendizado de máquina é essencial se quiser receber uma saída substancial que o ajude a realizar tarefas relevantes. Todo o propósito do aprendizado de máquina é aprender algo interessante com os dados e depois fazer algo interessante com eles.

Definindo Aprendizado de Máquina

Eis uma breve definição para aprendizado de máquina: é uma aplicação da IA que aprende e aprimora automaticamente a experiência sem ser expressamente programada para isso. O aprendizado é resultado da análise de quantidades cada vez maiores de dados, de modo que os algoritmos básicos não mudam, mas os pesos e vieses internos do código usados para selecionar uma resposta específica, sim. Claro, nada é tão simples. As seções a seguir explicam melhor o que é o aprendizado de máquina para que você entenda seu lugar dentro do mundo da IA e o que o aprendizado profundo ganha com ele.

LEMBRE-SE

Os cientistas de dados se referem à tecnologia usada para implementar o aprendizado de máquina como algoritmos. Um algoritmo é uma série de operações passo a passo, geralmente cálculos, que resolvem um problema definido em um número finito de etapas. No aprendizado de máquina, os algoritmos usam uma série de etapas finitas para resolver o problema aprendendo com os dados.

Entendendo como o aprendizado de máquina funciona

Os algoritmos de aprendizado de máquina *aprendem*, mas muitas vezes é difícil encontrar um significado preciso para o termo, porque há diferentes maneiras de extrair informações de dados, dependendo de como o algoritmo é construído. Geralmente, o processo de aprendizado requer grandes quantidades de dados que forneçam uma resposta esperada, considerando-se entradas específicas. Cada par entrada/resposta representa um exemplo, e mais exemplos facilitam o aprendizado do algoritmo. Isso ocorre porque cada par entrada/resposta se encaixa em uma linha, cluster ou outra representação estatística que defina um domínio de problema. Aprendizado é o ato de otimizar um modelo, que é uma representação matemática resumida dos dados, de tal forma que ele consegue prever ou determinar uma resposta apropriada mesmo quando recebe informações que nunca viu. Quanto mais precisamente o modelo apresentar respostas corretas, melhor aprendeu com as entradas de dados fornecidas. Um algoritmo o ajusta aos dados, e esse *processo de ajuste* é o treinamento.

A Figura 2-1 mostra um gráfico extremamente simples que simula o que ocorre no aprendizado de máquina. Nesse caso, começando com valores de entrada de 1, 4, 5, 8 e 10 e emparelhando-os com suas saídas correspondentes de 7, 13, 15, 21 e 25, o algoritmo determina que a melhor maneira de representar a relação entre a entrada e a saída é com a fórmula `2x + 5`, que define o modelo usado para processar os dados de entrada — até mesmo novos dados não vistos — para calcular um valor de saída correspondente. A linha de tendência (o modelo) mostra o padrão formado por esse algoritmo, de modo que uma nova entrada de 3 produzirá uma saída prevista de 11. Embora a maioria dos cenários de aprendizado de máquina seja muito mais complexa (e o algoritmo não crie regras que mapeiem com precisão cada entrada para uma saída precisa), o exemplo confere uma ideia básica do que acontece. Em vez de programar individualmente uma resposta para uma entrada de 3, o modelo calcula a resposta correta com base nos pares entrada/resposta que aprendeu.

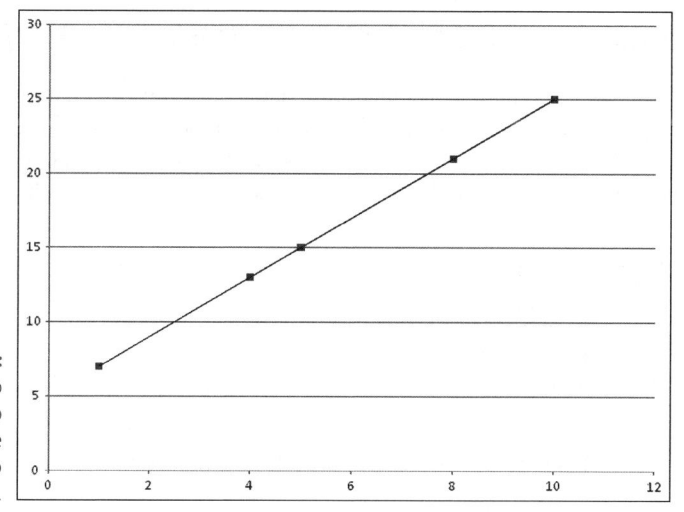

FIGURA 2-1: Visualizando um cenário básico de aprendizado de máquina.

A matemática manda!

A ideia central por trás do aprendizado de máquina é representar a realidade com uma função matemática que o algoritmo não sabe de antemão, mas que se torna apto a presumir após ver alguns dados (sempre na forma de entradas e saídas emparelhadas). A realidade e toda a sua complexidade desafiadora podem ser expressadas em termos de funções matemáticas desconhecidas, que os algoritmos de aprendizado de máquina encontram e disponibilizam como uma modificação de sua função matemática interna. Ou seja, todo algoritmo é construído em torno de uma função modificável, que possui parâmetros internos ou pesos para tal propósito. Como resultado, o algoritmo adapta a função a informações específicas obtidas dos dados. Esse conceito é a ideia central para todos os tipos de algoritmos de aprendizado de máquina.

A aprendizagem do aprendizado de máquina é puramente matemática e termina associando certas entradas a certas saídas. Não tem nada a ver com a compreensão do que o algoritmo aprendeu. (Quando os seres humanos analisam dados, fazem certo tipo de interpretação deles.) O processo de aprendizado é frequentemente descrito como treinamento, porque o algoritmo é treinado para encontrar a correspondência com a resposta correta (saída) de todas as perguntas feitas (entrada). (O livro *Aprendizado de Máquina Para Leigos*, de John Paul Mueller e Luca Massaron [Ed. Alta Books], detalha como esse processo funciona.)

Apesar da ausência de compreensão e de ser um processo matemático, o aprendizado de máquina é útil para muitas tarefas. Ele confere a muitas aplicações de IA o poder de imitar o pensamento racional, dado um determinado contexto, quando o aprendizado ocorre usando os dados corretos.

Aprendendo com diferentes estratégias

O aprendizado de máquina dispõe de várias maneiras de aprender com os dados. Dependendo da saída esperada e do tipo de entrada fornecida, categorizam-se os algoritmos pelo estilo de aprendizado. O estilo escolhido depende do tipo de dados e do resultado esperado. Os quatro estilos usados para criar algoritmos são:

- Supervisionado
- Não supervisionado
- Autossupervisionado
- Por reforço

As seções a seguir discutem esses estilos de aprendizado.

Supervisionado

Ao trabalhar com algoritmos supervisionados, os dados de entrada são rotulados e têm um resultado esperado específico. Você usa o treinamento para criar um modelo no qual um algoritmo se ajuste aos dados. À medida que o treinamento avança, as previsões ou classificações tornam-se mais precisas. Aqui estão alguns exemplos de algoritmos de aprendizado supervisionado:

- Regressão linear ou logística
- Máquinas de vetores de suporte (support vector machines — SVMs)
- Naïve Bayes
- K-vizinhos mais próximos (k-nearest neighbor — KNN)

Você precisa distinguir entre problemas de regressão, cujo destino é um valor numérico, e de classificação, uma variável qualitativa, como uma classe ou tag. Uma tarefa de regressão determinaria os preços médios das casas na área de Boston, enquanto um exemplo de uma tarefa de classificação seria distinguir entre tipos de flores de íris com base em suas medidas de sépala e pétala. Eis alguns exemplos de aprendizado supervisionado:

Dados de Entrada (X)	Dados de Saída (y)	Aplicação no Mundo Real
Históricos de compras dos clientes	Uma lista de produtos que eles nunca compraram	Sistema de recomendação
Imagens	Uma lista de caixas rotuladas com os nomes dos objetos	Detecção e reconhecimento de imagem
Texto em inglês na forma de perguntas	Texto em inglês na forma de respostas	Chatbot, um aplicativo de software que consegue conversar
Texto em inglês	Texto em alemão	Tradução automática de linguagem
Áudio	Texto transcrito	Reconhecimento de fala
Imagem, dados do sensor	Direção, frenagem ou aceleração	Planejamento comportamental para condução autônoma

Não supervisionado

Ao trabalhar com algoritmos não supervisionados, os dados de entrada não são rotulados, e os resultados não são conhecidos. Neste caso, a análise de estruturas nos dados produz o modelo requerido. A análise estrutural tem vários objetivos, como reduzir a redundância ou agrupar dados semelhantes. Exemplos de aprendizado não supervisionado são:

- » Clustering — agrupamento de dados
- » Detecção de anomalias
- » Redes neurais

Autossupervisionado

Você encontrará todos os tipos de aprendizado descritos online, mas o autossupervisionado tem uma categoria própria. Algumas pessoas o descrevem como aprendizado autônomo supervisionado, o que confere os benefícios do aprendizado supervisionado, mas sem todo o trabalho necessário para rotular os dados.

LEMBRE-SE

Teoricamente, a autossupervisão resolveria problemas com outros tipos de aprendizado disponíveis atualmente. A lista a seguir compara o aprendizado autossupervisionado com outros tipos:

> » **Aprendizado supervisionado:** Essa é a forma mais próxima de aprendizado associada ao aprendizado autossupervisionado porque ambos dependem de pares de entradas e saídas rotuladas. Além disso, estão associados à regressão e à classificação. No entanto, a diferença é que o aprendizado autossupervisionado não precisa que uma pessoa rotule a saída. Em vez disso, baseia-se em correlações, metadados incorporados ou conhecimento de domínio incorporado nos dados de entrada para descobrir contextualmente o rótulo de saída.
>
> » **Aprendizado não supervisionado:** Como o aprendizado não supervisionado, o autossupervisionado não requer rotulagem de dados. No entanto, o não supervisionado se concentra na estrutura de dados — isto é, em seus padrões internos. Portanto, você não usa o aprendizado autossupervisionado para tarefas como clustering, agrupamento, redução de dimensionalidade, mecanismos de recomendação ou semelhantes.
>
> » **Aprendizado semissupervisionado:** Uma solução de aprendizado semissupervisionado funciona como a de aprendizado não supervisionado, na medida em que procura padrões de dados. No entanto, o semissupervisionado depende de uma combinação de dados rotulados e não rotulados para executar suas tarefas mais rapidamente do que faria com dados estritamente não rotulados. O aprendizado autossupervisionado nunca requer rótulos e usa o contexto para realizar sua tarefa, portanto ignoraria os rótulos quando fornecidos.

Por reforço

Pode-se entender o aprendizado por reforço como uma extensão do autossupervisionado, porque ambos usam a mesma abordagem para aprender com dados não rotulados, a fim de atingir objetivos semelhantes. No entanto, o aprendizado por reforço adiciona um loop de feedback à mistura. Quando uma solução de aprendizado por reforço executa uma tarefa corretamente, recebe um feedback positivo, o que fortalece o modelo ao conectar as entradas e saídas desejadas. Da mesma forma, recebe um feedback negativo por soluções incorretas. Em alguns aspectos, o sistema funciona como um cachorro que foi adestrado com base em um sistema de recompensas.

Treinamento, validação e teste

O aprendizado de máquina é um processo, assim como tudo no mundo dos computadores. Para criar uma boa solução de aprendizado de máquina, você executa estas tarefas conforme e sempre que necessário:

» **Treinamento:** O aprendizado de máquina começa quando um modelo é treinado com um algoritmo específico contra dados também específicos. Os dados de treinamento são separados dos outros, mas devem ser representativos. Se não representarem verdadeiramente o domínio do problema, o modelo resultante não retornará resultados úteis. Durante o treinamento, você avalia como o modelo responde aos dados e, conforme necessário, adapta os algoritmos usados e a maneira como manipula os dados antes da entrada no algoritmo.

» **Validação:** Muitos conjuntos de dados são grandes o bastante para se segmentarem em treinamento e teste. Você primeiro treina o modelo com os dados de treinamento, e então o valida com os de teste. Claro, esses dados devem representar o domínio do problema com precisão e ser estatisticamente compatíveis com os de treinamento. Caso contrário, não haverá resultados que reflitam o funcionamento real do modelo.

» **Teste:** Depois que um modelo é treinado e validado, ainda é preciso testá-lo com dados do mundo real. Esta etapa é importante porque é crucial verificar se o modelo funcionará com um conjunto maior de dados que você não usou para treinamento nem teste. Como nas etapas de treinamento e validação, todos os dados devem representar o domínio do problema com o qual deseja interagir usando o modelo de aprendizado de máquina.

O treinamento entrega um algoritmo de aprendizado de máquina com todos os tipos de exemplos de entradas e saídas desejadas esperadas, para cada entrada. O algoritmo usa essa entrada para criar uma função matemática. Em outras palavras, o treinamento é o processo no qual o algoritmo trabalha para aprender a adaptar uma função aos dados. A saída de tal função é tipicamente a probabilidade de uma determinada saída ou simplesmente um valor numérico.

Para se ter uma ideia do que acontece no processo de treinamento, imagine uma criança aprendendo a distinguir árvores de objetos, animais e pessoas. Antes que o faça de maneira independente, um professor lhe apresenta um certo número de imagens de árvores, com todos os elementos que as distinguem de outros objetos do mundo. Esses elementos podem ser características, como o material (madeira), suas partes (tronco, galhos, folhas ou agulhas, raízes) e localização (plantada no solo). A criança constrói uma compreensão de como é uma árvore contrastando suas características com imagens de exemplos diferentes, como peças de mobília feitas de madeira, mas que não compartilham outras características com uma árvore.

Um classificador de aprendizado de máquina funciona da mesma maneira. Um algoritmo de classificação fornece uma classe como saída. A foto que você fornece como entrada corresponde à classe de árvore (e não animal ou pessoa). Assim, ele cria suas capacidades cognitivas por meio de uma formulação matemática que inclui todos os recursos de entrada fornecidos, de uma maneira que cria uma função para distinguir uma classe da outra.

Caçando a generalização

Para ser útil, um modelo de aprendizado de máquina deve representar uma visão geral dos dados fornecidos. Se não segue os dados à risca, é *subajustado* — isto é, não equipado o suficiente por falta de treinamento. Por outro lado, se os segue excessivamente, é *sobreajustado*, segue os pontos de dados como uma luva por causa do *excesso* de treinamento. O subajuste e o sobreajuste causam problemas porque o modelo não é generalizado o suficiente para produzir resultados úteis. Considerando dados de entrada desconhecidos, as previsões ou classificações resultantes conterão grandes valores de erro. Somente quando o modelo estiver corretamente ajustado aos dados, fornecerá resultados dentro de um intervalo razoável de erros.

Toda essa questão da generalização também é importante para decidir quando usar o aprendizado de máquina. Uma solução de aprendizado de máquina sempre generaliza de exemplos específicos a gerais do mesmo tipo. A forma como essa tarefa é executada depende da orientação da solução e dos algoritmos usados para fazê-la funcionar.

LEMBRE-SE

O problema para cientistas de dados e para outros que utilizam técnicas de aprendizado de máquina e de aprendizado profundo é que o computador não exibirá um sinal informando que o modelo se ajusta aos dados. Muitas vezes é uma questão de intuição humana decidir quando um modelo é treinado o suficiente para fornecer um bom resultado generalizado. Além disso, o criador da solução deve escolher o algoritmo correto entre milhares. Sem o algoritmo correto para ajustar o modelo aos dados, os resultados serão decepcionantes. Para fazer o processo de seleção funcionar, o cientista de dados deve possuir:

- » Um grande conhecimento dos algoritmos disponíveis.
- » Experiência em lidar com o tipo de dados em questão.
- » Uma compreensão do resultado desejado.
- » Um desejo de experimentar vários algoritmos.

O último requisito é o mais importante, porque não há regras rígidas que digam que um algoritmo específico funcionará com todos os tipos de dados em todas as situações possíveis. Se fosse o caso, muitos algoritmos não estariam disponíveis. Para encontrar o melhor, o cientista de dados muitas vezes recorre à experimentação com vários algoritmos e compara os resultados.

Conhecendo os limites do viés

Seu computador não tem vieses. Ele não objetiva dominar o mundo nem dificultar a sua vida. Na verdade, os computadores não têm objetivos de nenhum tipo. O único produto que um computador oferece é uma saída com base em entradas e na técnica de processamento. No entanto, o viés ainda entra no computador e afeta seus resultados de várias maneiras:

> » **Dados:** Quando os dados em si contêm meias-verdades ou simplesmente deturpações. Se um valor específico aparecer duas vezes mais nos dados do que no mundo real, a saída de uma solução de aprendizado de máquina é contaminada, mesmo que os dados estejam corretos.
>
> » **Algoritmos:** Usar o algoritmo errado fará com que a solução de aprendizado de máquina ajuste o modelo aos dados incorretamente.
>
> » **Treinamento:** Muito ou pouco treinamento altera como o modelo se ajusta aos dados e, portanto, ao resultado.
>
> » **Interpretação humana:** Mesmo quando uma solução de aprendizado de máquina gera uma saída correta, o ser humano que a usa pode interpretá-la incorretamente. Os resultados são tão ruins quanto, e talvez piores, quando a solução não funciona como o previsto. (O artigo em `https://thenextweb.com/artificial-intelligence/2018/04/10/human-bias-huge-problem-ai-heres-going-fix/` discute algumas ideias sobre este assunto.)

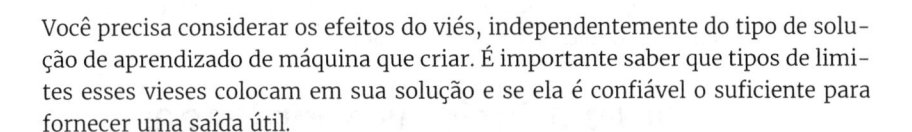

Você precisa considerar os efeitos do viés, independentemente do tipo de solução de aprendizado de máquina que criar. É importante saber que tipos de limites esses vieses colocam em sua solução e se ela é confiável o suficiente para fornecer uma saída útil.

Considerando a complexidade do modelo

Menos é sempre mais quando se trata de aprendizado de máquina. Muitos algoritmos diferentes retornam a saída útil para sua solução, mas o melhor a ser usado é aquele que é mais fácil de entender e fornece resultados mais diretos. A Navalha de Occam (`http://math.ucr.edu/home/baez/physics/General/occam.html`) é reconhecida, de modo geral, como a melhor estratégia a seguir. Basicamente, a Navalha de Occam lhe diz para usar a solução mais simples para resolver um problema em particular. Conforme a complexidade aumenta, o potencial para erros, também.

Mapeando Rotas para o Aprendizado

A parte "aprendizado" do termo "aprendizado de máquina" é a que confere sua dinâmica — isto é, a capacidade de mudar a si mesmo quando recebe dados adicionais. A capacidade de aprender torna o aprendizado de máquina diferente de outros tipos de IA, como gráficos de conhecimento e sistemas especialistas. Isso não torna o aprendizado de máquina melhor que outros tipos de IA (como descrito no Capítulo 1), mas simplesmente útil para um determinado conjunto de problemas. É claro que definir o que o aprendizado implica é problemático, porque seres humanos e computadores o veem de formas diferentes. Além disso, os computadores usam técnicas de aprendizado distintas dos seres humanos, e alguns destes não consideram que o aprendizado de máquina é de fato um aprendizado. As seções a seguir discutem os métodos que os algoritmos usam para aprender, para que você entenda melhor que o aprendizado de máquina e o humano são intrinsecamente diferentes.

Nem o pão, nem a cachaça, nada é de graça!

Você já deve ter ouvido a lenda de que pode conseguir todo tipo de saída do computador sem se esforçar muito para derivar uma solução. Infelizmente, não existe uma solução universal para todos os problemas, e respostas melhores costumam ser muito caras. Ao trabalhar com algoritmos, você descobre rapidamente que alguns têm um desempenho melhor do que outros para solucionar certos problemas, mas que também não existe um único algoritmo que funcione melhor indiscriminadamente. Isso se deve à matemática por trás deles. Certas funções são boas em representar alguns problemas, mas afetam outros. Cada algoritmo tem sua especialidade.

As cinco principais abordagens

Há vários tipos de algoritmos, e eles executam várias tarefas. Uma maneira de categorizá-los é pela escola de pensamento — o método que um grupo homogêneo de pensadores acreditava resolver tipos particulares de problemas. É claro que há outras maneiras de categorizar algoritmos, mas essa abordagem tem a vantagem de fazê-lo entender melhor seus usos e orientações. As seções a seguir apresentam uma visão geral das cinco principais técnicas algorítmicas.

Raciocínio simbólico

Os simbologistas se baseiam em algoritmos que usam o raciocínio simbólico para encontrar a solução para os problemas. O termo dedução inversa geralmente aparece como indução. No raciocínio simbólico, a *dedução* expande o domínio do conhecimento humano, enquanto a *indução* eleva seu nível. A indução geralmente abre novos campos de exploração e a dedução os explora. No entanto, a consideração mais importante é que a indução é a parte científica desse tipo de raciocínio, enquanto a dedução é a engenharia. As duas estratégias trabalham lado a lado para resolver problemas, primeiro abrindo um campo de exploração potencial e, em seguida, investigando-o para determinar se, de fato, será resolvido.

Como exemplo dessa abordagem, a dedução diria que, se uma árvore é verde e as árvores verdes estão vivas, a árvore está viva. Ao pensar na indução, você diria que a árvore é verde e que a árvore também está viva, portanto as árvores verdes estão vivas. A indução confere uma resposta ao conhecimento que falta, dada uma entrada e saída conhecidas.

Redes neurais

Redes neurais são a cria dos conexionistas. Esse grupo de algoritmos se esforça para reproduzir as funções do cérebro usando silício em vez de neurônios. Basicamente, cada um dos neurônios (criados como algoritmos que modelam a contrapartida do mundo real) resolve um pequeno pedaço do problema, e o uso de muitos neurônios em paralelo resolve o problema como um todo.

PAPO DE ESPECIALISTA

As redes neurais disponibilizam métodos de correção para dados errôneos, e o mais popular deles é a *retropropagação* (o artigo de duas partes em `http://www.breloff.com/no-backprop/` e em `http://www.breloff.com/no-backprop-part2/` discute as alternativas a ela). O uso de retropropagação procura determinar as condições sob as quais os erros são removidos das redes construídas para se assemelharem aos neurônios humanos, alterando os *pesos* (quanto de uma entrada específica aparece no resultado) e os *vieses* (quais recursos são selecionados) da rede. O objetivo é continuar alterando pesos e vieses até que a saída real corresponda à de destino.

Nesse ponto, o neurônio artificial dispara e passa sua solução para o próximo neurônio em linha. A solução criada por cada neurônio é apenas parte de toda a solução. Cada neurônio continua a passar informações para o próximo em linha, até que o grupo de neurônios crie uma saída final.

Algoritmos evolutivos

Os evolucionistas baseiam-se nos princípios da evolução para resolver problemas. Essa estratégia parte da ideia da sobrevivência do mais apto, removendo todas as soluções que não correspondem à saída desejada. Uma função de adequação determina a viabilidade de cada função na solução de um problema.

Usando uma estrutura em árvore, o método procura a melhor solução com base na saída da função. O vencedor de cada nível de evolução consegue construir o próximo nível de funções. O próximo nível chegará mais perto de resolver o problema, mas pode não o resolver completamente, o que significa que outro nível é necessário. Esse tipo de algoritmo específico depende muito da recursão (veja em `https://www.cs.cmu.edu/~adamchik/15-121/lectures/Recursions/recursions.html` uma explicação sobre recursão) e de linguagens que a suportem substancialmente para resolver problemas. Uma saída interessante dessa estratégia tem sido os algoritmos que se desenvolvem: uma geração de algoritmos constrói a próxima.

Inferência bayesiana

Os bayesianos usam vários métodos estatísticos para resolver problemas. Considerando que eles geram mais de uma solução aparentemente correta, a escolha de uma função passa a ser determinar qual tem maior probabilidade de êxito. Por exemplo, ao usar essas técnicas, você pode aceitar um conjunto de sintomas como entrada. Um algoritmo calculará a probabilidade de uma determinada doença resultar desses sintomas, como saída. Dado que várias doenças têm os mesmos sintomas, a probabilidade é importante, porque o usuário verá algumas situações em que uma saída de menor probabilidade é, na verdade, a correta para circunstâncias determinadas.

DICA

Em última instância, os algoritmos bayesianos se fundamentam na máxima de nunca confiar totalmente em qualquer hipótese (um resultado que alguém lhe deu) sem ver a evidência usada para produzi-la (a entrada que a outra pessoa usou para formular a hipótese). A análise da evidência comprova ou refuta a hipótese que respalda. Consequentemente, não se pode determinar qual doença alguém tem até que teste todos os sintomas. Uma das saídas mais perceptíveis desse grupo de algoritmos é o filtro de spam.

Sistemas que aprendem por analogia

Os analistas usam máquinas de kernel para reconhecer padrões. Ao reconhecê-los em um conjunto de entradas e compará-los aos de uma saída, é possível criar uma solução para um problema. O objetivo é usar a similaridade para determinar a melhor solução. Esse é o tipo de raciocínio que determina que usar uma solução específica funcionou em certa circunstância anteriormente; portanto, aplicá-la a um conjunto análogo de circunstâncias deve funcionar. Uma das saídas mais perceptíveis desse grupo é o sistema de recomendação. Quando acessa a Amazon e compra um produto, por exemplo, o sistema de recomendação lhe mostra os relacionados, que você também pode querer comprar.

Avaliando abordagens diferentes

Ter várias opiniões sobre algoritmos, para que entenda o que fazem e por que o fazem, é bem útil. A seção anterior analisa algoritmos com base nos grupos que os criaram. No entanto, há outras abordagens para categorizar algoritmos. A lista a seguir classifica alguns algoritmos populares por similaridade:

» **Rede neural artificial:** Modela a estrutura ou a função das redes neurais biológicas (às vezes, ambas). Seu objetivo é realizar a correspondência de padrões para problemas de regressão e classificação. No entanto, a técnica imita a abordagem usada pelos organismos biológicos, em vez de depender estritamente de uma abordagem baseada em matemática. Aqui estão alguns exemplos de algoritmos de redes neurais artificiais:

- Perceptron.
- Rede neural de alimentação adiante.
- Rede de Hopfield.
- Rede de função de base radial (radial basis function neural network — RBFN).
- Mapa auto-organizável (self-organized map — SOM).

» **Regra de associação:** Extrai regras que ajudam a explicar as relações entre as variáveis nos dados. É possível usá-las para descobrir associações úteis em grandes conjuntos de dados que normalmente são fáceis de perder. Aqui estão os algoritmos de regra de associação mais populares:

- Algoritmo Apriori.
- Algoritmo Eclat.

» **Bayesiano:** Aplica o Teorema de Bayes a questões de probabilidade. Essa forma de algoritmo prioriza o uso para problemas de classificação e regressão. Aqui estão alguns exemplos de algoritmos Bayesianos:

- Naïve Bayes.
- Naïve Bayes Gaussiano.
- Naïve Bayes multinomial.
- Rede bayesiana de crenças (Bayesian belief network — BBN).
- Rede bayesiana (Bayesian network — BN).

» **Clustering:** Descreve um modelo para organizar dados por classe ou outros critérios. Os resultados geralmente são centroides ou hierárquicos. O que você vê são relações entre dados de uma forma que ajuda a entendê-los — isto é, como os valores se afetam. A lista a seguir contém exemplos de algoritmos de clustering:

- K-means.
- K-medianos.
- Maximização de expectativas (expectations maximization — EM).
- Clustering hierárquico.

» **Árvore de decisão:** Constrói um modelo de decisões com base nos valores reais encontrados nos dados. A estrutura de árvore resultante permite realizar comparações entre dados novos e antigos com muita rapidez. Esta forma de algoritmo geralmente prioriza o uso de problemas de classificação e regressão. A lista a seguir mostra alguns dos algoritmos comuns de árvore de decisão:

- Árvore de classificação e regressão (classification and regression tree — CART).
- Dicotomizador iterativo 3 (iterative dichotomiser 3 — ID3).
- C4.5 e C5.0 (diferentes versões de uma abordagem poderosa).
- Detecção de interação automática do quiquadrado (chi-squared automatic interaction detection — CHAID).

» **Aprendizado profundo:** Propicia uma atualização para as redes neurais artificiais que dependem de várias camadas para explorar conjuntos de dados ainda maiores e construir redes neurais ainda mais complexas. Este grupo específico de algoritmos funciona bem com problemas de aprendizado semissupervisionado, nos quais a quantidade de dados rotulados é mínima. Aqui estão alguns exemplos de algoritmos de aprendizado profundo:
- Máquina de Boltzmann profunda (deep Boltzmann machine — DBM).
- Redes de crenças profundas (deep belief network — DBN).
- Rede neural convolucional (convolutional neural network — CNN).
- Rede neural recorrente (recurrent neural network — RNN).
- Autocodificadores empilhados.

» **Redução de dimensionalidade:** Procura e explora semelhanças na estrutura de dados de maneira similar aos algoritmos de clustering, mas usa métodos não supervisionados. O objetivo é resumir ou descrever dados com menos informações, para que o conjunto fique menor e mais fácil de gerenciar. Em alguns casos, são usados para problemas de classificação ou regressão. Aqui está uma lista de algoritmos comuns de redução de dimensionalidade:
- Análise de componentes principais (principal component analysis — PCA).
- Análise fatorial (factor analysis — FA).
- Escala multidimensional (multidimensional scaling — MDS).
- Incorporação de vizinho estocástico distribuído em t (t-SNE).

» **Conjunto:** Reúne um grupo de múltiplos modelos mais fracos em um todo coeso, cujas previsões individuais são combinadas de alguma forma para definir uma previsão geral. Usar um conjunto resolve certos problemas mais rapidamente, de forma mais eficiente ou com erros reduzidos. Aqui estão alguns algoritmos conjuntos comuns:
- Boosting.
- Agregação bootstrapped (Bagging).
- AdaBoost.
- Floresta aleatória.
- Máquinas de aumento de gradiente (gradient boosting machines — GBM).

» **Baseados em instâncias:** Define um modelo para problemas de decisão em que os dados de treinamento consistem em exemplos que são usados posteriormente para fins de comparação. Uma medida de similaridade ajuda a determinar quando novos exemplos se comparam favoravelmente a exemplos existentes no banco de dados. Algumas pessoas chamam esses algoritmos de "vencedor leva tudo" ou de aprendizado baseado em memória, por causa da maneira como trabalham. A lista a seguir traz alguns algoritmos comuns associados a esta categoria:
- K-vizinhos mais próximos (KNN).
- Quantificação vetorial de aprendizado (learning vector quantization — LVQ).

» **Regressão:** Define a relação entre variáveis, que é refinada iterativamente usando uma medida de erro. Esta categoria prioriza o uso pesado em aprendizado de máquina estatístico. A lista a seguir mostra os algoritmos normalmente associados a este tipo:
- Regressão dos mínimos quadrados ordinários (ordinary least squares regression — OLSR).
- Regressão logística.

» **Regularização:** Regula outros algoritmos punindo soluções complexas e favorecendo as mais simples. Esse tipo de algoritmo geralmente prioriza o uso com métodos de regressão. O objetivo é garantir que a solução não se perca na própria complexidade e retorne soluções dentro de um determinado período de tempo usando o menor número de recursos. Aqui estão alguns exemplos de algoritmos de regularização:
- Regressão de Ridge.
- Operador de encolhimento e seleção menos absoluto (least absolute shrinkage and selection operator — LASSO).
- Rede elástica.
- Regressão dos mínimos ângulos (least-angle regression — LARS).

» **Máquina de vetores de suporte (SVM):** Algoritmos de aprendizado supervisionado que resolvem problemas de classificação e regressão separando apenas alguns exemplos de dados (chamados de *suportes*, daí o nome do algoritmo) do resto dos dados usando uma função. Depois de separar esses suportes, a previsão se torna mais fácil. A forma de análise depende do tipo de função (chamada de *kernel*): base linear, polinomial ou radial. Aqui estão alguns exemplos de algoritmos SVM:
- Máquinas de vetores de suporte linear.
- Máquinas de vetor de suporte de função de base radial.
- Máquinas de vetores de suporte de uma classe (para aprendizado não supervisionado).

» **Outros:** Você tem muitos outros algoritmos para escolher. Essa lista contém as principais categorias. Algumas não encontradas aqui são usadas para seleção de recursos, precisão de algoritmos, medidas de desempenho e subcampos de especialidade de aprendizado de máquina. Categorias inteiras de algoritmos são dedicadas à visão computacional (VC) e ao processamento de linguagem natural (PLN). À medida que lê este livro, você encontrará muitas outras categorias de algoritmos, e talvez se pergunte como os cientistas de dados conseguem fazer uma boa escolha, havendo tantas opções.

Esperando a revolução

Avanços demandam paciência, pois computadores são inerentemente baseados em matemática. Talvez você não os entenda assim ao trabalhar com linguagens de nível mais alto, como o Python, mas tudo o que acontece às sombras requer uma compreensão extrema da matemática e dos dados manipulados. Consequentemente, esperam-se novos usos futuros para o aprendizado de máquina e para o aprendizado profundo, conforme os cientistas acharem meios de processar dados, criar algoritmos e usá-los para definir modelos de dados.

LEMBRE-SE

Infelizmente, trabalhar com o que está disponível hoje não é suficiente para criar as aplicações de amanhã (apesar do que os filmes o fazem acreditar). No futuro, esperam-se avanços em hardware que tornarão possíveis aplicações que hoje são inviáveis. Essa não é apenas uma questão de poder computacional adicional ou de memórias maiores. O computador de amanhã terá acesso a sensores que não estão disponíveis hoje; processadores que realizarão tarefas que os de hoje não conseguem; e métodos para entender como os computadores pensam, que ainda não foram imaginados. O que o mundo mais precisa agora é de experiência, e a experiência sempre leva tempo para se acumular.

Fazendo Usos Reais

O fato de ter várias opções para escolher quando se trata de IA significa que o aprendizado de máquina não é a única tecnologia que você deve considerar para resolver um determinado problema. Ele é excelente para ajudá-lo com categorias específicas de problemas. Para definir como o aprendizado de máquina funciona melhor, comece considerando como um algoritmo aprende e, em seguida, aplique esse conhecimento às classes de problema que precisa resolver. Lembre-se de que o aprendizado de máquina lida com a generalização, portanto não funciona muito bem nestes cenários:

» Quando o resultado deve ser uma resposta precisa, como o cálculo de uma viagem a Marte.

» Quando a generalização resolve o problema, mas outras técnicas são mais simples, como o desenvolvimento de software para calcular o fatorial de um número.

» Quando não se tem uma boa generalização do problema porque ele é mal entendido, não existe relação específica entre entradas e resultados, ou seu domínio é muito complexo.

As seções a seguir discutem os usos reais do aprendizado de máquina a partir da perspectiva de como ele aprende e, em seguida, define seus benefícios em domínios de problemas específicos.

Entendendo os benefícios

Os benefícios do aprendizado de máquina dependem, em parte, do seu ambiente e, em parte, do que se espera dele. Se você passa tempo na Amazon comprando produtos, espere que o aprendizado de máquina faça recomendações úteis com base em compras anteriores. Elas indicam produtos que você talvez não conheça. Recomendar produtos que já usa ou de que não precisa não é particularmente útil, e é aqui que o aprendizado de máquina entra em jogo. Conforme a Amazon gera mais dados sobre seus hábitos de compra, as recomendações ficam mais úteis, embora nem mesmo o melhor algoritmo consiga sempre adivinhar suas necessidades corretamente.

LEMBRE-SE

É claro que o aprendizado de máquina o beneficia de muitas outras maneiras. Um desenvolvedor pode usá-lo para adicionar um recurso de PLN a um aplicativo. Um pesquisador, para ajudar a encontrar a cura para o câncer. Você já pode usá-lo para filtrar spam em seu e-mail ou confiando nele quando entra em seu carro, ao usar a interface de voz. Com isso em mente, os benefícios a seguir se relacionam mais a uma perspectiva corporativa, mas saiba que há muitas outras formas de usar o aprendizado de máquina de modo eficaz:

» **Simplificar o marketing de produtos:** Um dos problemas enfrentados por todas as empresas é determinar o que vender e quando, com base nas preferências dos clientes. Campanhas de vendas são caras, então conter falhas não é uma opção. Além disso, às vezes as empresas se deparam com pequenas informações peculiares: clientes que gostam de produtos na cor vermelha, mas não verde. Saber o que o cliente quer é incrivelmente difícil, a menos que se analisem grandes quantidades de dados de compra, o que é algo que o aprendizado de máquina faz muito bem.

» **Prever vendas futuras com precisão:** O mundo corporativo se assemelha a um jogo, porque não há certezas de que suas apostas valerão a pena. Uma solução de aprendizado de máquina acompanha vendas minuto a minuto e rastreia tendências antes que se tornem óbvias. Realizar esse tipo de acompanhamento significa ajustar com mais precisão os canais de vendas para fornecer os melhores resultados e garantir que as lojas tenham produtos suficientes. Isso ainda não é uma bola de cristal, mas passa perto.

» **Prever ausências pessoais:** Algumas empresas acabam tendo problemas porque os funcionários escolhem os piores momentos para se ausentar do trabalho. Em alguns casos, essas ausências parecem imprevisíveis, como problemas de saúde, enquanto outras, não, como necessidades súbitas de tirar um tempo pessoal. Ao rastrear várias tendências a partir de fontes de dados facilmente disponíveis, você acompanha essas ausências em seu setor e localidade como um todo e em sua empresa, em particular, para garantir que tenha pessoas suficientes para realizar o trabalho necessário a qualquer momento.

» **Reduzir erros de entrada de dados:** Alguns tipos de erros de entrada de dados são relativamente fáceis de evitar usando-se corretamente os recursos de formulário ou incorporando-se um corretor ortográfico em seu aplicativo. Além disso, adicionar certos tipos de correspondência de padrões reduz erros de maiúsculas ou de números de telefone incorretos. O aprendizado de máquina leva a redução de erros a outro nível, identificando corretamente padrões complexos que outras técnicas deixam passar. Por exemplo, um cliente pode fazer um pedido de uma peça A e de duas peças B para criar uma unidade. A correspondência de padrões nesses tipos de venda é evasiva, mas o aprendizado de máquina reduz erros particularmente complexos de localizar e erradicar.

» **Aprimorar a regra financeira e a precisão de modelagem:** Para empresas de qualquer porte, manter as finanças objetivas é difícil. O aprendizado de máquina possibilita executar tarefas como gerenciamento de portfólio, negociação algorítmica, subscrição de empréstimos e detecção de fraudes com maior precisão. Não há como eliminar a participação humana em tais casos, mas a combinação do trabalho humano com o de máquina é incrivelmente eficiente, minimizando a ocorrência de erros despercebidos.

» **Prever necessidades de manutenção:** Qualquer sistema que tenha uma contraparte física provavelmente demanda manutenção de vários tipos. O aprendizado de máquina ajuda a prever quando um sistema precisará de limpeza com base no desempenho passado e no monitoramento ambiental. Também viabiliza o planejamento, a substituição e o reparo de determinados equipamentos com base em seu histórico. Uma solução de aprendizado de máquina até mesmo determina se a substituição ou o reparo é a melhor opção.

» **Aumentar a interação com o cliente e sua satisfação:** Os clientes gostam de se sentir especiais, como todo mundo. No entanto, criar manualmente um plano personalizado para cada um é impossível. Você encontra online muitas informações sobre os clientes, de compras recentes a hábitos de compra frequentes. Combinar esses dados a uma boa solução de aprendizado de máquina e a um pessoal perspicaz de atendimento faz parecer que você criou pessoalmente uma solução especial para cada cliente, embora o tempo necessário para isso seja mínimo.

Descobrindo os limites

Os limites de uma tecnologia são muitas vezes difíceis de quantificar completamente, porque resultam de uma falta de imaginação por parte de seu criador ou consumidor. No entanto, o aprendizado de máquina tem alguns limites claros que você precisa considerar antes de usá-lo para executar qualquer tarefa específica. A lista a seguir não está completa. Na verdade, você pode nem concordar completamente com ela, mas é um bom ponto de partida.

» **Grandes quantidades de dados de treinamento são necessárias:** Diferentemente das soluções programadas no passado, a de aprendizado de máquina depende de enormes quantidades de dados para treiná-lo. À medida que a complexidade do problema aumenta, o número de pontos de dados necessários para modelá-lo, também, o que demanda ainda mais dados. Embora os seres humanos gerem quantidades cada vez maiores de dados em domínios de problemas específicos e a capacidade computacional necessária para processá-los aumente diariamente, alguns domínios de problemas simplesmente carecem de dados ou poder de processamento para tornar o aprendizado de máquina eficaz.

» **A rotulagem de dados é entediante e propensa a erros:** Ao usar a técnica de aprendizado supervisionado (veja a seção "Aprendendo com diferentes estratégias", anteriormente neste capítulo, para obter detalhes), alguém deve rotular os dados para fornecer o valor de saída. Esse processo, para grandes quantidades de dados, é tedioso e demorado, tornando o aprendizado de máquina difícil. O problema é que o ser humano entende o que qualquer coisa que se assemelhe a uma placa de pare significa, mas o computador precisa rotular todas as placas de pare individualmente.

» **As máquinas não são capazes de se explicar:** À medida que as soluções de aprendizado de máquina se tornam mais flexíveis e habilidosas, sua funcionalidade oculta se amplifica. Na verdade, ao lidar com soluções de aprendizado profundo, você descobre que elas contêm uma ou mais camadas ocultas além das criadas, mas os seres humanos não têm tempo de explorá-las. Consequentemente, tanto o aprendizado de máquina (até certo ponto) quanto o aprendizado profundo (em maior escala) encontram problemas para os quais a transparência é valorizada e se contrapõem a algumas leis, como o regulamento geral de proteção de dados, ou GDPR (`https://eugdpr.org/`). Como o processo se torna opaco, um ser humano precisa analisar algo que deveria ser automático. Uma solução potencial se dá sob a forma de novas estratégias, como as explanações agnósticas do modelo interpretável local (LIME) (veja `https://homes.cs.washington.edu/~marcotcr/blog/lime/` para obter detalhes).

» **Os vieses tornam os resultados menos úteis:** Um algoritmo não sabe quando seus dados têm várias meias-verdades (o livro *Inteligência Artificial Para Leigos,* de John Paul Mueller e Luca Massaron [Ed. Alta Books], explica essa questão em detalhes). Consequentemente, ele considera todos como imparciais e completamente verdadeiros. Como resultado, qualquer análise realizada por um algoritmo treinado usando esses dados é suspeita. O problema se torna ainda maior quando o próprio algoritmo é tendencioso. Você encontra online inúmeros exemplos de algoritmos que identificam incorretamente objetos comuns como sendo placas de pare, devido à combinação de dados contendo meias-verdades e algoritmos tendenciosos.

» **As soluções de aprendizado de máquina não são solidárias:** Uma das principais vantagens do ser humano é a capacidade de colaborar com os outros. O potencial de conhecimento aumenta exponencialmente à medida que cada parte de uma possível solução submete seu conhecimento para criar um todo maior que a soma das partes. Uma única solução de aprendizado de máquina continua sendo isolada, pois ela não consegue generalizar o conhecimento e, assim, contribuir para uma solução abrangente, com várias partes solidárias.

> **NESTE CAPÍTULO**
>
> » Obtendo uma versão do Python
>
> » Interagindo com o Jupyter Notebook
>
> » Criando código básico de Python
>
> » Trabalhando na nuvem

Capítulo **3**

Obtendo e Utilizando o Python

O aprendizado profundo demanda uso de código, e há várias opções de linguagens disponíveis. Porém este livro se baseia no Python, pois funciona em diversas plataformas e tem um suporte significativo da comunidade de desenvolvedores. De acordo com o Tiobe Index (`https://www.tiobe.com/tiobe-index/`), quando este livro foi escrito, o Python estava classificado como a quarta linguagem do mundo que melhor funciona para o aprendizado profundo, conforme várias fontes (veja `https://www.analyticsindiamag.com/top-10-programming-languages-data-scientists-learn-2018/` para obter detalhes).

Antes de usufruir do Python ou usá-lo para resolver problemas profundos, é necessária uma instalação viável. Você também precisa acessar os conjuntos de dados e códigos usados neste livro. Fazer o download do código de amostra e instalá-lo em seu sistema é a melhor maneira de obter uma boa experiência de aprendizagem. Este capítulo o ajuda a configurar seu sistema para que consiga seguir facilmente os exemplos no restante do livro. Ele também explora possíveis alternativas, como o Google Colaboratory (`https://colab.research.google.com/notebooks/welcome.ipynb`), também chamado de Colab, caso queira trabalhar em um dispositivo alternativo, como um tablet.

LEMBRE-SE O uso da fonte que pode ser baixada não o impede de digitar os exemplos, acompanhando-os de um depurador, expandindo-os ou trabalhando com o código, de todas as maneiras. O objetivo da fonte é ajudá-lo a ter um bom começo com o aprendizado profundo e uma boa experiência com o Python. Depois de ver como o código digitado e configurado corretamente funciona, tente criar os exemplos por conta própria. Se cometer algum erro, compare o que digitou com a fonte para descobrir exatamente onde ele está. Você encontra a fonte deste capítulo para download nos arquivos `DL4D_03_Sample.ipynb`, `DL4D_03_Dataset_Load.ipynb`, `DL4D_03_Indentation.ipynb` e `DL4D_03_Comments.ipynb`. (A Introdução informa onde fazer o download do código-fonte que usamos.)

Trabalhando com Python

O ambiente do Python muda constantemente. À medida que a comunidade o aprimora, ele passa por *quebras provenientes de mudanças* — quando se criam novos comportamentos que acabam reduzindo a compatibilidade com as versões anteriores. Essas mudanças não são expressivas, mas são uma distração que reduz sua capacidade de descobrir técnicas de programação de aprendizado profundo. Obviamente, você quer desvendá-lo com o mínimo de distrações possível, por isso ter o ambiente correto é essencial. Aqui está o que é preciso para usar o Python com este livro:

- » Jupyter Notebook versão 5.5.0.
- » Ambiente do Anaconda 3 versão 5.2.0.
- » Python versão 3.6.7.

DICA Se não houver essa configuração, os exemplos não funcionarão como o planejado. As capturas de tela provavelmente serão diferentes, e os procedimentos não funcionarão como se imaginou.

CUIDADO Conforme estudar o livro, será preciso instalar vários pacotes do Python para fazer o código funcionar. Como o ambiente do Python que você configura neste capítulo, esses pacotes têm números de versão específicos. Se usar uma versão diferente de um pacote, os exemplos não serão executados. Além disso, pode ser frustrante tentar trabalhar com mensagens de erro que não têm nada a ver com o código do livro, mas que resultam do uso do número de versão incorreto. Certifique-se de ter cuidado ao instalar o Anaconda, o Jupyter Notebook, o Python e todos os pacotes necessários para tornar sua experiência de aprendizado profundo o mais tranquila possível.

Obtendo uma Cópia do Anaconda

Antes de seguir em frente, você precisa obter e instalar o Anaconda. Sim, é possível obter e instalar o Jupyter Notebook separadamente, mas isso perde vários outros aplicativos que acompanham o Anaconda, como o Prompt do Anaconda, que aparece em várias partes do livro. A melhor ideia é instalar o Anaconda usando as instruções que aparecem nas seções a seguir para sua plataforma específica (Linux, MacOS ou Windows).

Anaconda do Continuum Analytics

O pacote básico do Anaconda está disponível para download gratuito em `https://repo.anaconda.com/archive/` com a versão 5.2.0, usada neste livro. Basta clicar em um dos links da versão 3.6 do Python para obter acesso ao produto gratuito. O nome do arquivo desejado começa com a plataforma: `Anaconda3-5.2.0-` seguida da versão de 32 ou 64 bits, como `Anaconda3-5.2.0-Windows-x86_64.exe` na versão de 64 bits do Windows. O Anaconda é compatível com as seguintes plataformas:

- Windows 32-bit e 64-bit (o instalador oferece apenas a versão de 64 ou de 32 bits, dependendo da versão do Windows, que é detectada).
- Linux 32-bit e 64-bit.
- Mac OS X 64-bit.

O produto gratuito é tudo de que você precisa para os fins deste livro. No entanto, ao ver o site, é possível constatar que muitos outros produtos complementares estão disponíveis. Esses produtos o auxiliam a criar aplicativos robustos. Por exemplo, caso adicione Acelerar à mistura, você ganha a capacidade de executar operações com vários núcleos habilitados para GPU. O uso desses produtos complementares está fora do escopo deste livro, mas o site do Anaconda apresenta os detalhes.

Instalando o Anaconda no Linux

Você usa a linha de comando para realizar a instalação do Anaconda no Linux; não há opção de instalação gráfica. Antes de executá-la, faça o download do software Linux no site do Continuum Analytics. Encontre as informações necessárias para o download na seção "Anaconda do Continuum Analytics", deste capítulo. O procedimento a seguir funciona bem em qualquer sistema Linux, com a versão de 32 ou de 64 bits do Anaconda:

1. **Abra o Terminal.**

   A janela do Terminal será exibida.

2. **Altere os diretórios para a versão do Anaconda baixada em seu sistema.**

   O nome do arquivo varia, mas normalmente é `Anaconda3-5.2.0-Linux-x86.sh` para os sistemas de 32 bits e `Anaconda3-5.2.0-Linux-x86_64.sh` para os de 64-bit. O número da versão é incorporado ao nome do arquivo. Neste caso, refere-se à versão 5.2.0, que é a usada neste livro. Se usar qualquer outra versão, terá problemas com o código-fonte e precisará fazer ajustes ao trabalhar com ele.

3. **Digite** bash Anaconda3-5.2.0-Linux-x86 **(para a versão de 32-bit) ou** Anaconda 3-5.2.0-Linux-x86_64.sh **(para a de 64-bit) e pressione Enter.**

   Um assistente de instalação é iniciado, solicitando que aceite os termos de licenciamento para usar o Anaconda.

4. **Leia o contrato de licença e aceite os termos usando o método exigido para sua versão do Linux.**

   O assistente pedirá um local para instalar o Anaconda. Este livro pressupõe que você usa o padrão ~/anaconda. Se escolher outro, talvez seja necessário modificar alguns procedimentos posteriormente para sua configuração.

5. **Escolha o local de instalação (se necessário) e pressione Enter (ou clique em Avançar).**

   O processo de extração do aplicativo começa. Depois que estiver finalizado, uma mensagem de conclusão será exibida.

6. **Adicione o caminho de instalação à instrução** PATH **usando o método exigido para sua versão do Linux.**

   Tudo pronto para usar o Anaconda.

Instalando o Anaconda no MacOS

Só há uma opção de instalação no Mac OS X: 64-bit. Antes de executá-la, é preciso fazer o download do software Mac no site do Continuum Analytics. Encontre as informações de download necessárias na seção "Anaconda do Continuum Analytics", anteriormente neste capítulo. As etapas a seguir o orientam sobre como instalar o Anaconda 64-bit em um sistema Mac:

1. **Localize em seu sistema a versão baixada do Anaconda.**

   O nome do arquivo varia, mas normalmente é `Anaconda3-5.2.0-MacOSX-x86_64.pkg`. O número da versão é incorporado ao nome do arquivo. Nesse caso, refere-se à versão 5.2.0, que é a usada neste livro. Se usar qualquer outra versão, terá problemas com o código-fonte e precisará fazer ajustes ao trabalhar com ele.

2. **Clique duas vezes no arquivo de instalação.**

   Você vê uma caixa de diálogo de introdução.

3. **Clique em Continue.**

   O assistente pergunta se deseja revisar os materiais do ReadMe. Leia mais tarde. Por enquanto, é seguro ignorar as informações.

4. **Clique em Continue.**

   O assistente exibe um contrato de licença. É imprescindível lê-lo para conhecer os termos de uso.

5. **Clique em I Agree se concordar com os termos.**

   O assistente pedirá um destino para a instalação, que independe de ela ser para um usuário ou grupo.

   Uma mensagem de erro informando que não é possível instalar o Anaconda no sistema pode ser exibida. Ela ocorre devido a um erro no instalador e não tem nada a ver com seu sistema. Para se livrar dela, escolha a opção Install Only for Me. Não é possível instalar o Anaconda para um grupo de usuários no Mac.

   CUIDADO

6. **Clique em Continue.**

   Uma caixa de diálogo com opções para alterar o tipo de instalação é exibida. Clique em Change Install Location se quiser trocar o local. (Este livro pressupõe que você usa o padrão ~/anaconda.) Clique em Customize se quiser modificar a configuração do instalador. O Anaconda não precisa ser adicionado à declaração PATH. No entanto, este livro pressupõe que escolherá as opções de instalação padrão e que não tem um bom motivo para alterá-las, a menos que haja outra cópia do Python instalada em outro local.

7. **Clique em Install.**

   A instalação começa. Uma barra de progresso informa o andamento do processo. Depois que estiver finalizado, uma mensagem de conclusão será exibida.

8. **Clique em Continue.**

   Tudo pronto para usar o Anaconda.

Instalando o Anaconda no Windows

O Anaconda conta com um aplicativo de instalação gráfica para o Windows, portanto conseguir uma boa instalação significa usar um assistente, como faria com qualquer outra. Naturalmente, é necessária uma cópia do arquivo de instalação, e você encontra as informações necessárias para o download na seção "Anaconda do Continuum Analytics", anteriormente no capítulo. O procedimento a seguir funciona bem em qualquer sistema Windows, com a versão de 32 ou de 64 bits do Anaconda:

1. Localize em seu sistema a cópia baixada do Anaconda.

O nome do arquivo varia, mas normalmente é `Anaconda3-5.2.0-Windows-x86.exe` para os sistemas de 32 bits e `Anaconda3-5.2.0-Windows-x86_64.exe` para os de 64-bit. O número da versão é incorporado ao nome do arquivo. Neste caso, refere-se à versão 5.2.0, que é a usada neste livro. Se usar qualquer outra versão, terá problemas com o código-fonte e precisará fazer ajustes ao trabalhar com ele.

2. Clique duas vezes no arquivo de instalação.

(Uma caixa de diálogo Open File — Security Warning se abrirá perguntando se deseja executar esse arquivo. Clique em Run. A caixa de diálogo de instalação do Anaconda 5.2.0 é semelhante à mostrada na Figura 3-1. A caixa de diálogo exata que verá depende de qual versão baixou. Se tiver um sistema operacional de 64 bits, é sempre melhor usar a versão de 64 bits para obter o melhor desempenho possível. Essa primeira caixa de diálogo informa quando você tem a versão de 64 bits do produto.

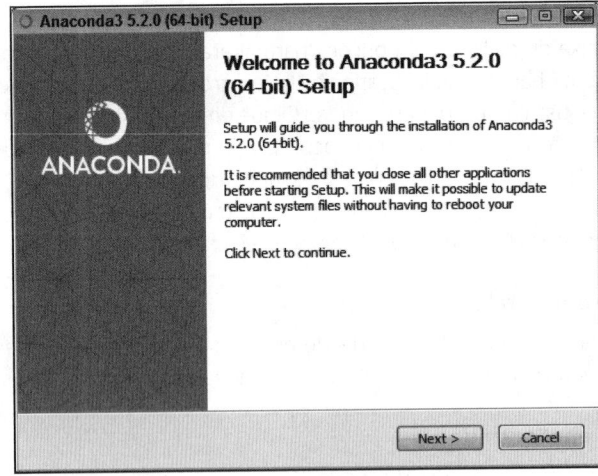

FIGURA 3-1: O processo de instalação começa alertando se a versão é a de 64 bits.

3. **Clique em Next.**

   O assistente exibe um contrato de licença. É imprescindível lê-lo para conhecer os termos de uso.

4. **Clique em I Agree se concordar com os termos.**

   Você será questionado sobre o tipo de instalação a ser executado, conforme mostrado na Figura 3-2. Em geral, você instalará o produto apenas para si mesmo. A exceção é se houver várias pessoas usando seu sistema e todas precisarem acessar o Anaconda. A seleção de Just Me ou All Users afetará a pasta de destino da instalação na próxima etapa.

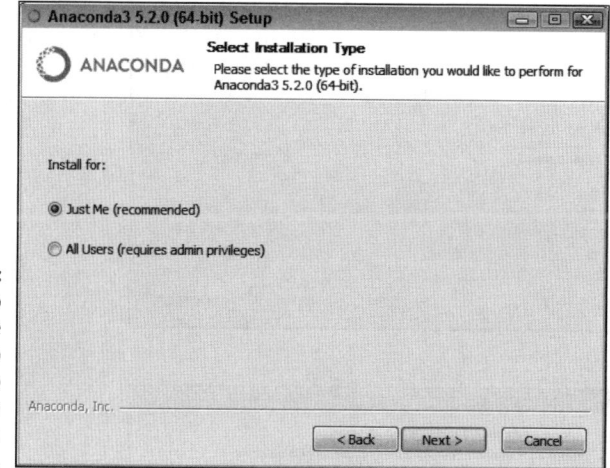

FIGURA 3-2: Diga ao assistente como instalar o Anaconda no seu sistema.

5. **Escolha um dos tipos de instalação e clique em Next.**

   O assistente pergunta onde instalar o Anaconda no disco, conforme mostrado na Figura 3-3. Este livro pressupõe que você usa o local padrão, que em geral é a pasta `C:\Users\<User Name>\Anaconda3`. Se escolher outro local, talvez seja necessário modificar alguns procedimentos posteriormente para trabalhar com sua configuração. Você pode ser questionado se deseja criar a pasta de destino. Se sim, simplesmente permita a criação.

6. **Escolha um local de instalação (se necessário) e clique em Next.**

   As Advanced Installation Options [opções avançadas para a instalação], mostradas na Figura 3-4, serão exibidas. As opções são selecionadas por padrão e, na maioria dos casos, não há um bom motivo para alterá-las. Você pode precisar alterá-las se o Anaconda não fornecer a configuração padrão do Python 3.6. No entanto, o livro pressupõe que o tenha configurado com as opções padrão.

DICA

A opção Add Anaconda to My PATH Environment Variable é desmarcada por padrão, como deve ser. Adicioná-la à variável de ambiente PATH possibilita localizar os arquivos do Anaconda ao usar um prompt de comando padrão; mas, se tiver várias versões do Anaconda instaladas, somente a primeira estará acessível. Em vez disso, é melhor abrir um prompt do Anaconda para acessar a versão que espera.

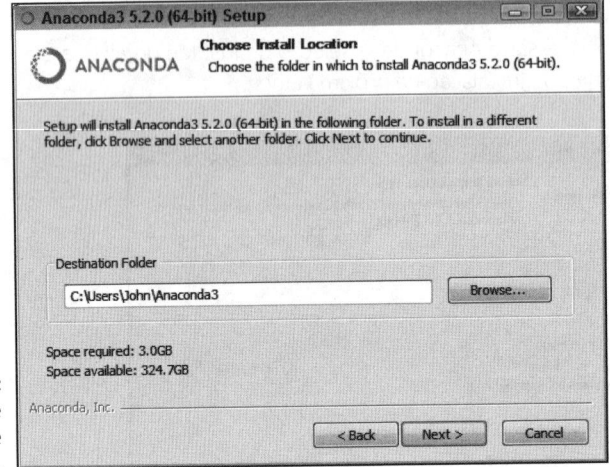

FIGURA 3-3: Especifique um local de instalação.

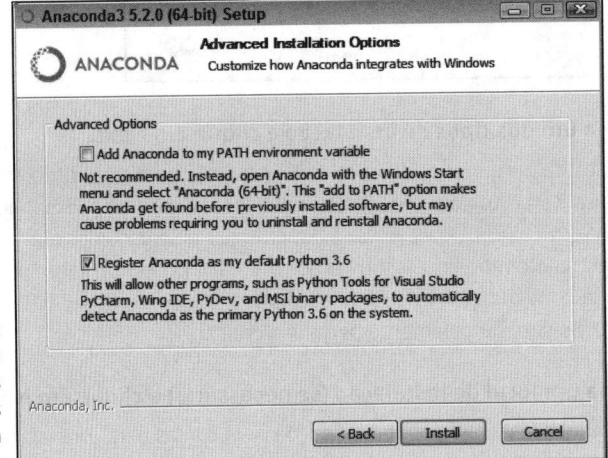

FIGURA 3-4: Configure as opções avançadas para a instalação.

7. **Altere as opções avançadas (se necessário) e clique em Install.**

Uma caixa de diálogo Installing com uma barra de progresso é exibida. O processo leva alguns minutos, então pegue uma xícara de café e vá ler quadrinhos. Quando terminar, o botão Next será ativado.

52 PARTE 1 **Mergulhando no Aprendizado Profundo**

OBSERVAÇÕES SOBRE CAPTURAS DE TELA

No decorrer do livro, você usará o IDE de sua escolha para abrir os arquivos do Python e do Jupyter Notebook com o código-fonte. Cada captura de tela que contém informações específicas do IDE depende do Anaconda, porque ele é executado em todas as três plataformas suportadas por este livro. Escolher o Anaconda não implica que é o melhor IDE ou que os autores estão fazendo algum tipo de recomendação — o Anaconda apenas funciona bem como um produto de demonstração.

Quando trabalha com o Anaconda, o nome do ambiente gráfico (graphical user interface — GUI), Jupyter Notebook, é exatamente o mesmo nas três plataformas, e não há nenhuma diferença significativa na aparência. As diferenças que vê são pequenas, e você deve ignorá-las enquanto trabalha no livro. Com isso em mente, saiba que o livro se baseia em imagens do Windows 7. Ao trabalhar em uma plataforma Linux, Mac OS X ou outra versão do Windows, você verá algumas diferenças na aparência, que não reduzem sua capacidade de trabalhar com os exemplos. Este livro não usa o Windows 10 por causa dos sérios problemas que apresenta ao fazer as instalações em Python funcionarem conforme descrito em `http://blog.johnmuellerbooks.com/2015/10/30/python-and-windows-10/`. Alguns leitores usam satisfatoriamente o Windows 10; mas, para obter o melhor resultado, ainda confiam no Windows 7.

Se usa o Google Colab ou algum outro produto baseado em nuvem, as capturas de tela que vê correspondem a uma combinação de seu navegador e do ambiente de nuvem. As do livro não correspondem ao que você vê na tela. No entanto, o conteúdo deve ser o mesmo, portanto procure o conteúdo em vez da aparência precisa do GUI. Além disso, como o Colab não realiza todas as tarefas do Notebook, alguns conteúdos estarão ausentes ou haverá mensagens de erro em seu lugar.

8. **Clique em Next.**

   O assistente informa que a instalação está concluída.

9. **Clique em Next.**

   O Anaconda possibilita integrar o suporte ao código do Visual Studio. Você não precisa dele para fins deste livro, e adicioná-lo altera o modo como as ferramentas do Anaconda funcionam. A menos que realmente precise de suporte ao Visual Studio, mantenha o ambiente do Anaconda limpo.

10. Clique em Skip.

Uma tela de conclusão é exibida. Ela contém opções para saber mais sobre o Anaconda Cloud e obter informações sobre como iniciar seu primeiro projeto Anaconda. Selecionar ou desmarcar essas opções depende do que você deseja fazer em seguida; elas não afetam a configuração do Anaconda.

11. Selecione as opções necessárias. Clique em Finish.

Tudo pronto para usar o Anaconda.

Baixando os Conjuntos de Dados e os Códigos de Exemplo

Este livro trata do uso do Python para executar tarefas de aprendizado profundo. É claro, você escolhe gastar todo o seu tempo criando o código de exemplo do zero, depurando-o, apenas para descobrir como ele se relaciona com o aprendizado profundo, ou escolhe baixar o código pré-escrito para ir direto ao trabalho. Da mesma forma, a criação de conjuntos de dados grandes o suficiente para esses propósitos levaria um bom tempo. Felizmente, há conjuntos de dados padronizados e pré-criados, basta usar os recursos fornecidos por algumas das bibliotecas de data science. As seções a seguir o orientam a baixar e usar o código de exemplo e os conjuntos de dados, para economizar tempo, e trabalhar diretamente com tarefas específicas de data science.

Usando o Jupyter Notebook

Para facilitar o trabalho com o código relativamente complexo deste livro, use o Jupyter Notebook. Essa interface possibilita criar facilmente arquivos de bloco de notas com Python que contenham qualquer quantidade de exemplos, passíveis de serem executados individualmente. O programa é executado em seu navegador, portanto a plataforma que usa para o desenvolvimento é irrelevante; contanto que tenha um navegador, você se sairá bem.

Dando a largada

A maioria das plataformas contém um ícone para acessar o Jupyter Notebook. Para acessá-lo, basta abrir o ícone. No sistema Windows, você escolhe Iniciar ⇨ Todos os Programas ⇨ Anaconda3 ⇨ Jupyter Notebook. A Figura 3-5 mostra como a interface é exibida quando visualizada em um navegador Firefox. A aparência exata em seu sistema depende do navegador que usa e do tipo de plataforma que instalou.

DIFERENÇAS ENTRE NOTEBOOK E IDE

O *Notebook*, ou *bloco de notas*, difere do editor de texto porque se concentra em uma técnica avançada do cientista da computação de Stanford, Donald Knuth, chamada de *programação literária*, usada para criar um tipo de apresentação de código, notas, equações matemáticas e gráficos. Em suma, é como se você tivesse as anotações de um cientista, contendo tudo que é necessário para entender completamente o código. As técnicas de programação literária geralmente são usadas em pacotes caros, como o Mathematica e o MATLAB. O desenvolvimento de notebook é excelente para:

- Demonstrações
- Colaborações
- Pesquisas
- Objetivos educacionais
- Apresentações

Este livro usa a coleção de ferramentas Anaconda porque, além de oferecer uma experiência irretocável de codificação em Python, também o faz descobrir o enorme potencial das técnicas de programação literária. Se você passa muito tempo realizando tarefas científicas, o Anaconda e produtos análogos são essenciais. E o Anaconda é gratuito, então você tem todos os benefícios sem o alto custo atrelado a outros pacotes.

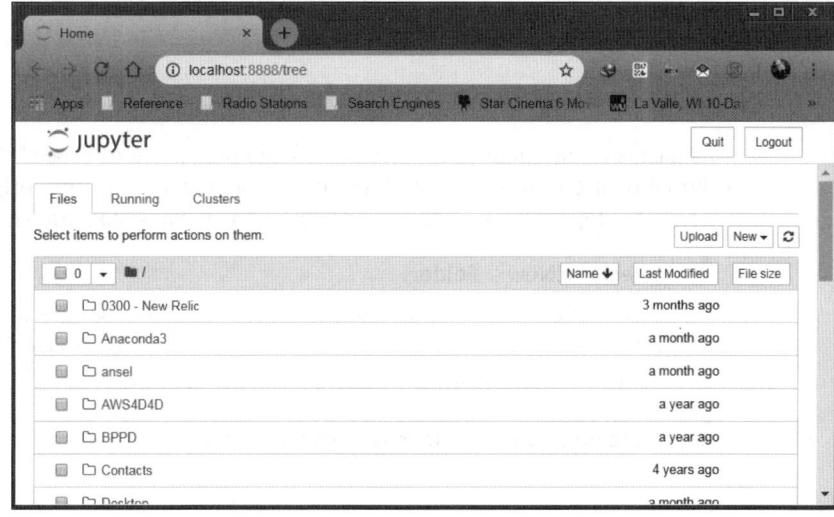

FIGURA 3-5: O Jupyter Notebook é um método fácil para criar exemplos de data science.

Se sua plataforma não oferece acesso fácil por meio de um ícone, acesse o Jupyter Notebook assim:

1. **Abra o prompt de comando do Anaconda, ou a janela Terminal.**

   A janela é aberta para que comandos sejam digitados.

2. **Em sua máquina, altere o diretório para `\Anaconda3\Scripts`.**

   A maioria dos sistemas permite usar o CD de comando para essa tarefa.

3. **Digite ..\python Jupyter-script.py notebook e pressione Enter.**

   A página do Jupyter Notebook se abrirá em seu navegador.

Parando o servidor do Jupyter Notebook

Não importa como o Jupyter Notebook (ou apenas Notebook, como aparece no restante deste livro) for iniciado, o sistema geralmente abre um prompt de comando ou uma janela de terminal para hospedá-lo. Essa janela contém um servidor que faz o aplicativo funcionar. Depois de fechar a janela do navegador, quando a sessão estiver concluída, selecione a janela do servidor e pressione Ctrl+C ou Ctrl+Break para parar o servidor.

Determinando o repositório de código

O código que criar e usar neste livro ficará em um *repositório* no seu disco rígido, que é um tipo de arquivo para colocá-lo. O Notebook abre uma gaveta, tira a pasta e lhe mostra o código. Você pode modificá-lo, executar exemplos individuais dentro da pasta, adicionar novos e simplesmente interagir com o código de modo prático. As seções a seguir começam com o Notebook para que você entenda toda essa ideia de repositório.

Determinando a pasta do livro

As pastas armazenam os arquivos de código para projetos específicos. O deste livro é o DL4D (ou seja, *Deep Learning For Dummies* — o título original deste livro). As etapas a seguir o ensinam a criar uma nova pasta para o livro:

1. **Selecione New ⇨ Folder.**

   O Notebook cria uma nova pasta. Seu nome varia, mas, para usuários do Windows, é simplesmente listada como Untitled Fold [Nova Pasta]. Você pode ter que rolar a lista de pastas disponíveis para encontrá-la.

2. **Selecione a caixa ao lado de Untitled Folder.**

3. **Clique em Rename, no topo da página.**

   A caixa de diálogo Rename Directory, mostrada na Figura 3-6, será exibida.

4. **Digite** DL4D **e pressione Enter.**

   O Notebook renomeia a pasta para você.

Criando um notebook

Todo novo notebook é uma pasta de arquivos. Você pode colocar exemplos individuais dentro dela, como faria com folhas de papel em pastas de arquivos físicos. Cada exemplo aparece em uma célula. É possível colocar outros tipos de arquivos na pasta, mas você verá como funcionam à medida que o livro avançar. Siga estas etapas para criar um novo notebook:

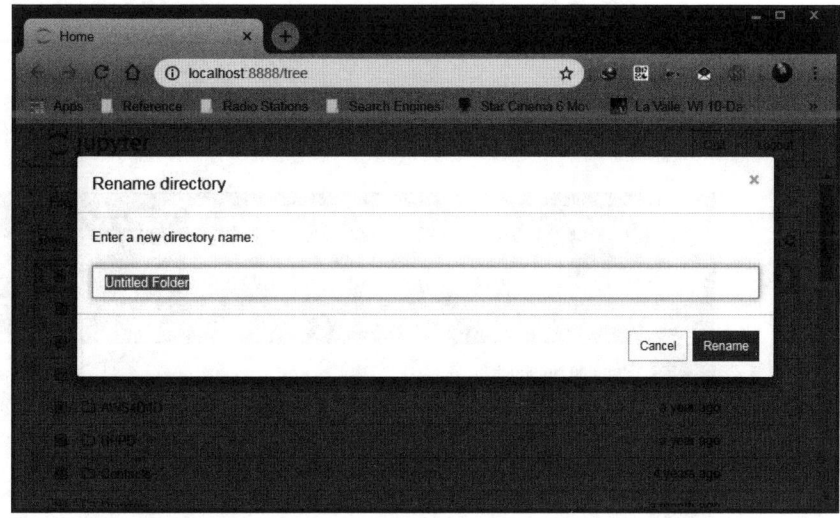

FIGURA 3-6: Crie uma pasta para guardar o código do livro.

1. **Clique na entrada DL4D, na página inicial.**

   O conteúdo da pasta do projeto para este livro é exibido; ele estará em branco, caso esteja executando este exercício do zero.

2. **Selecione New ⇨ Python 3.**

   Uma nova aba é aberta no navegador com o novo notebook, conforme mostrado na Figura 3-7. Observe que ele contém uma célula destacada, para que você digite o código nela. O título do notebook agora é Untitled, o que não é particularmente útil, então é preciso mudá-lo.

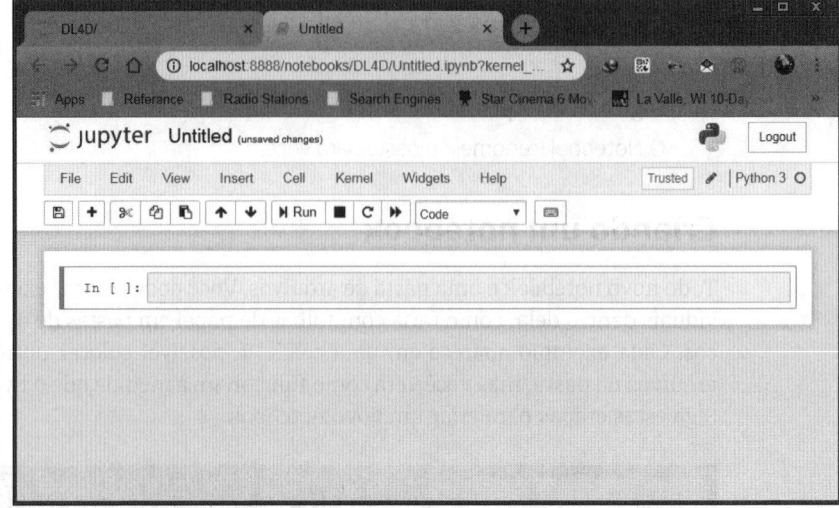

FIGURA 3-7:
Um notebook contém células para armazenar o código.

3. **Clique em Untitled, na página.**

   O notebook pergunta qual nome deseja, conforme mostrado na Figura 3-8.

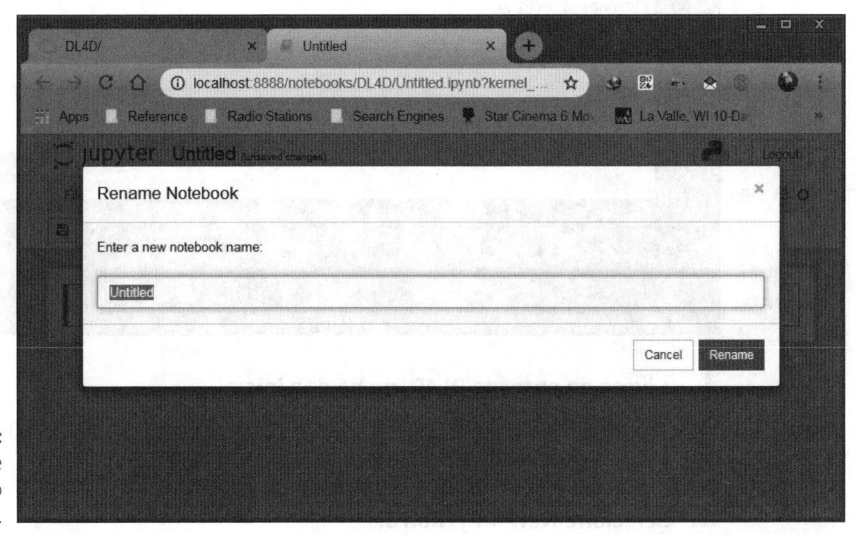

FIGURA 3-8:
Nomeie seu novo notebook.

4. **Digite** DL4D_03_Sample **e pressione Enter.**

   O novo nome informa que esse é um arquivo para o livro *Deep Learning For Dummies,* Capítulo 3, Exemplo.ipynb. O uso dessa nomenclatura facilitará a diferenciação do arquivo dos outros em seu repositório.

Exportando um notebook

Criar notebooks e guardá-los para você não é muito divertido. Em algum momento, é bom compartilhá-los com outras pessoas. Para isso, exporte-o do repositório para um arquivo. Então, é possível enviar o arquivo para outra pessoa, que o importará para o repositório dela.

A seção anterior mostra como criar um notebook chamado DL4D_03_Sample. Você o abre clicando na entrada na lista de repositórios. O arquivo reabre para exibir novamente o código. Para exportar esse código, selecione File⇨Download As⇨Notebook (.ipynb). O que verá em seguida depende do navegador, mas geralmente é algum tipo de caixa de diálogo para salvá-lo como um arquivo. Use o mesmo método padrão para salvar o arquivo Jupyter Notebook.

Salvando um notebook

Em algum momento será interessante salvar o notebook para poder revisar o código e impressionar os amigos executando-o, depois de garantir que não há erros. O Notebook salva o notebook periodicamente de forma automática. No entanto, para salvá-lo manualmente, selecione File⇨Save and Checkpoint.

Fechando um notebook

Nunca feche a janela do navegador ao terminar o trabalho com o notebook. Isso causa perda de dados. É preciso executar um fechamento ordenado, o que inclui parar o kernel usado para executar o código em segundo plano. Depois de salvar o notebook, feche-o em File ⇨ Close and Halt. Ele aparecerá na lista de notebooks para a pasta do projeto, como na Figura 3-9.

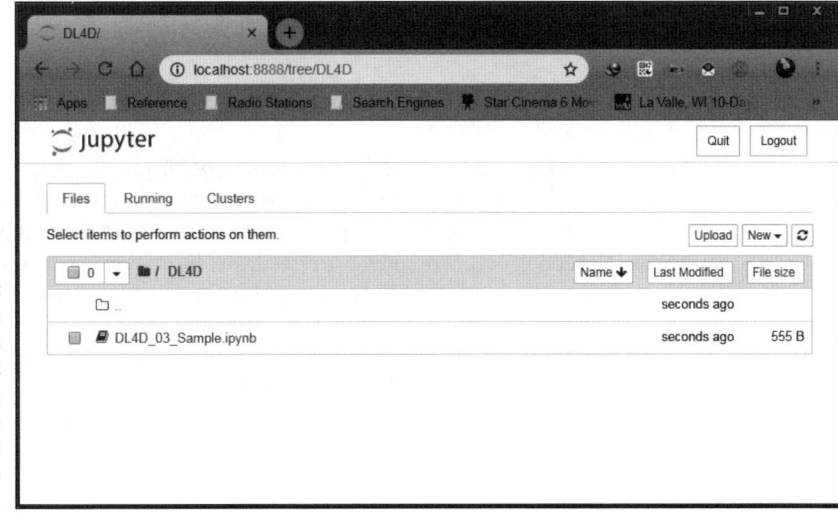

FIGURA 3-9: Os notebooks salvos aparecem em uma lista na pasta do projeto.

Removendo um notebook

Às vezes os notebooks ficam desatualizados ou você simplesmente não precisa mais trabalhar com eles. Em vez de deixar seu repositório lotado com arquivos desnecessários, remova os notebooks indesejados da lista. Siga estas etapas:

1. Marque a caixa de seleção ao lado da entrada DL4D_03_Sample.ipynb.
2. Clique no ícone Delete (lixeira).

   Uma mensagem de alerta Delete [Excluir] aparece, como na Figura 3-10.

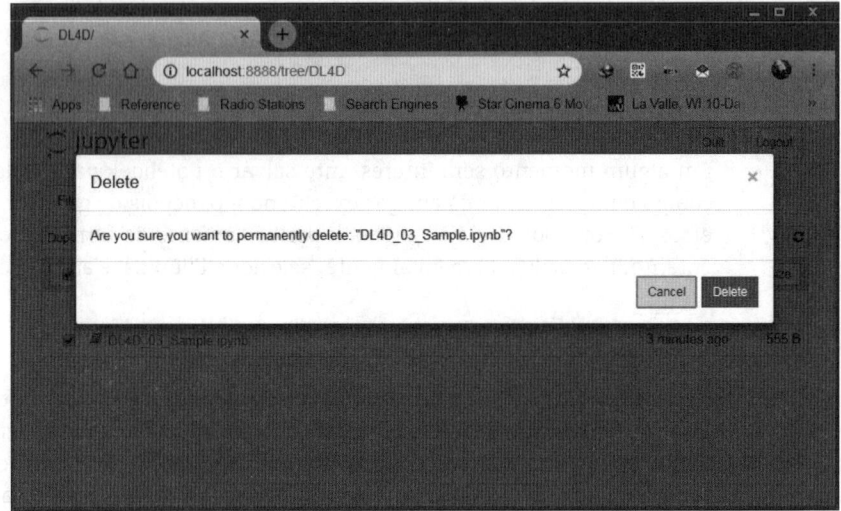

FIGURA 3-10: O notebook avisa antes de remover qualquer arquivo do repositório.

3. Clique em Delete.

   O Notebook remove o arquivo do notebook da lista.

Importando um notebook

Para usar o código-fonte deste livro, importe os arquivos baixados para seu repositório. O código-fonte fica em um arquivo que precisa ser extraído para um local de seu disco rígido. O arquivo contém uma lista de arquivos .ipynb (IPython Notebook) com o código-fonte deste livro (veja a Introdução para obter detalhes sobre o download do código-fonte). As etapas a seguir informam como importar esses arquivos para seu repositório:

1. Clique em Upload na página DL4D do Notebook.

   O que verá depende do navegador. Na maioria dos casos, será uma caixa de diálogo File Upload, que intermedeia o acesso aos arquivos de seu disco rígido.

2. **Navegue até o diretório que contém os arquivos que deseja importar para o Notebook.**

3. **Destaque um ou mais arquivos para importar e clique no botão Open (ou similar) para iniciar o processo de upload.**

   Você verá o arquivo adicionado a uma lista de upload, como na Figura 3-11. Ele ainda não faz parte do repositório — você apenas o selecionou para upload.

4. **Clique em Upload.**

   O Notebook coloca o arquivo no repositório para você começar a usá-lo.

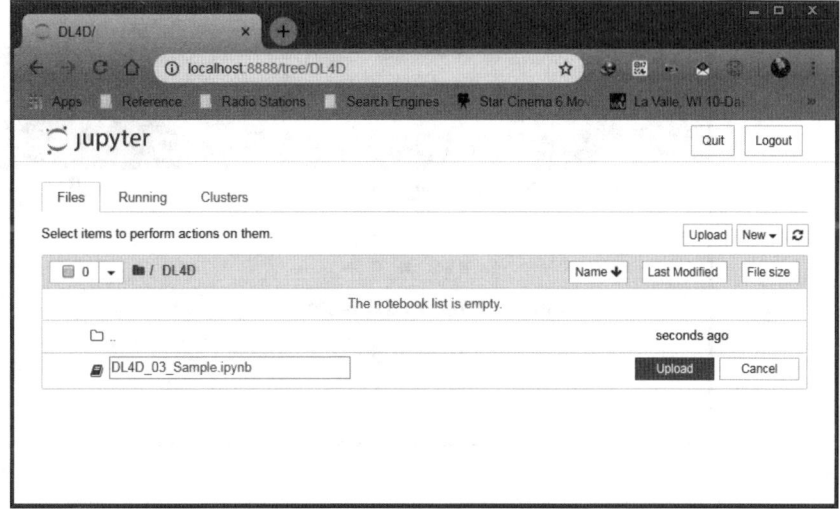

FIGURA 3-11: Os arquivos que deseja adicionar ao repositório aparecem como parte de uma lista de uploads.

Obtendo e usando conjuntos de dados

Este livro usa vários conjuntos de dados; alguns você acessa por meio de download, diretamente da web, outros estão em pacotes Python, como a biblioteca Scikit-learn. Esses conjuntos demonstram várias maneiras de interagir com dados, e você os usa nos exemplos para executar várias tarefas. A lista a seguir é uma rápida visão geral das funções usadas para importar os conjuntos de dados do Scikit-learn para seu código em Python:

» `load_boston()`: Análise de regressão com o conjunto de dados de preços de casas de Boston.

» `load_iris()`: Classificação com o conjunto de dados Iris.

» `load_digits([n_class])`: Classificação com o conjunto de dados de dígitos.

» `fetch_20newsgroups(subset='train')`: Dados de 20 grupos de notícias.

A técnica para carregar cada um desses conjuntos de dados é a mesma. O exemplo a seguir mostra como carregar o conjunto de dados de preços de casas de Boston. O código está no notebook DL4D_03_Dataset_Load.ipynb.

```
from sklearn.datasets import load_boston

Boston = load_boston()

print(Boston.data.shape)
```

Para ver como o código funciona, clique em Run Cell. A saída da chamada print, mostrada na Figura 3-12, é (506, 13). (Seja paciente, demora um pouco para o carregamento do conjunto de dados ser concluído.)

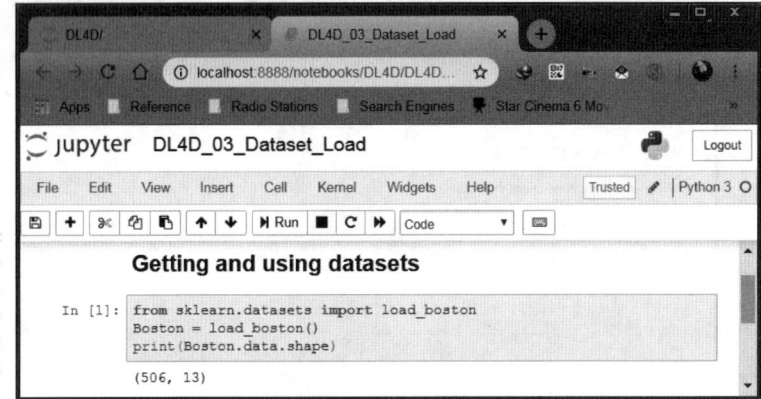

FIGURA 3-12: O objeto Boston contém o conjunto de dados carregado.

Criando o Aplicativo

A seção "Criando um notebook" mostra como criar um notebook do zero, o que é bom, mas nem sempre útil. Você vai usá-lo para armazenar um aplicativo que será usado para descobrir o funcionamento interno do aprendizado profundo. As seções a seguir mostram como trabalhar com o notebook para criar um aplicativo simples para qualquer finalidade que precisar. No entanto, antes de começar, abra o arquivo DL4D_03_Sample.ipynb, porque é necessário para explorar o Notebook.

Entendendo as células

Se o Notebook fosse um IDE padrão, não teria células, mas seria um documento com uma única série de instruções contíguas. Para separar vários elementos de codificação, são necessários arquivos separados. As células são diferentes, porque são individualizadas. Sim, os resultados das alterações que você fizer nas células anteriores são importantes; mas, se uma célula tiver que atuar de forma independente, basta executá-la. Para entender essa engrenagem, digite o seguinte código na primeira célula do arquivo `DL4D_03_Sample`:

```
myVar = 3 + 4
print(myVar)
```

Agora, clique em Run (a seta para a direita). O código será executado e exibirá a saída, como na Figura 3-13. Conforme o esperado, a saída é 7. No entanto, observe que `In [1]:` entrada. Essa entrada indica a primeira célula executada.

FIGURA 3-13: No Notebook, as células são executadas de forma independente.

Então, coloque o cursor na segunda célula — que ainda está em branco — e digite **print("This is myVar: ", myVar)**. Clique em Run. A saída, na Figura 3-14, mostra que as células foram executadas de forma independente (porque `In [2]:` entrada mostra a execução separada), mas `myVar` é regra geral para o notebook. O que fizer em outras células com dados afeta todas as demais, independentemente da ordem em que a execução ocorrer.

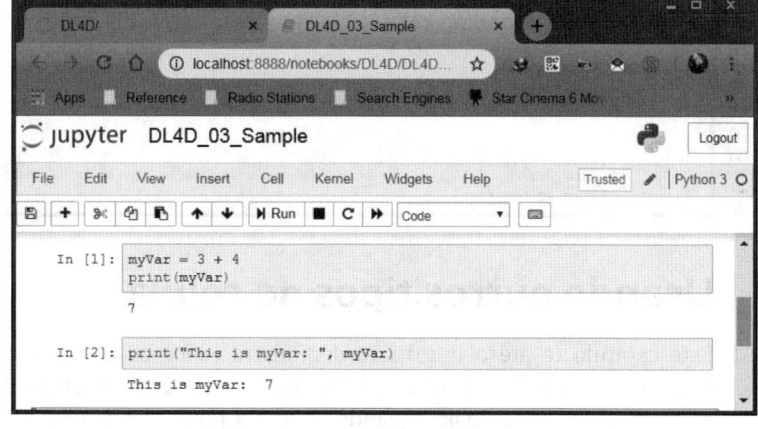

FIGURA 3-14: As alterações nos dados afetam todas as células associadas à variável modificada.

Adicionando células de documentação

Há células de vários tipos. Este livro não trabalha com todos. No entanto, saber usar as células de documentação é bem útil. Selecione a primeira célula (marcada com 1). Então selecione Insert⇨Insert Cell Above. Uma nova célula será adicionada ao notebook. Observe a lista suspensa, que contém o código. Ela lhe possibilita escolher o tipo de célula a ser criada. Selecione Markdown na lista e digite **# Creating the Application** (para criar um título de nível 1). Clique em Run (o que parece extremamente estranho, mas vá em frente). O título passará a ter um real estilo de título, com texto maior e mais escuro.

Achou que essas células especiais agem igual às páginas HTML? Achou certo! Selecione Insert⇨Insert Cell Below, e então selecione Markdown, na lista suspensa, e digite **## Understanding cells** (para criar um título de nível 2). Clique em Run. Como a Figura 3-15 mostra, o número de sinais de hash (#) adicionado ao texto afeta o nível do título, mas eles não aparecem no título real. (A documentação completa do Markdown, para o Notebook, está em https://www.ibm.com/support/knowledgecenter/en/SSGNPV_1.1.3/dsx/markd-jupyter.html, entre outros sites.)

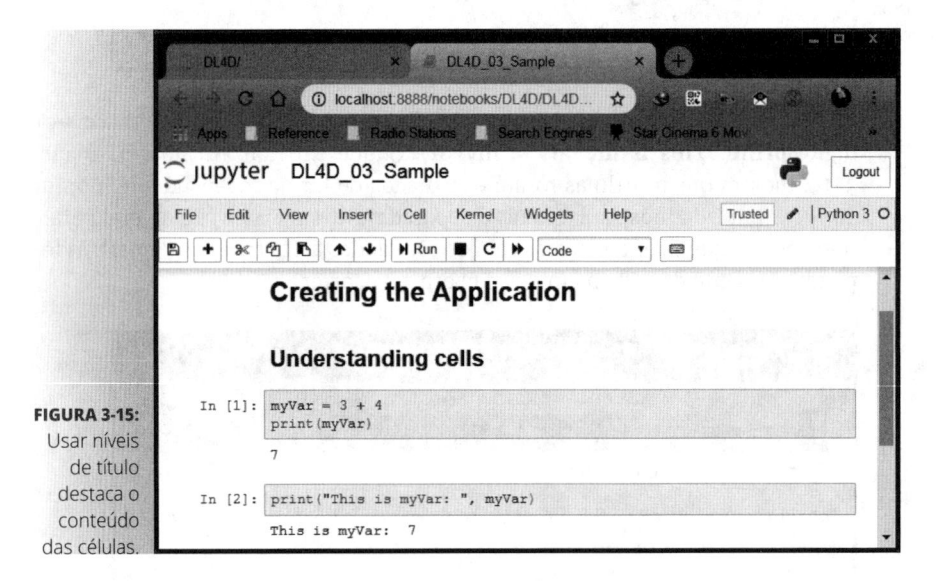

FIGURA 3-15: Usar níveis de título destaca o conteúdo das células.

Usando outros tipos de célula

Este capítulo (e até o livro) não demonstra todos os tipos de conteúdo de célula que o Notebook permite. Porém é possível adicionar outros itens, como gráficos, a seus notebooks. Quando chegar a hora, eles podem ser impressos como um relatório e usados em diversos tipos de apresentações. A técnica de programação literária é diferente de outras que você já usou, mas tem vantagens indiscutíveis, como os próximos capítulos mostram.

Entendendo o Uso do Recuo

Ao trabalhar com os exemplos deste livro, você verá que certas linhas são recuadas, e que esses recuos também exibem uma boa quantidade de espaço em branco (como linhas extras entre as do código). O Python ignora os recuos de seu aplicativo. A principal razão para adicioná-los é fornecer dicas visuais sobre seu código. Da mesma forma que os recuos são usados para criar relações entre os elementos de um livro, no código eles mostram como seus elementos interagem.

Os vários usos do recuo se tornarão familiares à medida que trabalhar com os exemplos do livro. No entanto, você deve compreendê-los desde o início, por que são usados e como colocá-los em prática. Para esses fins, é hora de outro exemplo. As etapas a seguir o orientam a criar um exemplo que usa recuo, para explicitar a relação entre os elementos do aplicativo e deixá-los mais fáceis de encontrar posteriormente.

1. Selecione New ⇨ Python3.

O Jupyter Notebook cria um notebook para você. A fonte para baixar tem o nome do arquivo DL4D_03_Indentation.ipynb, mas você pode alterá-lo.

2. Digite print("This is a really long line of text that will " +.

O texto é exibido de forma normal na tela, exatamente como se espera. O sinal de adição (+) diz ao Python que há texto adicional para exibir. A adição de texto de várias linhas em um único texto longo se chama *concatenação*. Mais adiante, ensinamos a usar esse recurso, portanto não se preocupe.

3. Pressione Enter.

O ponto de inserção não volta ao início da linha, se esperava algo assim. Em vez disso, acaba diretamente sob as primeiras aspas duplas. Este recurso, chamado de recuo automático, é um dos que diferenciam um editor de texto comum de um feito para escrever código.

4. Digite "appear on multiple lines in the source code file.") **e pressione Enter.**

Observe que o ponto de inserção retorna ao início da linha. Quando o Notebook percebe que o código chegou ao final, automaticamente retira o recuo, para que o texto volte à posição original.

5. **Clique em Run.**

   A Figura 3-16 mostra a saída. Mesmo que o texto ocupe várias linhas no arquivo do código-fonte, aparece em apenas uma na saída. A linha quebra por causa do tamanho da janela, mas, na verdade, é apenas uma.

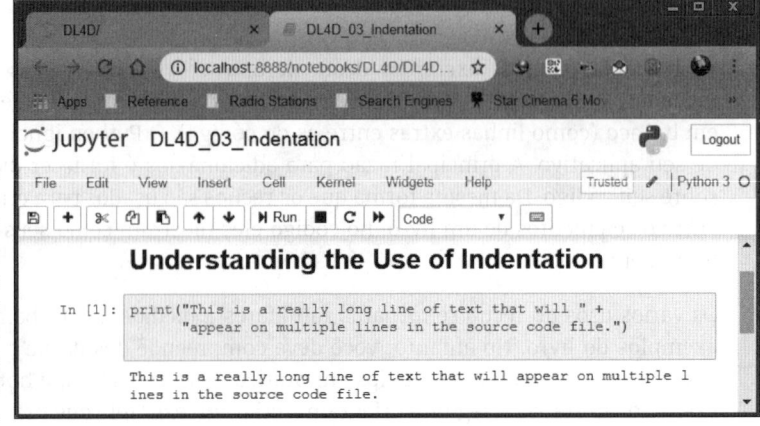

FIGURA 3-16: A concatenação faz com que várias linhas de código apareçam em uma única linha de saída.

Adicionando Comentários

As pessoas criam notas para si mesmas o tempo todo. Antes de ir ao mercado, você dá uma olhada na despensa, vê do que precisa e anota em uma lista ou fala em algum aplicativo de seu smartphone. Quando chega lá, confere a lista para se lembrar do que falta em casa. Anotações são úteis para uma ampla gama de necessidades, como acompanhar uma conversa entre sócios de uma empresa ou lembrar os pontos essenciais de uma palestra. Os seres humanos precisam de anotações para movimentar suas memórias. Comentários no código-fonte são, basicamente, uma forma de anotação. Você os adiciona ao código para lembrar qual tarefa ele executa. As seções a seguir esmiúçam os comentários. Os exemplos estão no arquivo `DL4D_03_Comments.ipynb` da fonte.

> ### TÍTULOS VERSUS COMENTÁRIOS
>
> No começo, títulos e comentários se confundem. Os títulos aparecem em células separadas; os comentários, no código-fonte. Eles atendem a diferentes propósitos. Os títulos informam sobre um agrupamento de códigos; e cada comentário se refere a etapas isoladas ou até mesmo a linhas do código. Mesmo que use ambos na documentação, cada um serve a um propósito específico. Os comentários são geralmente mais detalhados do que os títulos.

Entendendo os comentários

Os computadores precisam de uma forma específica para determinar se o texto que você escreveu é um comentário, em vez de um código a ser executado. O Python tem dois métodos para definir o texto como comentário, e não como código. O primeiro é o comentário de linha única. Ele usa o sinal numérico (#), assim:

```
# This is a comment.
print("Hello from Python!") #This is also a comment.
```

LEMBRE-SE Um comentário de linha única pode aparecer sozinho ou após o código executável. Surpresa! Ele aparece em apenas uma linha. Normalmente é usado para um texto descritivo curto, como uma explicação de um determinado bit de código. O Notebook mostra os comentários em uma cor distinta (geralmente azul) e em itálico.

Na verdade, o Python não suporta comentários de múltiplas linhas diretamente, mas é possível criar um com uma string de aspas triplas. Esse tipo de comentário se inicia e termina com três aspas duplas (""") ou com três simples ('''), assim:

```
"""
    Application: Comments.py
    Written by: John
    Purpose: Shows how to use comments.
"""
```

LEMBRE-SE Essas linhas não serão executadas. O Python não exibirá uma mensagem de erro quando aparecerem no código. No entanto, o Notebook as trata de maneira diferente, como mostrado na Figura 3-17. Observe que os comentários reais do Python, precedidos por um sinal de hash (#), na célula 1, não geram saída. As strings de aspas triplas, no entanto, geram uma saída. Além disso, diferentemente dos comentários padrão, o texto com aspas triplas aparece em vermelho (dependendo do editor), e não em azul, e sem itálico. Se planeja transformar seu notebook em um relatório, evite usar strings de texto com aspas triplas. (Alguns IDEs, como o IDLE, ignoram completamente essas strings).

Você normalmente usa comentários de múltiplas linhas para explicações maiores sobre quem criou tal aplicativo, por que foi criado e quais tarefas executa. Naturalmente, não há regras rígidas para usar comentários. O objetivo principal é informar ao computador precisamente o que é e o que não é um comentário, para que não tente interagir com ele como se fosse código.

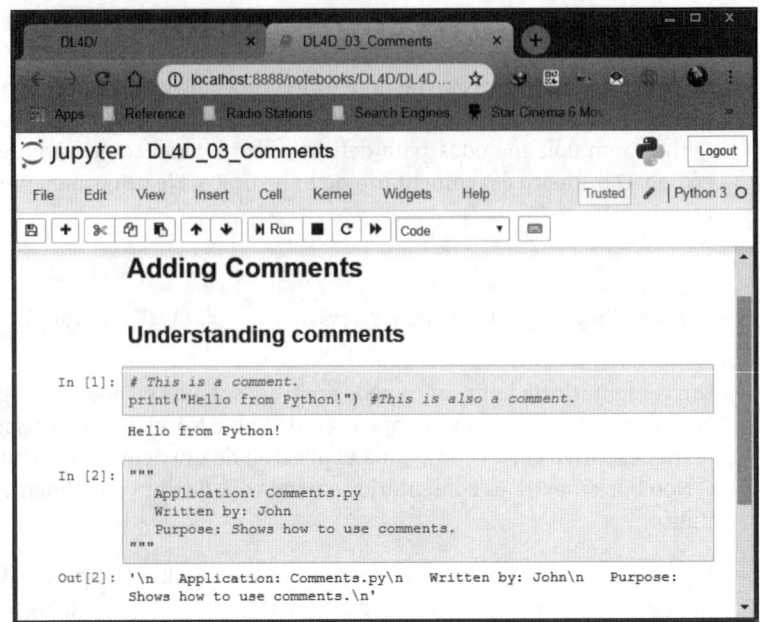

FIGURA 3-17: Comentários de múltiplas linhas funcionam, mas também geram saída.

Usando comentários como lembretes

Muitas pessoas não entendem os comentários nem sabem o que fazer com as anotações no código. Pense que você pode escrever um código hoje e ficar anos sem sequer olhar para ele. As anotações refrescam a memória, e o fazem lembrar qual tarefa o código executa e por que o escreveu. Eis algumas razões comuns para criar comentários:

» Lembrar-se do que o código faz e por que o escreveu.
» Informar aos outros como lidar com ele.
» Torná-lo acessível a outros desenvolvedores.
» Elencar ideias para futuras atualizações.
» Apresentar as fontes de documentação usadas para escrever o código.
» Guardar a lista das melhorias feitas.

Os comentários têm outras finalidades, mas essas são as mais comuns. Veja como são usados nos exemplos deste livro, especialmente ao ler os próximos capítulos, nos quais o código ficará mais complexo. À medida que seu código se complexificar, é preciso adicionar mais comentários e torná-los conexos com o que for necessário ser lembrado posteriormente.

Usando comentários para impedir a execução do código

Às vezes, os desenvolvedores usam os comentários como um recurso para impedir que as linhas de código sejam executadas (o que se chama *commenting out*). Isso é necessário para determinar se uma linha de código está causando falhas no aplicativo. Como acontece com qualquer outro comentário, ele pode ser de linha única ou de múltiplas. No entanto, no último caso, o código que não estiver sendo executado aparece como parte da saída (e é útil ver como o código a afeta).

Conseguindo Ajuda para o Python

Este livro não ensina a linguagem Python — precisaria de um livro só para isso. Claro, sempre é possível consultar o *Começando a Programar em Python Para Leigos*, de John Paul Mueller [Ed. Alta Books], para encontrar o que for necessário. E há muitas outras opções. Na verdade, há tantas disponíveis que é impossível elencar todas neste capítulo. Aqui estão as melhores formas de se obter ajuda:

- » Escolha uma das opções no menu Help, do Notebook.
- » Abra um prompt do Anaconda, inicie uma cópia do Python e use comandos de texto para buscar ajuda.
- » Baixe a documentação do Python em `https://docs.python.org/3.6/download.html`.
- » Veja online a documentação, em `https://docs.python.org/3.6/`.
- » Use qualquer um dos seguintes tutoriais:
  - **The official tutorial:** `https://docs.python.org/3.6/`.
  - **TutorialsPoint:** `https://www.tutorialspoint.com/python/`.
  - **W3Schools:** `https://www.w3schools.com/python/`.
  - **learnpython.org:** `https://www.learnpython.org/`.
  - **Codecademy:** `https://www.codecademy.com/learn/learn-python`.

LEMBRE-SE A questão é que este livro supõe que você sabe programar em Python. Este capítulo traça caminhos auxiliares relacionados às ferramentas para facilitar sua transição de quaisquer ferramentas com que tenha trabalhado para as que utilizamos.

Trabalhando na Nuvem

Mesmo que este capítulo tenha apresentado uma abordagem de processamento local, é interessante interagir com os recursos da nuvem para executar determinadas tarefas. As seções a seguir discutem duas atividades relacionadas à nuvem que você pode realizar ao usar este livro. A primeira é acessar os recursos da nuvem para várias necessidades. A segunda é usar o Google Collaboratory para trabalhar com os exemplos em seu tablet em vez de em um sistema de desktop.

Usando kernels e conjuntos de dados do Kaggle

O Kaggle (https://www.kaggle.com/) é uma enorme comunidade formada por cientistas de dados e outras pessoas que trabalham com grandes conjuntos de dados para obter as informações de que precisam a fim de atingir vários objetivos. Você pode criar projetos no Kaggle, ver trabalhos feitos por outros em projetos concluídos e participar de alguma de suas competições em andamento. No entanto, o Kaggle não é apenas uma comunidade de pessoas inteligentes que gostam de brincar com dados — é também um lugar para obter recursos necessários a fim de aprender tudo sobre aprendizado profundo e criar projetos próprios.

DICA

O melhor lugar para descobrir como o Kaggle pode ajudá-lo a saber mais sobre o aprendizado profundo é https://www.kaggle.com/m2skills/datasets-and-tutorial-kernels-for-beginners. Esse site lista os vários conjuntos de dados e tutoriais kernels oferecidos pelo Kaggle. Um *conjunto de dados* é simplesmente um tipo de banco de dados de informações usado para realizar testes padronizados no código do aplicativo. Um *tutorial kernel* é um tipo de projeto que você usa para aprender a analisar dados de várias maneiras. Há um tutorial sobre classificação de cogumelo em https://www.kaggle.com/uciml/mushroom-classification.

Usando o Google Colaboratory

O Colaboratory (https://colab.research.google.com/notebooks/welcome.ipynb), ou Colab, é um serviço do Google baseado em nuvem que replica o Jupyter Notebook. É uma implementação personalizada, então haverá momentos em que ele e o Notebook estarão fora de sincronia — os recursos de um nem sempre funcionam no outro. Não é preciso instalar nada em seu sistema para usá-lo. Na maioria dos casos, você usará o Colab como se fosse uma instalação de desktop do Jupyter Notebook. O principal motivo para conhecê-lo mais é se deseja usar um dispositivo diferente daquele com configuração desktop padrão para trabalhar com os exemplos deste livro. Se quiser um tutorial mais completo do Colab, leia o Capítulo 4 do *Python para Data Science Para Leigos*, 2ª edição, de John Paul Mueller e Luca Massaron [Ed. Alta Books]. Por enquanto, esta seção é o bastante; ela apresenta os fundamentos do uso dos arquivos existentes. A Figura 3-18 mostra a tela de abertura do Colab.

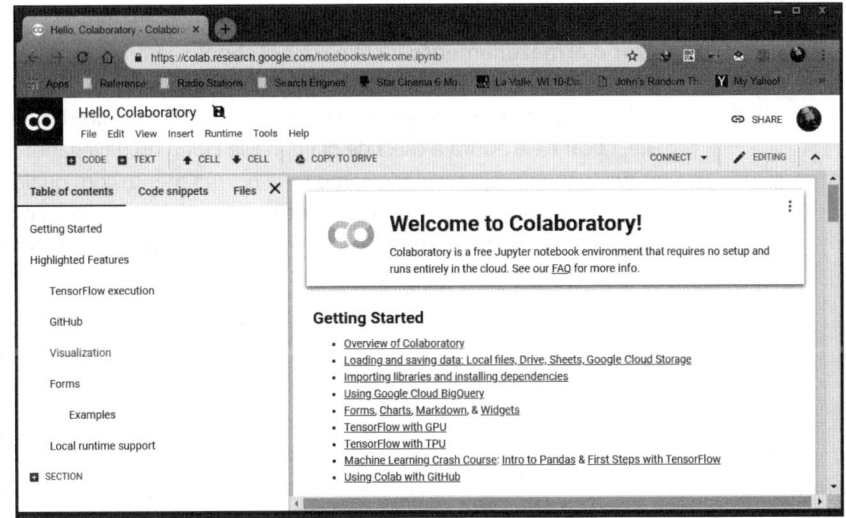

FIGURA 3-18: O Colab viabiliza o uso dos projetos em Python em um tablet.

Você pode abrir notebooks encontrados no armazenamento local, no Google Drive ou no GitHub, e também pode abrir qualquer um dos exemplos do Colab ou fazer upload de arquivos de fontes acessíveis, como uma unidade de rede de seu sistema. Para todos os casos, o processo começa selecionando File➪Open Notebook. A visualização padrão mostra todos os arquivos recentemente abertos, sem considerar a localização. Os arquivos aparecem em ordem alfabética. Você pode filtrar o número de itens exibidos, digitando uma string em Filter Notebooks. Na parte superior, há outras opções para abrir notebooks.

DICA

Mesmo que não esteja logado, você consegue acessar os projetos de exemplo do Colab. Eles o ajudam a entender o serviço, mas não permitem que mexa em seus projetos. Ainda assim, é possível experimentar o Colab sem ter que fazer login no Google. Aqui está uma lista rápida de como usar arquivos com o Colab:

» **Usar o Drive para notebooks já criados:** O Google Drive é o local padrão para muitas operações do Colab, e você sempre pode escolhê-lo como destino. Ao trabalhar com o Drive, verá uma lista de arquivos. Para abrir um deles, clique no link correspondente, na caixa de diálogo. O arquivo abrirá na guia atual do navegador.

» **Usar o GitHub para notebooks já criados:** Ao trabalhar com o GitHub, inicialmente é preciso fornecer a localização online do código-fonte. O local deve indicar um projeto público; não se pode utilizar o Colab para acessar projetos privados. Depois de estabelecer conexão com o GitHub, você verá uma lista de repositórios (contêineres de código relacionados a projetos específicos) e ramificações (que representam implementações específicas do código). Selecionar um repositório e ramificação exibirá uma lista de arquivos de notebooks que podem ser carregados no Colab. Basta clicar no link desejado e ele será carregado como se você estivesse usando o Google Drive.

» **Usar o armazenamento local para notebooks já criados:** Se quiser usar a fonte que pode ser baixada deste livro, ou de qualquer local, selecione a guia Upload, na caixa de diálogo. No centro, você verá um único botão: Choose File. Clicar nele abrirá a caixa de diálogo File Open do navegador. Localize o arquivo que deseja carregar, como faria normalmente com qualquer arquivo que quisesse abrir. Selecionar um arquivo e clicar em Open o enviará para o Google Drive. Se fizer alterações no arquivo, elas serão exibidas no Google Drive, não em sua unidade local.

NESTE CAPÍTULO

» Entendendo os frameworks

» Usando frameworks básicos

» Trabalhando com o TensorFlow

Capítulo **4**

Aproveitando Frameworks de Aprendizado Profundo

Este capítulo analisa frameworks de aprendizado profundo, porque seu uso reduz muito o tempo, o custo e a complexidade do desenvolvimento de uma solução. Naturalmente, começamos definindo o termo *framework*, uma abstração que confere a funcionalidade genérica que o código do aplicativo modifica. Diferentemente de uma biblioteca, que é executada no aplicativo, quando se usa um framework o aplicativo é executado nele. Não dá para alterar a funcionalidade do framework básico, o que acarreta um ambiente estável para se trabalhar, mas a maioria é relativamente expansível. Eles são específicos para uma finalidade, como os da web usados para criar aplicativos online. Em consequência, embora os frameworks de aprendizado profundo tenham características gerais, oferecem funcionalidades específicas, que este capítulo explora.

Nem todo mundo usa as mesmas ideias e conceitos para executar aplicativos de aprendizado profundo. Além disso, nem toda organização quer investir em frameworks complexos quando um menos dispendioso e mais simples funcionará.

Assim, você encontra muitos frameworks de aprendizado profundo que fornecem funcionalidades básicas que podem ser usadas para experimentação e aplicações mais simples. Este capítulo explora alguns desses frameworks básicos e os compara para dar uma ideia melhor do que está disponível.

Para apresentar o melhor ambiente de aprendizado possível, este livro conta com o framework do TensorFlow nos exemplos. O TensorFlow funciona melhor para as situações apresentadas neste livro do que outras soluções abordadas, e este capítulo explica por que, além de informar precisamente por que o TensorFlow é uma boa solução geral para muitos cenários de aprendizado profundo.

LEMBRE-SE Não é necessário digitar o código-fonte deste capítulo manualmente. Na verdade, é muito mais fácil usar a fonte para download. O código-fonte deste capítulo é exibido nos arquivos DL4D_03_Comments.ipynb, DL4D_03_Dataset_Load.ipynb, DL4D_03_Indentation.ipynb e DL4D_03_Sample.ipynb (veja a Introdução para saber como localizar esses arquivos).

Apresentando os Frameworks

Como mencionado na introdução do capítulo, o código é executado dentro de um framework. Nesse ambiente, o código faz solicitações a ele, que as atende para você. Dessa forma, os frameworks são uma espécie de estrutura para o desenvolvimento de aplicativos. Devido a esse fator, eles são específicos do domínio, respondendo a tipos específicos de necessidades de desenvolvimento de aplicativos. As seções a seguir apresentam uma visão dos frameworks e também o detalham enquanto solução de aprendizado profundo. É importante lembrar que não trazemos informações completas sobre o tema, apenas o orientamos para que consiga tomar boas decisões.

Determinando as diferenças

Em função da natureza do domínio do problema dos frameworks, é preciso identificar o tipo ideal para suas necessidades. (*Domínio do problema* é uma descrição das habilidades e recursos necessários para resolver um problema. Você não procura o médico para desentupir a pia, e sim um encanador.) Utilizar um framework geral não ajudará. Aqui estão alguns exemplos de tipos de framework, todos com características específicas para atender às necessidades do domínio do problema:

» Framework de aplicativos (para criar aplicativos para o usuário final).
» Artístico (desenho, música e outras áreas que lidam com criatividade).

- » Framework Cactus (computação científica de alto desempenho).
- » Sistema de apoio à decisão.
- » Modelagem do sistema terrestre.
- » Modelagem financeira.
- » Framework da web (incluindo os específicos de linguagens, como os de AJAX e JavaScript).

LEMBRE-SE

A diversidade de frameworks de software é incrível, e é improvável que você precise de todos. Eles têm dois aspectos importantes em comum. Para cada caso, o framework define uma série de *frozen spots*, que determinam as características do aplicativo que não podem ser alteradas pelo desenvolvedor. Além disso, ele também define *hot spots*, que os desenvolvedores usam para determinar as especificações do software de destino. Por exemplo, o frozen spot de um aplicativo da web pode definir a interface da qual um usuário depende para fazer pedidos, enquanto um hot spot, como atendê-los. Alguém que estivesse projetando um aplicativo de pesquisa de livros se concentraria nas especificidades das pesquisas, ignorando os requisitos de status e acompanhamento dos pedidos.

Explicando a popularidade dos frameworks

Ao pensar em softwares, a progressão das ferramentas usadas para criá-los é notável. Os desenvolvedores tinham que inserir o código usando cartões de keypunch, de uma vez, o que era extremamente demorado e passível de erros. Os editores facilitaram o trabalho porque possibilitaram digitar o que se deseja fazer. O ambiente de desenvolvimento integrado (IDE) vem em seguida. O uso de um IDE possibilita modelar, compilar e testar o código em um único ambiente, junto com outras tarefas. O uso de bibliotecas lhe permite criar aplicativos grandes e complexos rapidamente. Assim, um framework — um ambiente no qual o desenvolvedor precisa considerar apenas as especificações de um determinado aplicativo — é simplesmente o próximo passo para tornar os desenvolvedores mais produtivos, ao mesmo tempo em que torna os aplicativos mais robustos e menos propensos a erros. Daí sua popularidade.

LEMBRE-SE

No entanto, um framework é muito mais do que um meio de criar código mais rapidamente, com menos esforço e menos erros. Ele viabiliza a criação de um ambiente padronizado, no qual todos usam as mesmas bibliotecas, ferramentas, interfaces de programação de aplicativos (APIs) e outros programas. O uso de um ambiente padronizado permite a transferência de códigos entre sistemas sem medo de inserir problemas de aplicativos decorrentes de inconsistências de ambientes. Além disso, os problemas de desenvolvimento de equipe são menores, porque o ambiente de colaboração é simplificado.

Como o framework cobre todos os detalhes de baixo nível, é bom considerar a formação de uma equipe para desenvolver os aplicativos. No passado, essa equipe precisava de pessoas aptas a interagir com o hardware ou a criar noções básicas de interface do usuário. O framework realiza essas tarefas, portanto agora a equipe é formada por especialistas no assunto que se comunicam de maneira mais eficaz, o que propicia uma abordagem coerente do desenvolvimento de aplicativos.

A principal causa da popularidade dos frameworks se relaciona à forma como a codificação é feita. Ao mesmo tempo, os desenvolvedores precisavam saber como interagir com o hardware e o software em um nível extremamente baixo. Hoje, os frameworks facilitam a codificação em um ambiente em que:

» A maioria dos aplicativos consiste principalmente em chamadas de API agrupadas para atingir uma finalidade específica.

» As pessoas precisam entender o desempenho das APIs, em vez do que fazem ou como agem. Um desenvolvedor precisa considerar quais estruturas de dados a API aceita e como ela as processa sob pressão.

» A imensa base instalada de software existente implica mantê-lo no lugar e encontrar métodos rápidos e eficientes para interagir com ele.

» O foco está na arquitetura, não nos detalhes. Como a maioria dos novos aplicativos depende muito do código existente acessado por meio de bibliotecas ou APIs, os desenvolvedores não gastam tanto tempo aprendendo as idiossincrasias de uma linguagem; é melhor descobrir qual pilha de código faz o trabalho sem ter que escrever nada.

» A obtenção do algoritmo correto é o que mais importa.

» As ferramentas se tornaram tão inteligentes que muitas vezes corrigem pequenos erros de codificação e interpretam corretamente ambiguidades no código do desenvolvedor, então a ênfase está em registrar as ideias, em vez de em escrever o código perfeito.

» Linguagens visuais, nas quais você arrasta e solta objetos em um ambiente gráfico, tornaram-se mais comuns. Em algum momento, o código pode desaparecer (pelo menos, para a maioria dos desenvolvedores de aplicativos).

» Conhecer uma única plataforma não é suficiente. Atualmente, a maioria dos aplicativos deve ser executada sem falhas no Windows, no Linux, no OS X, no Android, na maioria dos smartphones e em inúmeras outras plataformas, pois os usuários desejam o software de um modo que compreendam.

PONTOS NEGATIVOS DOS FRAMEWORKS

Dependendo da pessoa com quem fala, a solução de framework nem sempre é a panaceia que seus defensores gostariam que fosse. Um dos maiores problemas é que ele se torna o próprio aplicativo. Uma equipe de desenvolvimento precisa aprender tanto o framework quanto todas as ferramentas usadas para escrever o aplicativo. Dessa forma, se a maioria dos membros da equipe, dedicada a uma estratégia de desenvolvimento, nunca usou o framework, precisará de tempo para compreendê-lo. No entanto, depois que aprender a usá-lo, facilmente recuperará esse investimento de tempo por meio do aumento geral da produtividade.

Outro problema com frameworks é a tendência de usar recursos ineficientemente. O tamanho de um aplicativo, incluindo o framework, costuma ser maior que o de um desenvolvido com bibliotecas. Obviamente, os aplicativos monolíticos são mais eficientes, porque usam apenas os recursos necessários. Todo o excesso de código encontrado nos frameworks se origina da tentativa de criar uma solução genérica.

Os frameworks discutidos neste livro são ofertas públicas. Na verdade, a maioria é de código aberto. No entanto, alguns proponentes sentem que toda empresa deve ter o próprio framework, desenvolvido com seu código comum para aplicativos. Com essa abordagem, o framework resultante tem uma aparência coerente, que corresponde aos aplicativos de pré-framework que a empresa deve manter. No entanto, leva tempo desenvolver um framework personalizado para uma empresa. Por isso, muitas pessoas consideram que uma solução baseada em framework não é tão útil ou fácil de aprender quanto as outras.

Framework para aprendizado profundo

Ao pensar em um framework de aprendizado profundo, o que você considera é como ele gerencia os frozen spots e os hot spots. Na maioria dos casos, um framework de aprendizado profundo atua nestas áreas:

- » Acesso ao hardware (como usar uma GPU com facilidade).
- » Acesso à camada padrão de rede neural.
- » Acesso primitivo ao aprendizado profundo.
- » Gerenciamento de gráfico computacional.
- » Treinamento de modelo.
- » Implementação de modelo.
- » Teste de modelo.

- » Construção e apresentação de gráficos.
- » Inferência (propagação adiante).
- » Diferenciação automática (retropropagação).

Os frameworks abordam outras questões, e o foco naquelas específicas determina a viabilidade para uma finalidade particular. Como acontece com muitas formas de apoio ao desenvolvimento de softwares, é preciso escolher com cuidado.

Escolhendo um framework específico

As seções anteriores discutem o apelo dos frameworks de forma geral e como criam um ambiente de trabalho significativamente melhor para os desenvolvedores. Também são abordados os recursos que tornam um framework de aprendizado profundo especial. Naturalmente, o quanto de automação é possibilitado e a quantidade de recursos compatíveis são o ponto de partida para encontrar um framework que atenda a suas necessidades. Também se deve considerar questões como a curva de aprendizado em relação à facilidade de usá-lo.

DICA

Uma das considerações mais importantes ao escolher frameworks é lembrar que são específicos do domínio, o que significa que, se criar um aplicativo que abranja vários domínios, como um de aprendizado profundo que inclua uma interface da web, precisará de vários. Conseguir frameworks que interajam bem pode ser crucial. Se também hospedar seu aplicativo na nuvem, precisará considerar quais funcionam com a oferta do fornecedor de nuvem. Se optar pelo framework TensorFlow, poderá contar com o Amazon Web Services (AWS) para hospedar seu aplicativo (veja detalhes em `https://aws.amazon.com/tensorflow/`).

LEMBRE-SE

Como alternativa ao usar o TensorFlow, acesse diretamente o Google Cloud (veja detalhes em `https://cloud.google.com/tpu/`), no qual pode treinar sua solução de aprendizado profundo com GPUs ou unidades de processamento de tensores (tensor processing units — TPUs). As TPUs foram desenvolvidas pelo Google especificamente para o uso do TensorFlow com aprendizado de máquina de rede neural. Elas são circuitos integrados específicos para aplicativos (application-specific integrated circuits — ASICs), otimizadas para fins específicos. Neste caso, dedicam-se a processamento de rede neural usando o TensorFlow.

O tamanho e a complexidade do aplicativo também desempenham um papel importante na escolha do framework, porque é preciso que ele seja de alto nível para interagir adequadamente com aplicativos grandes. A necessidade de lidar com aplicativos de vários tipos é compensada pelas preocupações usuais de custo e disponibilidade. Muitos dos frameworks de baixo custo que apresentamos têm período de teste grátis e oferecem o necessário para começar.

Lidando com Frameworks Low-End

Frameworks de aprendizado profundo de baixo custo costumam ter um trade-off integrado. Escolha entre custo e complexidade de uso, e considere a necessidade de suportar grandes aplicativos em ambientes desafiadores. As desvantagens que estiver disposto a suportar indicam o que pode ser usado para concluir o projeto. Com isso em mente, as seções a seguir discutem uma série de estruturas de baixo custo incrivelmente úteis, que funcionam bem com projetos de pequeno a médio porte, mas que têm compensações a ser pesadas.

Caffe2

O Caffe2 (https://caffe2.ai/) é ligeiramente baseado no Caffe, originalmente desenvolvido na Universidade da Califórnia, em Berkeley. É escrito em C, com uma interface Python. As pessoas tendem a gostar do Caffe2 porque viabiliza o treinamento e a implementação de um modelo sem a necessidade de escrever código. Em vez disso, você escolhe um dos modelos pré-escritos e o adiciona a um arquivo de configuração (que se parece com o código JSON). Uma grande seleção de modelos preconcebidos aparece como parte do Model Zo (https://github.com/BVLC/caffe/wiki/Model-Zoo), confiável para vários fins.

O Caffe original teve uma série de problemas que o tornaram menos atraente do que o Caffe2 para os cientistas de dados. A versão atual do Caffe ainda é popular, mas não serve para nada complexo. O Caffe2 aprimora o Caffe destas formas:

» Melhor suporte para treinamento distribuído em grande escala.
» Desenvolvimento móvel.
» Compatibilidade para CPU e para GPUs adicionadas a partir de CUDA.

MIGRANDO DO CAFFE PARA O CAFFE2

Mesmo que o Caffe (http://caffe.berkeleyvision.org/ e https://github.com/BVLC/caffe) ainda esteja por aí e muitas pessoas o utilizem, o Caffe2 pode ser o produto que você realmente precisa. Se tem alguns aplicativos Caffe agora, mova-os para o Caffe2 usando as técnicas encontradas em https://caffe2.ai/docs/caffe-migration.html, então qualquer investimento feito no Caffe ainda é útil no Caffe2.

Você encontra outros extras na nova versão do Caffe. Outra razão para a popularidade do Caffe2 é que ele processa imagens rapidamente, sem problemas relevantes de dimensionamento. Ele foi projetado para ser leve e rápido. Observe que o Caffe2 e o PyTorch foram feitos para se unirem como um único produto em algum momento no futuro (veja detalhes em `https://caffe2.ai/blog/2018/05/02/Caffe2_PyTorch_1_0.html`).

Chainer

O Chainer (`https://chainer.org/`) é uma biblioteca escrita exclusivamente para o Python, que depende do NumPy (`http://www.numpy.org/`) e do CuPy (`https://cupy.chainer.org/`). O Preferred Networks (`https://www.preferred-networks.jp/en/`) lidera o desenvolvimento dessa biblioteca, mas também houve participação da IBM, Intel, Microsoft e NVIDIA. Sua maior vantagem é ajudá-lo a usar os recursos CUDA da GPU adicionando apenas algumas linhas de código. Em outras palavras, ela melhora muito a velocidade do código ao trabalhar com conjuntos de dados enormes.

Muitas bibliotecas de aprendizado profundo hoje, como Theano (discutido na seção "Compilando com o Theano", do Capítulo 19) e TensorFlow (discutido mais adiante neste capítulo), usam uma abordagem estática de aprendizado profundo chamada define and run, pela qual você define as operações matemáticas e, em seguida, executa o treinamento com base nelas. Diferentemente do Theano e do TensorFlow, o Chainer usa uma abordagem de definição por execução, que se baseia em uma abordagem dinâmica do aprendizado profundo, na qual o código determina operações matemáticas à medida que o treinamento ocorre. Aqui estão suas duas principais vantagens:

» **Abordagem intuitiva e flexível:** Uma abordagem define-by-run pode usar os recursos nativos de uma linguagem, em vez de exigir que você crie operações especiais para executar a análise.

» **Depuração:** Como a abordagem define-by-run determina as operações durante o treinamento, você pode utilizar os recursos internos de depuração para localizar a origem dos erros em um conjunto de dados ou no código do aplicativo.

DICA O TensorFlow 2.0 também pode usar define-by-run, contando com o Chainer para fornecer uma boa execução.

PyTorch

O PyTorch (`https://pytorch.org/`) é o sucessor do Torch (`http://torch.ch/`) escrito com Lua (`https://www.lua.org/`). Uma das principais bibliotecas do Torch (a autograd, do PyTorch) começou como um fork do Chainer, descrito na seção anterior. O Facebook inicialmente desenvolveu o PyTorch, mas muitas outras organizações o usam hoje, incluindo o Twitter, o Salesforce e a Universidade de Oxford. Aqui estão os recursos que tornam o PyTorch especial:

» Extremamente fácil de ser usado pelo usuário.
» Uso eficiente de memória.
» Relativamente rápido.
» Comumente usado para pesquisa.

Algumas pessoas gostam do PyTorch porque é fácil de ler, como Keras, mas o cientista não perde a capacidade de usar redes neurais complicadas. Além disso, o PyTorch suporta diretamente gráficos dinâmicos de modelos computacionais (veja a seção "Sacando por que o TensorFlow é tão bom", adiante neste capítulo, para obter mais detalhes sobre o assunto), o que o torna mais flexível do que o TensorFlow sem a adição do TensorFlow Fold.

MXNet

O principal motivo para usar o MXNet é a velocidade. É bem difícil dizer quem vence, o MXNet (`https://mxnet.apache.org/`) ou o CNTK (`https://www.microsoft.com/en-us/cognitive-toolkit/`), mas ambos são bem rápidos e frequentemente são contrapostos à lentidão com que alguns se deparam ao trabalhar com o TensorFlow. (O relatório branco em `https://arxiv.org/pdf/1608.07249v7.pdf` detalha o benchmarking do código de aprendizado profundo.)

O MXNet é um produto do Apache compatível com uma série de linguagens, incluindo Python, Julia, C++, R e JavaScript. Várias organizações de grande porte o usam, incluindo Microsoft, Intel e Amazon Web Services. Aqui estão os aspectos que tornam o MXNet especial:

» Suporte avançado para a GPU.
» Executável em qualquer dispositivo.
» API imperativa de alto desempenho.
» Modelo de serviço fácil.
» Alta escalabilidade.

O MXNet parece o produto perfeito para suas necessidades, mas tem, pelo menos, uma falha séria — não tem o mesmo nível de suporte da comunidade do TensorFlow. Além disso, a maioria dos pesquisadores não tem uma boa imagem do MXNet, porque ele pode se complexificar, e, na maioria das vezes, o pesquisador não lida com modelos estáveis.

Microsoft Cognitive Toolkit/CNTK

Como mencionado, a velocidade é um dos pontos fortes do Microsoft Cognitive Toolkit (CNTK). A Microsoft o utiliza para grandes conjuntos de dados — grandes mesmo. Como produto, é compatível com as linguagens de programação Python, C++, C# e Java. Em consequência, se você é um pesquisador que depende de R, este não lhe serve. A Microsoft o usou no Skype, Xbox e Cortana. As características especiais desse produto são:

- Alta performance.
- Alta escalabilidade.
- Componentes muito otimizados.
- Compatível com o Apache Spark.
- Compatível com o Azure Cloud.

Assim como o MXNet, o CNTK tem a peculiaridade da falta de suporte da comunidade. Além disso, não oferece muito suporte a terceiros; portanto, se o pacote não contiver os recursos necessários, talvez você nem consiga usá-los.

Entendendo o TensorFlow

No momento, o TensorFlow está no topo da pilha dos frameworks de aprendizado profundo (veja detalhes no quadro em `https://towardsdatascience.com/deep-learning-framework-power-scores-2018-23607ddf297a`). O sucesso do TensorFlow tem muitas razões, mas a principal é ser um ambiente robusto em um pacote relativamente fácil de usar. As seções a seguir explicam por que este livro usa o TensorFlow. Você descobrirá o que o torna tão interessante e como seus complementos o tornam ainda mais fácil de usar.

Sacando por que o TensorFlow é tão bom

O produto tem muito a oferecer em termos de funcionalidade, facilidade de uso e confiabilidade, o que o destaca em um mercado de muitas opções. Parte da razão para o sucesso do TensorFlow é que ele é compatível com várias linguagens populares: Python, Java, Go e JavaScript. Além disso, é bastante expansível. Cada extensão é uma *op* (de operação), que você pode conhecer melhor em `https://www.tensorflow.org/guide/extend/op`. O ponto é que, quando um produto tem grande suporte para várias linguagens e possibilita uma expansão significativa, ele torna-se popular, porque as pessoas podem executar as tarefas da maneira que preferirem, em vez de usarem configurações do fornecedor.

SUPORTE DO TENSORFLOW NO COLAB

Atualmente, muitos desenvolvedores confiam em ambientes online, como o Colab, para executar tarefas porque a instalação e a configuração do TensorFlow em uma máquina desktop é difícil, e você deve ter uma GPU compatível (https://developer.nvidia.com/cuda-gpus) se quiser acelerar o processamento. E há outras questões a considerar (https://www.tensorflow.org/install/gpu).

O Colab facilita tudo. Para obter suporte de CPU, basta selecionar uma caixa de configuração. Para garantir que tenha o suporte adequado, execute um código extra, específico do Colab (https://colab.research.google.com/notebooks/gpu.ipynb). No entanto, a realidade não funciona como a teoria. Por um lado, é preciso reinstalar tudo toda vez que iniciar uma sessão do Colab, porque o suporte à biblioteca não é perene (https://www.kdnuggets.com/2018/02/essential-google-colaboratory-tips-tricks.html). Claro, você pode não ter acesso a uma GPU (a critério do Google) ou seu suporte pode ser limitado (https://stackoverflow.com/questions/48750199/google-colaboratory-misleading-information-about-its-gpu-only-5-ram-available).

Para garantir que tenha a melhor experiência de aprendizagem possível, este livro usa uma configuração extremamente simplificada do TensorFlow, que evita muitas das armadilhas que outros ambientes experimentam. Esse ambiente funcionará para este livro, qualquer experiência de aprendizagem acadêmica, pequenos projetos experimentais e até mesmo projetos para pequenas e médias empresas que usam conjuntos de dados pequenos a médios. Essa configuração nunca funcionaria para executar um projeto do nível do Facebook.

A maneira como o TensorFlow avalia e executa o código também é importante. Por padrão, o TensorFlow suporta apenas gráficos computacionais estáticos. No entanto, a extensão TensorFlow Fold (https://github.com/tensorflow/fold) também suporta os dinâmicos. Um *gráfico dinâmico* é aquele em que a estrutura do gráfico computacional varia em função da estrutura de dados de entrada e muda dinamicamente conforme o aplicativo é executado. Usando lotes dinâmicos, o TensorFlow Fold cria gráficos estáticos a partir dos dinâmicos, que podem ser alimentados nele. Esse gráfico estático representa a transformação de um ou mais gráficos dinâmicos que modelam dados instáveis. Naturalmente, você pode nem precisar criar um gráfico computacional, porque o TensorFlow também suporta a *execução rápida* (avaliando operações de imediato, sem construir um gráfico computacional) para que consiga avaliar o código Python instantaneamente (*execução dinâmica*). A inclusão dessa funcionalidade dinâmica torna o TensorFlow extremamente flexível quanto aos dados que acomoda.

LEMBRE-SE

Além de vários tipos de suporte dinâmico, o TensorFlow também lhe permite usar uma GPU para acelerar cálculos. É possível usar várias GPUs e distribuir o modelo computacional em várias máquinas em um cluster. Essa capacidade de agregar tanto poder computacional para resolver um problema torna o TensorFlow mais rápido do que grande parte da concorrência. A velocidade é importante porque as respostas às perguntas têm uma expectativa de vida curta; obter uma resposta amanhã será inútil em muitos cenários. Um médico que depende dos serviços de uma IA para oferecer alternativas durante uma cirurgia precisa de respostas no ato, ou o paciente pode morrer.

Os recursos computacionais só conseguem uma solução para um problema. O TensorFlow a exibe de várias maneiras com a extensão TensorBoard (https://www.tensorflow.org/guide/summaries_and_tensorboard), que o ajuda a:

» Visualizar o gráfico computacional.
» Estruturar métricas de execução graficamente.
» Mostrar dados adicionais, conforme necessário.

Tal como acontece com produtos que dispõem de muitas funcionalidades, o TensorFlow tem uma curva de aprendizado acentuada. No entanto, ele desfruta de um considerável suporte da comunidade, concede acesso a vários tutoriais práticos, tem excelente suporte de terceiros para cursos online e oferece muitos outros auxílios para reduzir a curva de aprendizado. Comece com o tutorial, em https://www.tensorflow.org/tutorials/, e leia o guia de ofertas, em https://www.tensorflow.org/guide/.

Simplificando o TensorFlow com TFLearn

Uma das principais reclamações que as pessoas têm sobre o TensorFlow é que a codificação é de baixo nível e, às vezes, difícil. Combina-se ele ao TensorFlow para ganhar mais flexibilidade e controle escrevendo mais código. No entanto, nem todo mundo precisa da profundidade que ele propicia, e é por isso que pacotes como o TFLearn (http://tflearn.org/), que significa TensorFlow Learn, são tão importantes. (Há vários pacotes no mercado que reduzem sua complexidade; o TFLearn é apenas um deles.)

LEMBRE-SE

O TFLearn facilita o trabalho com o TensorFlow de maneiras determinadas:

» Uma interface de programação de aplicativo (API) de alto nível o ajuda a produzir resultados com menos codificação.
» A API de alto nível reduz a quantidade de código padronizado a ser escrito.
» A prototipagem é mais rápida, semelhante à funcionalidade encontrada no Caffe2 (descrita neste capítulo).

> » Transparência com TensorFlow significa que você pode ver como as funções operam e usá-las diretamente sem depender do TFLearn.
> » O uso de funções auxiliares automatiza muitas tarefas que normalmente são executadas manualmente.
> » O uso de uma boa visualização o ajuda a ver os vários aspectos de sua aplicação, incluindo o modelo computacional, com maior facilidade.

Você obtém todas essas funcionalidades e muito mais, sem abrir mão dos aspectos que tornam o TensorFlow um ótimo produto. Por exemplo, ainda há o acesso total à capacidade do TensorFlow de usar CPUs, GPUs e até mesmo vários sistemas para levar mais poder de computação a qualquer problema

O melhor simplificador: Keras

O Keras é menos um framework e mais uma API (um conjunto de especificações de interface compatível com múltiplos frameworks, como backends). Em geral, é um framework de aprendizado profundo, porque é assim que as pessoas o utilizam. Para usar o Keras, você também precisa de um framework desse tipo, como TensorFlow, Theano, MXNet ou CNTK. O Keras é, na verdade, fornecido com o TensorFlow, que também é a solução mais fácil para reduzir sua complexidade.

DICA Este livro supõe que você usa o Keras com o TensorFlow, mas saber que é possível usá-lo com outros frameworks é uma vantagem. É por isso que este livro não usa a versão Keras incorporada ao TensorFlow, mas o instala separadamente (veja detalhes em https://medium.com/tensorflow/standardizing-on-keras-guidance-on-high-level-apis-in-tensorflow-2-0-bad2b04c819a). A mesma interface é compatível com vários frameworks, permitindo que você use o desejado sem precisar lidar com outra curva de aprendizado. O maior argumento de venda do Keras é que ele coloca o processo de criação de aplicativos, usando um framework de aprendizado profundo, em um paradigma compreensível para a maioria das pessoas.

Não tem como desenvolver um aplicativo, do tipo que for, fácil de usar e capaz de lidar com situações verdadeiramente complexas — tudo isso sendo flexível, também. Então o Keras não necessariamente lida bem com todas as situações. Ele é um bom produto para necessidades simples, mas não funciona se você planeja desenvolver um novo tipo de rede neural.

O ponto forte do Keras é que ele possibilita criar protótipos rápidos com pouco incômodo. A API não atrapalha, enquanto fornece a flexibilidade de que talvez você não precise no projeto em questão. Além disso, como o Keras simplifica a forma de executar tarefas, não é possível estendê-lo, como se faz com outros produtos, o que limita sua capacidade de adicionar funcionalidade a um ambiente existente.

CUIDADO: Uma quantidade considerável de pessoas se queixou do relatório de erro por vezes ambíguo fornecido pelo Keras. No entanto, de certo modo ele compensa esse problema disponibilizando o forte suporte da comunidade. Além disso, muitas das pessoas que reclamaram, aparentemente, tentavam fazer algo complexo. Ter em mente a natureza da prototipagem rápida do Keras evita que você trabalhe em projetos intricados demais para o produto.

Obtendo uma cópia do TensorFlow e do Keras

A cópia do Python que vem com o Anaconda não inclui uma cópia do TensorFlow nem do Keras; você deve instalá-los separadamente. Para evitar problemas da integração do TensorFlow com as ferramentas do Anaconda, não siga as instruções de `https://www.tensorflow.org/install/pip` para instalar o produto usando pip. Da mesma forma, evite usar as instruções de instalação do Keras de `https://keras.io/#installation`. Para garantir que a cópia do TensorFlow e do Keras seja compatível com o Notebook, abra um prompt do Anaconda, não um prompt de comando padrão nem janela do terminal. Do contrário, você não garante a configuração dos caminhos apropriados. As etapas a seguir iniciarão sua instalação.

1. **No prompt do Anaconda, digite** python — version **e pressione Enter.**

    A versão do Python atualmente instalada será exibida, que deve ser a 3.6.5, para os fins deste livro, como mostrado na Figura 4-1. O caminho exibido na janela é uma função do sistema operacional, que neste caso é o Windows, mas um caminho diferente pode ser mostrado ao se usar o prompt do Anaconda.

    PAPO DE ESPECIALISTA: O próximo passo é criar um ambiente no qual executar o código que usa o TensorFlow e o Keras. A vantagem de usar um ambiente é que você o mantém para uso posterior com outras bibliotecas. Use o conda, em vez de outro produto de ambiente, como o virtualenv, para garantir que o software seja integrado às ferramentas do Anaconda. Se usar um produto como o virtualenv, a instalação resultante funcionará, mas será necessário executar muitas outras etapas para acessá-lo, e elas não estão descritas no livro. O nome do ambiente para este livro é DL4Denv.

2. **Digite** conda create -n DL4Denv python=3 anaconda=5.3.0 tensorflow=1.11.0 keras=2.2.4 nb_conda **e pressione Enter.**

    DICA: Uma mensagem de aviso sobre a disponibilidade de uma nova versão do conda pode ser exibida. É seguro ignorá-la (ou, se desejar, atualize-o mais tarde usando o comando correspondente). Se necessário, digite **Y** e pressione Enter para que a mensagem desapareça e o processo de criação prossiga.

Essa etapa pode exigir um pouco de tempo para execução, porque o sistema terá que baixar o TensorFlow 1.11.0 e o Keras 2.2.4 de uma fonte online. Depois que o download for concluído, o setup precisará criar uma instalação completa. Você verá o prompt do Anaconda retornar depois que todas as etapas necessárias forem concluídas. Enquanto isso, ler um bom artigo técnico ou tomar café ajudará a passar o tempo.

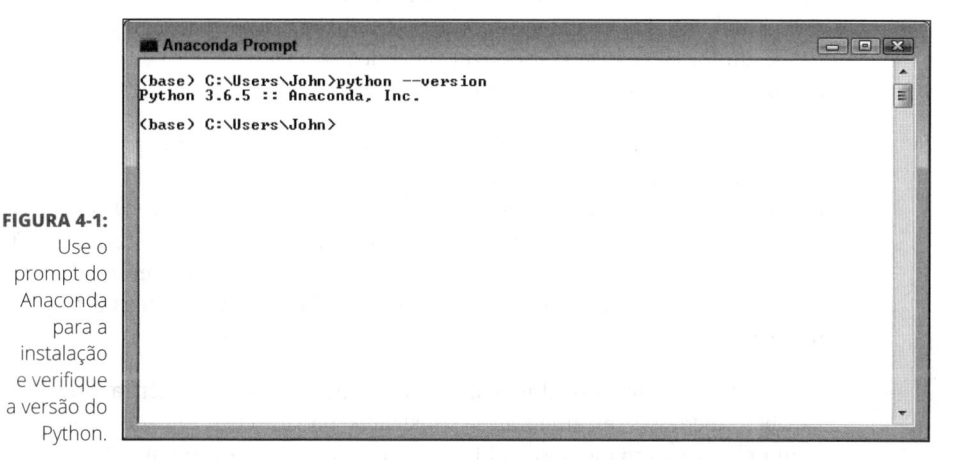

FIGURA 4-1:
Use o prompt do Anaconda para a instalação e verifique a versão do Python.

3. **Digite** conda activate DL4Denv **e pressione Enter.**

   O prompt muda para mostrar o ambiente DL4Denv em vez do ambiente base ou raiz. Quaisquer tarefas que executar agora afetarão o ambiente DL4D em vez do original.

4. **Digite** python -m pip install — upgrade pip **e pressione Enter.**

   Esta etapa exigirá um pouco de tempo, mas não tanto quanto a criação do ambiente. O objetivo aqui é garantir que você tenha a versão mais atual do pip instalada, para que os comandos posteriores (alguns aparecem no código deste livro) não falhem.

5. **Digite** conda deactivate **e pressione Enter.**

   Desativar um ambiente retorna ao ambiente base. Esta etapa garante que as sessões sempre sejam finalizadas no ambiente base.

6. **Feche o prompt do Anaconda.**

   A instalação do TensorFlow e a do Keras foi concluída, e eles estão prontos para uso.

Corrigindo o erro de ferramenta de construção de C++ no Windows

Muitos recursos do Python exigem ferramentas de construção de C++ para compilação porque os desenvolvedores escreveram o código em C++, e não em Python, para obter a melhor velocidade na execução de determinados tipos de processamento. Felizmente, o Linux e o OS X têm essas ferramentas já instaladas. Então, não é necessário fazer nada de especial para que os comandos de compilação do Python funcionem.

Os usuários do Windows, no entanto, precisam instalar uma cópia das ferramentas de construção C++ 14 ou superior, caso ainda não estejam instaladas. Na verdade, o ambiente do Notebook é bastante exigente — você precisa do Visual C++ 14 ou superior, em vez de qualquer versão do C++ (como o GCC, https://www.gnu.org/software/gcc/). Se instalou recentemente o Visual Studio ou outro produto de desenvolvimento da Microsoft, já tem as ferramentas de construção instaladas e não precisará refazer o processo.

Este livro usa as ferramentas mais atuais disponíveis para a escrita, que é C++ 17. Obter apenas as ferramentas de construção não lhe custará nada. As etapas a seguir mostram um método rápido e fácil para obter as ferramentas necessárias se ainda não tiver o C++ 14, ou superior, instalado:

1. **Baixe o instalador de ferramentas de construção offline em** https://aka.ms/vs/15/release/vs_buildtools.exe.

   Seu aplicativo de download baixa uma cópia de vs_buildtools.exe. Usar as ferramentas de construção online muitas vezes tem muitas opções, e a Microsoft, naturalmente, quer que você compre o produto.

2. **Localize o arquivo baixado no disco rígido e clique duas vezes em** vs_buildtools.exe.

   Uma caixa de diálogo do Visual Studio Installer é exibida. Antes de instalar as ferramentas de construção, informe ao instalador o que deseja.

3. **Clique em Continue.**

   O Visual Studio Installer baixa e instala alguns arquivos de suporte adicionais. Após a conclusão, ele perguntará qual Workload instalar, conforme mostrado na Figura 4-2.

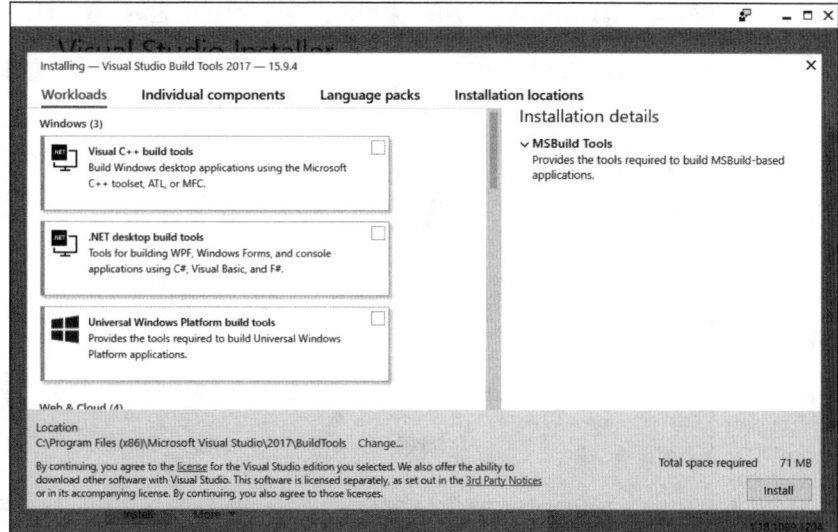

FIGURA 4-2: Escolha o workload do Visual C++ Build Tools para suportar a configuração do Python.

4. **Marque a opção Visual C++ Build Tools e então clique em Install.**

   Não é preciso instalar nada além dos recursos padrão. O painel Installation Details, do lado direito da janela do Visual Studio Installer, contém uma matriz confusa de opções, desnecessárias para os fins deste livro. O processo de download de aproximadamente 1,1GB começa imediatamente. Tome uma xícara de café enquanto espera. A janela do Visual Studio Installer exibe o progresso do download e da instalação. Em algum momento, uma mensagem dizendo que a instalação foi bem-sucedida será exibida.

5. **Feche a janela do instalador do Visual Studio.**

   A cópia do Visual C++ Build Tools está pronta para uso. Talvez seja necessário reiniciar o sistema depois da instalação, especialmente se você tiver instalado anteriormente o Visual Studio.

Acessando seu novo ambiente no Notebook

Ao abrir o Notebook, ele seleciona automaticamente o ambiente base ou raiz — o padrão para as ferramentas do Anaconda. No entanto, é necessário acessar o ambiente DL4Denv para trabalhar com o código deste livro. Para que isso aconteça, abra o Anaconda Navigator, em vez do Notebook Jupyter, como de costume. Na janela que será exibida, mostrada na Figura 4-3, há uma lista suspensa Applications On. Escolha a opção DL4Denv. Clique em Launch, no painel do Jupypter Notebook, para iniciá-lo usando o ambiente DL4Denv.

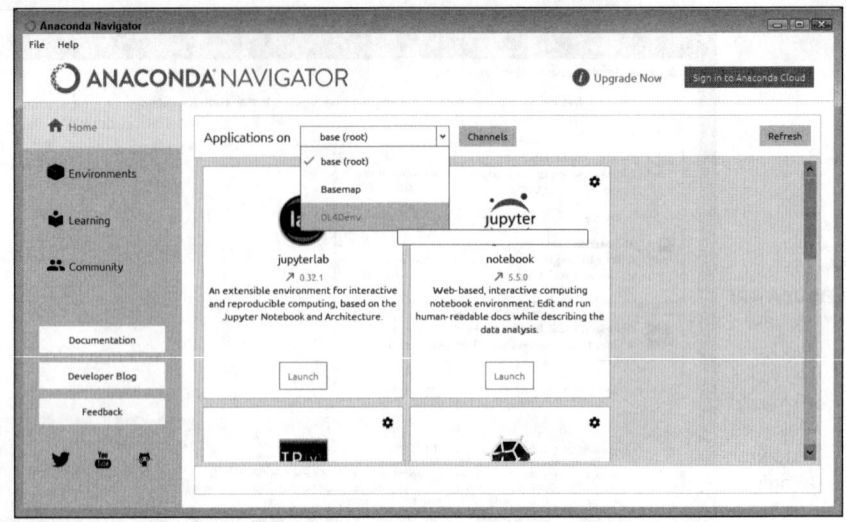

FIGURA 4-3: Selecione o ambiente para usar no Anaconda Navigator.

2 Erguendo os Alicerces do Aprendizado Profundo

NESTA PARTE...

Execute tarefas matemáticas básicas de matriz.

Trabalhe com regressão linear.

Conheça os fundamentos das redes neurais.

Caminhe até os alicerces do aprendizado profundo.

Lide com CNNs e RNNs.

> **NESTE CAPÍTULO**
>
> » **Definindo os requisitos matemáticos para o aprendizado profundo básico**
>
> » **Executando tarefas matemáticas escalares, vetoriais e matriciais**
>
> » **Equacionando o aprendizado com otimização**

Capítulo **5**

Revisando Matriz e Otimização

O Capítulo 1 aborda as bases do aprendizado profundo e o motivo de ser importante hoje. O Capítulo 2 aprofunda o processo de aprendizagem, desde dados até o aprendizado de máquina. Um ponto-chave dos capítulos é que os computadores não têm discernimento, mas podemos abastecê-los com dados, que os treinarão. Uma operação matemática pode ser detalhada para ajudá-lo a obter informações ou lidar com os dados, o que não seria possível de outra forma. O computador é uma ferramenta para executar matemática verdadeiramente avançada muito mais rápido do que você conseguiria manualmente. A base dessas operações são estruturas de dados específicas, incluindo a matriz.

Você precisa entender as operações escalares, vetoriais e matriciais como parte do entendimento da diferença absurda que o aprendizado profundo faz na forma de visualizar os dados que descrevem o mundo de hoje. A combinação de dados encontrados em tipos específicos de estruturas com algoritmos projetados para trabalhar com elas é um elemento básico do aprendizado profundo. Este capítulo o ajuda a entender os dados, as estruturas que os contêm e a maneira como se realizam tarefas simples por meio dessas estruturas.

Até agora, você não viu nada que parecesse com aprender, de alguma forma. Ter estruturas de dados e operações apropriadas para interagir com elas não é suficiente para avaliar o processo de aprendizado. A seção final deste capítulo o orienta a fazer a conexão entre executar essas operações e executá-las rapidamente com a otimização. O ato de otimizar as operações executadas nos dados é o que constitui o aprendizado: o computador aprende a evitar atrasos desnecessários na execução da análise necessária para concluir suas tarefas.

LEMBRE-SE Você não precisa digitar o código-fonte deste capítulo manualmente. Usar a fonte é muito mais fácil. O código-fonte deste capítulo está no arquivo `DL4D_05_Reviewing_Matrix_Math_and_Optimization.ipynb` (veja a Introdução para saber como encontrá-lo).

Revelando a Matemática Necessária

O mundo é um lugar incrivelmente complexo, e tentar representá-lo por meio de dados e matemática torna esse fato muito claro. Os *dados* expressam o mundo real como uma abstração, usando valores numéricos ou outros, para quantificá-la. A cor azul pode se tornar o valor 1, por exemplo. Pela *matemática*, esses valores são manipulados para compreendê-los melhor e reconhecer padrões que, de outra forma, não estariam claros. Você pode descobrir que uma proporção maior de pessoas que moram em determinada área prefere a cor azul a qualquer outra. As seções a seguir o ajudam a entender os dados e a matemática do ponto de vista da IA, que lhe permite interagir com o mundo de maneira automatizada (limpar o tapete com um robô ou solicitar ao sistema de navegação do carro que lhe passe instruções para chegar a um lugar ao qual nunca foi).

Trabalhando com dados

Sem dados, é impossível representar entidades do mundo real de forma que um computador o auxilie a entender e gerenciá-las. Ele não entende os dados; simplesmente os armazena e permite que você os manipule usando matemática. O computador também não entende a saída, ela requer interpretação por um ser humano para ganhar significado. Assim, o trabalho com os dados começa e termina com a interpretação humana do mundo real, apresentado como uma abstração.

Ao criar dados, uma dose coerente de abstração deve ser considerada, ou a comunicação se torna impossível. Se um conjunto de dados apresentar a cor azul como o inteiro 1; outro, como o número real 2.0; e um terceiro, como uma string azul, as informações não terão como ser combinadas, a menos que se crie outro conjunto, com os mesmos valores para cada entrada azul. Como os seres humanos são contraditórios, os dados também podem ser (supondo, primeiro, que estejam corretos). A transformação de valores entre conjuntos não altera o fato de que os seres humanos que os interpretam ainda veem a cor azul codificada na abstração, que são os dados.

Depois de coletar dados suficientes, você pode manipulá-los de uma forma que permita a um computador lhe apresentar padrões que talvez não tenha visto antes. Como sempre, o computador não tem conhecimento dos dados nem de sua interpretação, nem mesmo de que criou um padrão para você. A matemática definida por cientistas incrivelmente inteligentes manipula os dados em um padrão usando expressões.

Da perspectiva do aprendizado profundo, o que você tem é um interpretador humano que fornece abstrações de dados de objetos do mundo real, um computador executando uma ou mais manipulações desses dados e uma saída que, novamente, demanda interpretação humana para ter sentido. *Aprendizado profundo*, para os fins deste capítulo, é basicamente o ato de automatizar o processo de manipulação de dados usando as mesmas técnicas de um ser humano combinadas à velocidade que um computador atinge. O ato de aprender significa descobrir como realizar manipulações bem-sucedidas para que os padrões úteis integrem a saída.

LEMBRE-SE

A automação só é útil se for controlada, e o aprendizado profundo viabiliza esse controle por meio de cálculos matriciais. A *computação matricial* consiste em uma série de multiplicações e adições de conjuntos ordenados de números. É preciso entender como o aprendizado profundo funciona, em termos matemáticos, para que consiga:

» Dissipar a ilusão de que o aprendizado profundo funciona da mesma forma que o cérebro humano.

» Determinar as ferramentas que serão necessárias para criar um exemplo de rede neural profunda.

Criando e operando com uma matriz

Garantir que todas as abstrações usadas para objetos específicos do mundo real sejam as mesmas não é suficiente para criar um modelo significativo. Simplesmente decidir que o valor inteiro 1 representa a cor azul não confere a estrutura necessária para executar a manipulação matemática, a menos que tal manipulação esteja em um único valor (uma *escalar*). Um grupo de valores relacionados pode ser elencado em uma lista (um *vetor*), mas somente se cada um dos valores representar o mesmo tipo de objeto. Pode-se criar uma lista de cores, cada uma com um valor específico. Para ser realmente útil, os dados devem aparecer em um formulário que agrupe entradas, como em um formulário que aprimora o processamento automatizado. Geralmente, a forma preferida é a tabela (uma *matriz*) que organiza tipos de valor de objeto específicos nas colunas e entradas individuais nas linhas.

As matrizes são muito usadas neste livro porque são um meio conveniente de mover entradas complexas como unidade. Uma matriz de propriedades em Boston pode incluir todos os tipos de informações atinentes, como preço, número de cômodos e características ambientais de cada imóvel. Há uma descrição desse tipo, como um *conjunto de dados* (um arquivo contendo os dados essenciais para apresentar entradas do mundo real), em `https://www.cs.toronto.edu/~delve/data/boston/bostonDetail.html`. Mesmo que obtenha os dados de outro formulário, um processo de importação que o transforma em matriz é o primeiro passo para usar o conjunto a fim de ver padrões úteis pela aplicação do aprendizado profundo.

LEMBRE-SE

A matemática necessária se resume a:

» O processo, incluindo a matemática, usado para uniformizar todos os elementos de dados.

» O processo, incluindo a matemática, usado para colocar os dados em uma estrutura, como uma matriz, para ajudar no processamento automático.

» A matemática necessária para manipular a matriz para que os padrões úteis apareçam.

» A metodologia, incluindo a matemática, usada para retornar a saída para a interpretação humana dos padrões.

Entendendo Escalar, Vetor e Operações Matriciais

Para realizar um trabalho útil com o Python, em geral é preciso lidar com grandes quantidades de dados, organizados em formulários específicos. Esses formulários têm nomes estranhos, mas que são muito importantes. Os três termos que precisa conhecer para entender este capítulo são:

» **Escalar:** Um item de dados de base única. Por exemplo, o número 2 mostrado por si só é um escalar.

» **Vetor:** Um array unidimensional (basicamente, uma lista) de itens de dados. Uma matriz contendo os números 2, 3, 4 e 5 seria um vetor. Você acessa itens em um vetor usando um *índice* baseado em zero para o item desejado. O item no índice 0 é o primeiro do vetor, que, neste caso, é 2.

» **Matriz:** Um array contendo os números 2, 3, 4 e 5 na primeira linha e 6, 7, 8 e 9 na segunda é uma matriz. Você acessa itens em uma matriz usando um índice de linha e coluna baseado em zero. O item na linha 0, coluna 0, é o primeiro da matriz, que, neste caso, é 2.

LEMBRE-SE

O aprendizado profundo depende de matrizes. As fontes de dados que usa têm formato linha-coluna para descrever os atributos de um determinado elemento de dados. Para descrever uma pessoa, a matriz pode incluir atributos como nome, idade, endereço e número de um item específico comprado a cada ano. Conhecendo esses atributos, você executa uma análise que produz novos tipos de informações e faz generalizações sobre determinada população.

O Python disponibiliza uma variedade interessante de recursos, mas algumas tarefas ainda demandam muito esforço. Para reduzir a quantidade de trabalho necessária, confie no código escrito por outras pessoas, encontrado em bibliotecas. As seções a seguir descrevem como usar a biblioteca NumPy para executar várias tarefas em matrizes.

Criando uma matriz

Antes de poder trabalhar com uma matriz, é necessário criá-la, o que inclui preenchê-la com dados. A maneira mais fácil de executar essa tarefa é usar a biblioteca NumPy, que você importa com o seguinte código:

```
import numpy as np
```

Para criar uma matriz básica, use a função NumPy, como faria com um vetor, mas defina dimensões adicionais. A *dimensão* é uma direção da matriz. A bidimensional contém linhas (uma direção) e colunas (uma segunda direção). A chamada de array `myMatrix = np.array([[1,2,3], [4,5,6], [7,8,9]])` produz uma matriz com três linhas e três colunas, assim:

```
array([[1, 2, 3],
       [4, 5, 6],
       [7, 8, 9]])
```

Observe como se incorporam três listas em uma lista de contêineres para criar as duas dimensões. Para acessar um determinado elemento de matriz, você determina um valor de índice de linha e coluna, como `myMatrix[0, 0]`, para acessar o primeiro valor de 1. Existem matrizes com qualquer número de dimensões, produzidas por meio de uma técnica semelhante. Por exemplo, `myMatrix = np.array([[[1,2], [3,4]], [[5,6], [7,8]]])` produz uma matriz dimensional com eixos x, y e z, mais ou menos assim:

```
array([[[1, 2],
        [3, 4]],

       [[5, 6],
        [7, 8]]])
```

Neste caso, você incorpora duas listas, dentro de duas listas de contêineres, em uma única lista de contêineres que mantém tudo junto. Aqui, forneça um valor de índice x, y e z para acessar um valor específico. Por exemplo, `myMatrix[0, 1, 1]` acessa o valor 4.

DICA

Em alguns casos, é preciso criar uma matriz com certos valores iniciais. Se precisar de uma matriz preenchida com 1s iniciais, você pode usar a função `ones`. A chamada `myMatrix = np.ones([4,4], dtype=np.int32)` produz uma matriz com quatro linhas e quatro colunas preenchidas com valores como este:

```
array([[1, 1, 1, 1],
       [1, 1, 1, 1],
       [1, 1, 1, 1],
       [1, 1, 1, 1]])
```

Da mesma forma, uma chamada `myMatrix = np.ones([4,4,4], dtype=np.bool)` cria um array tridimensional. Desta vez, a matriz conterá valores booleanos de `True`. Também estão disponíveis funções para criar uma matriz preenchida com zeros, a matriz de identidade, e para atender a outras necessidades. Há uma lista completa de funções de criação de vetores e matrizes, por meio de array, em https://docs.scipy.org/doc/numpy/reference/routines.array-creation.html.

LEMBRE-SE

A biblioteca NumPy suporta uma classe `matrix` real. A classe `matrix` suporta recursos especiais, que facilitam a execução de tarefas específicas da matriz. Você verá esses recursos mais adiante no capítulo. Por enquanto, tudo o que precisa saber é como criar uma matriz do tipo de dados `matrix`. O método mais fácil é fazer uma chamada semelhante à que você usa para a função `array`, mas usando a função `mat`, como `myMatrix = np.mat([[1,2,3], [4,5,6], [7,8,9]])`, que produz a seguinte matriz:

```
matrix([[1, 2, 3],
        [4, 5, 6],
        [7, 8, 9]])
```

É possível converter uma matriz já feita em outra com a função `asmatrix`. Use a função `asarray` para converter um objeto de volta em um formulário `array`.

CUIDADO

O único problema com a classe `matrix` é que funciona apenas em matrizes bidimensionais. Se tentar converter uma matriz tridimensional na classe `matrix`, verá uma mensagem de erro informando que a forma é muito grande para ser uma matriz.

Multiplicando matrizes

Dois métodos comuns de multiplicar uma matriz são elemento a elemento e produto escalar. A abordagem elemento a elemento é direta. O código a seguir produz uma multiplicação elemento a elemento de duas matrizes:

```
a = np.array([[1,2,3],[4,5,6]])
b = np.array([[1,2,3],[4,5,6]])

print(a*b)
```

O que você recebe em troca é um array do tipo mostrado aqui:

```
[[ 1  4  9]
 [16 25 36]]
```

CUIDADO Observe que a e b têm a mesma forma: duas linhas e três colunas. Para executar uma multiplicação elemento a elemento, as duas matrizes devem ter a mesma forma, caso contrário, uma mensagem de erro informando que as formas estão erradas será exibida. Como nos vetores, a função multiply também produz um resultado elemento a elemento.

CUIDADO Infelizmente, uma multiplicação elemento a elemento pode produzir resultados incorretos ao trabalhar com algoritmos. Em muitos casos, o necessário é a soma dos produtos de duas sequências numéricas. A discussão em https://www.mathsisfun.com/algebra/vectors-dot-product.html fala sobre produtos escalares e o ajuda a entender como interagem com algoritmos. Saiba mais sobre as funções de manipulação de álgebra linear para numpy em https://docs.scipy.org/doc/numpy/reference/routines.linalg.html.

Ao executar um produto escalar com uma matriz, o número de colunas na matriz a deve corresponder ao de linhas na b. No entanto, o número de linhas na matriz a é indiferente, bem como o de colunas na b, desde que você crie um produto escalar de a por b. O código a seguir produz um produto escalar correto:

```
a = np.array([[1,2,3],[4,5,6]])
b = np.array([[1,2,3],[3,4,5],[5,6,7]])

print(a.dot(b))
```

Neste caso, a saída é:

```
[[22 28 34]
 [49 64 79]]
```

Observe que a saída contém o número de linhas encontradas na matriz a e o de colunas na b. Então, como isso tudo funciona? Para obter o valor encontrado no array de saída no índice [0,0] de 22, some os valores de a[0,0]*b[0,0] (que é 1), a[0,1]*b[1,0] (que é 6) e a[0,2]*b[2,0] (que é 15) para obter o valor de 22. As outras entradas funcionam exatamente da mesma maneira.

> **DICA**
>
> Uma vantagem de usar a classe numpy matrix é que algumas tarefas se tornam mais diretas. A multiplicação funciona exatamente como o esperado. O código a seguir produz um produto escalar usando a classe matrix:

```
a = np.mat([[1,2,3],[4,5,6]])
b = np.mat([[1,2,3],[3,4,5],[5,6,7]])

print(a*b)
```

Ao usar o operador *, a saída se assemelha à decorrente da função dot com um array. No entanto, mesmo que pareçam a mesma, não o são. A saída do código anterior é um array, enquanto a desse, uma matrix. Esse exemplo também indica que você deve saber se está usando um objeto array ou matrix ao executar tarefas, como multiplicar duas matrizes.

> **DICA**
>
> Para executar uma multiplicação elemento a elemento usando dois objetos matrix, use a função numpy multiply.

Fazendo operações avançadas

Este livro o conduz por todos os tipos de operações de matriz interessantes, mas apenas alguns são mais corriqueiros, e é por isso que estão neste capítulo. Ao trabalhar com matrizes, você às vezes obtém dados sob uma forma que não se adéqua ao algoritmo. Felizmente, numpy é acompanhado de uma função especial reshape, que permite colocar os dados em qualquer formato necessário. Na verdade, ele é útil para remodelar um vetor em uma matriz, como mostrado no código a seguir:

```
changeIt = np.array([1,2,3,4,5,6,7,8])

print(changeIt)

print(changeIt.reshape(2,4))

print(changeIt.reshape(2,2,2))
```

Este código produz as seguintes saídas, que mostram a progressão das mudanças produzidas pela função `reshape`:

```
[1 2 3 4 5 6 7 8]

[[1 2 3 4]
 [5 6 7 8]]

[[[1 2]
  [3 4]]

 [[5 6]
  [7 8]]]
```

LEMBRE-SE

A forma inicial de `changeIt` é um vetor, mas o uso da função a transforma em uma matriz. Além disso, a matriz pode ser moldada em qualquer número de dimensões que trabalhe com os dados. No entanto, forneça uma forma que se ajuste ao número necessário de elementos. Por exemplo, a chamada `changeIt.reshape(2,3,2)` falhará, porque não há elementos suficientes para fornecer uma matriz desse tamanho.

Há duas importantes operações de matriz em algumas formulações de algoritmo: a transposição e o inverso de uma matriz. A *transposição* ocorre quando uma matriz de forma n x m é transformada em uma m x n, trocando as linhas pelas colunas. A maioria dos textos indica essa operação usando o T sobrescrito, como em A^T. Ela é usada com mais frequência para a multiplicação, a fim de obter as dimensões corretas. Ao trabalhar com `numpy`, a função `transpose` é utilizada para executar o que for necessário. Por exemplo, ao começar com uma matriz que tenha duas linhas e quatro colunas, é possível transpô-la para conter quatro linhas com duas colunas cada, conforme mostrado neste exemplo:

```
changeIt = np.array([[1, 2, 3, 4], [5, 6, 7, 8]])

print(np.transpose(changeIt))
```

A saída mostra os efeitos da transposição:

```
[[1 5]
 [2 6]
 [3 7]
 [4 8]]
```

Você aplica a *inversão de matriz* a matrizes de forma m x m, que são quadradas — possuem o mesmo número de linhas e colunas. Essa operação é muito importante porque permite a resolução imediata de equações envolvendo multiplicação de matrizes, como y=bX, em que se tem que descobrir os valores no vetor b. Como a maioria dos números escalares (exceções incluem zero) tem um número cuja multiplicação resulta em um valor de 1, a ideia é encontrar uma matriz inversa cuja multiplicação resultará em uma matriz especial, a *matriz de identidade*. Para ver uma, use a função identity, assim:

```
print(np.identity(4))
```

Eis uma saída desta função:

```
[[1. 0. 0. 0.]
 [0. 1. 0. 0.]
 [0. 0. 1. 0.]
 [0. 0. 0. 1.]]
```

Observe que uma matriz de identidade contém todos os 1s na diagonal. Encontrar o inverso de um escalar é bem fácil (o número escalar n tem um inverso de n^{-1} que é 1/n). Com as matrizes é outra história. A inversão de matrizes envolve um grande número de cálculos. O inverso de uma matriz A é indicado como A^{-1}. Ao trabalhar com nunmpy, você usa a função linalg.inv para criar um inverso. O exemplo a seguir mostra como criar um inverso, usá-lo para obter um produto escalar e compará-lo com a matriz de identidade usando a função allclose:

```
a = np.array([[1,2], [3,4]])
b = np.linalg.inv(a)

print(np.allclose(np.dot(a,b), np.identity(2)))
```

A saída deste código é:

```
True
```

LEMBRE-SE

Às vezes, encontrar o inverso de uma matriz é impossível. Quando não pode ser invertida, ela é conhecida como *matriz singular* ou *matriz degenerada*. Matrizes singulares não são a norma; elas são muito raras.

Levando a análise aos tensores

Um jeito simples de começar a entender os tensores é perceber que partem de uma matriz generalizada com qualquer número de dimensões. Eles podem ser 0-D (escalar), 1-D (vetor) ou 2-D (matriz). Os tensores podem ter dimensões inimagináveis; a quantidade será a necessária para transmitir o significado por trás de algum objeto usando dados. Embora a maioria dos seres humanos veja dados como uma matriz 2-D, tendo linhas com objetos individuais e colunas que possuem elementos de dados individuais que os definem, em muitos casos uma matriz 2-D não é suficiente. Às vezes é necessário processar dados que tenham um elemento de tempo, criando uma matriz 2-D para cada instante observado. Todas essas sequências de matrizes 2-D exigem uma estrutura 3-D para a armazenar, porque a terceira dimensão é o tempo.

LEMBRE-SE

No entanto, os tensores não são simplesmente um tipo extravagante de matriz. Eles representam uma entidade matemática que se encontra em uma estrutura preenchida com outras. Todas essas entidades interagem entre si, de modo que transformá-las como um todo significa que os tensores individuais devem seguir uma regra específica. A natureza dinâmica dos tensores os distingue das matrizes padrão. Todo tensor dentro da estrutura responde às mudanças ocorridas, como parte de uma transformação, em todos os outros.

Para pensar em como os tensores funcionam em relação ao aprendizado profundo, considere um algoritmo que demande três entradas para funcionar, conforme expresso por este vetor:

```
inputs = np.array([5, 10, 15])
```

Esses valores são únicos, baseados em um evento específico. Talvez representem uma pesquisa na Amazon sobre qual detergente é melhor. Porém, antes de alimentar esses valores no algoritmo, é preciso ponderá-los com base no treinamento do modelo. Em outras palavras, considerados os detergentes comprados por um grande grupo de pessoas, a matriz representa qual é, de fato, o melhor, com base em entradas específicas. Não é que o detergente seja o melhor em todas as situações, mas representa a melhor opção conforme certas entradas.

Ponderar os valores ajuda a refletir o que o aplicativo de aprendizado profundo aprendeu ao analisar grandes conjuntos de dados. Por uma questão de argumento, veja os pesos na matriz a seguir, como valores aprendidos:

```
weights = np.array([[.5,.2,-1], [.3,.4,.1], [-.2,.1,.3]])
```

Agora que a ponderação está disponível para as entradas, você pode transformá-las com base no aprendizado do algoritmo, já realizado:

```
result = np.dot(inputs, weights)
```

A saída de:

```
[2.5 6.5 0.5]
```

transforma as entradas originais para que retratem os efeitos do aprendizado. O vetor, inputs, é uma camada oculta em uma rede neural, e a saída, result, é a próxima camada oculta na mesma rede neural. As transformações, ou as outras ações que ocorrem em cada camada, determinam como cada camada oculta contribui para toda a rede neural, que, neste caso, é a ponderação. Os capítulos posteriores lhe explicam os conceitos de camadas, ponderação e outras atividades dentro de uma rede neural. Por enquanto, considere que cada tensor interage com a estrutura baseado nas atividades de todos os outros.

Usando a vetorização com eficácia

Por meio da *vetorização*, um aplicativo processa vários valores escalares simultaneamente, em vez de um por vez. O principal motivo para usá-la é a economia de tempo. Em muitos casos, um processador incluirá uma instrução especial relacionada à vetorização, como a instrução SSE em sistemas x86 (https://docs.oracle.com/cd/E26502_01/html/E28388/eojde.html). Em vez de executar instruções únicas dentro de um loop, uma abordagem de vetorização as executará como um grupo, tornando o processo consideravelmente mais rápido.

Ao trabalhar com grandes quantidades de dados, a vetorização é crucial, porque a mesma operação é executada em momentos diferentes. Tudo o que puder fazer para manter o processo fora de um loop fará o código, como um todo, ser executado mais rapidamente. Aqui está um exemplo de vetorização simples:

```
def doAdd(a, b):
    return a + b

vectAdd = np.vectorize(doAdd)

print(vectAdd([1, 2, 3, 4], [1, 2, 3, 4]))
```

Quando executa este código, a saída resultante é a seguinte:

```
[2 4 6 8]
```

A função `vectAdd` trabalha com todos os valores de uma vez, em uma única chamada. Assim, a função `doAdd`, que admite apenas duas entradas escalares, é estendida para suportar duas entradas por vez. De modo geral, a vetorização tem estes benefícios:

- Código conciso e mais fácil de ler.
- Redução do tempo de depuração devido à quantidade menor de linhas de código.
- Os meios para representar as expressões ficam mais próximos no código.
- Número reduzido de loops ineficientes.

Interpretando com Otimização

Até agora, o capítulo discutiu dados como uma abstração, sua transformação em formas úteis, seu armazenamento em uma matriz e os fundamentos da manipulação dessa matriz, uma vez construída. Tudo isso leva à capacidade de automatizar o processamento de dados para que se encontrem padrões úteis. Um conjunto de pixels, o menor elemento de uma imagem, é simplesmente uma série de números dentro de uma matriz. Localizar uma face específica dentro dessa imagem requer a manipulação dos números para encontrar as sequências específicas que equivalem à face.

LEMBRE-SE

Em pouco tempo, você percebe que encontrar um padrão e interpretá-lo corretamente, a fim de agir com maior precisão, demora, mesmo para um computador. Claro, o tempo deve sempre ser considerado. Descobrir que um criminoso entrou em um aeroporto uma hora após o fato é inútil — a descoberta deve ocorrer o mais breve possível. Para tal, a manipulação de dados e o reconhecimento de padrões devem ocorrer o mais rápido possível, o que significa otimizar o processo. *Otimização* basicamente significa encontrar maneiras de realizar a tarefa mais rapidamente sem perder muito, ou nada, em termos de precisão.

O *aprendizado*, da perspectiva de um computador, ocorre quando um aplicativo encontra os meios para realizar a otimização com êxito. Tenha em mente que o aprendizado de computadores é diferente do humano, pois eles não entendem nada novo nesse processo. Os computadores simplesmente manipulam dados com maior velocidade e precisão para localizar padrões de interesse. O restante deste livro detalha o conceito de otimização, mas as seções a seguir apresentam uma rápida visão geral de como funciona em relação aos meios de manipulação.

Explorando funções de custo

As pessoas entendem muito bem a ideia de custo. Você vai a uma loja e descobre que um produto custa uma certa quantia. No entanto, sabe que outra vende precisamente o mesmo produto por menos. Os produtos são os mesmos, então você compra o item da loja que o vende mais barato. O mesmo princípio se aplica à aprendizagem computacional. Um computador dispõe de vários métodos para encontrar os padrões desejados, mas apenas um deles produzirá uma saída com a precisão desejada, no período de tempo necessário. O método que executa melhor o processo, o que, em última análise, será usado, é o de menor *custo*.

Você pode precisar prever um número ou uma classe para resolver um problema. É possível transformá-lo em um custo, que o algoritmo de aprendizado profundo usará para determinar se a previsão está correta. Essa tarefa é feita por meio da *função de custo* (ou *função de perda*), que mensura a diferença entre a resposta correta e a retornada pelo algoritmo. A saída dessa função é a diferença entre o valor correto e o previsto, na forma de número. A função de custo é o que, definitivamente, determina o êxito do aprendizado profundo, porque indica o que o algoritmo aprendeu. Escolha sabiamente a função de custo correta para seu problema. Aqui estão as frequentemente usadas com o aprendizado profundo:

- » **Erro quadrático médio:** Eleva ao quadrado a diferença entre um valor correto e o previsto pelo algoritmo. Quando a diferença é grande, o valor ao quadrado é ainda maior, destacando o erro.
- » **Entropia cruzada ou perda de log:** Avalia erros de previsão usando um logaritmo. Os algoritmos de aprendizado profundo usam probabilidades para retornar respostas. (Não produzem a probabilidade, embora a saída passe perto.) As probabilidades são baseadas em sua exatidão e são transformadas em uma medida numérica que representa o erro.

Saber o custo que um algoritmo de aprendizado profundo produz ao adivinhar uma saída é apenas uma parte do processo. Assim como os seres humanos aprendem com os erros, quando levados em consideração, o aprendizado profundo aprende pela saída da função de custo. O custo implica encontrar um método que realize as tarefas de uma maneira ideal. A palavra *ótimo* é, por si só, imprecisa, porque o que parece ótimo em uma situação pode não ser o ideal em outra. Uma *solução ótima* localiza os padrões necessários no menor tempo possível, com a precisão especificada por um grande número de itens de dados. Um método que funciona com os dados que você conhece é inútil. O método ideal é o que lhe permite lidar com os dados que ainda não conhece.

Curva descendente de erro

Quando alguém percebe que outra pessoa cometeu um erro, tende a alertá-la para que entenda o problema e chegue a uma solução. Uma única conversa pode não ser suficiente para corrigir o erro; portanto, a repetição pode ser necessária. Da mesma forma, a automação do aprendizado profundo precisa de correções paulatinas.

Após detectar um erro, a automação corrige os algoritmos que executam o processamento. Esse loop de feedback aprimora as respostas conferidas pela solução de aprendizado profundo, ao longo do tempo, o que a torna mais precisa para encontrar os padrões corretos. À medida que esse processo continua, o nível de erro mensurado pela função de custo diminui, desenhando, assim, uma *curva descendente*. A função de custo encabeça esse processo, mas precisa de outros algoritmos, como otimização e correção de erros, para fazer mudanças tangíveis. Ela relata o nível de erro somente quando um modelo de aprendizado profundo gera uma previsão.

LEMBRE-SE

Para os propósitos deste livro, diferentes algoritmos alcançam tipos distintos de otimização. Descida de gradiente, descida de gradiente estocástica, impulso, Adagrad, RMSProp, Adadelta e Adam são variantes do mesmo conceito de otimização que o livro explora posteriormente. A correção de erro depende de um algoritmo diferente, chamado de *retropropagação*. Uma função de erro envia feedback pela rede neural, sob a forma de pesos, que afetam como a solução transforma as entradas de dados para garantir a saída correta.

Descobrindo a direção certa

A descida de gradiente é uma abordagem amplamente usada para determinar quais correções são necessárias para que um modelo de aprendizado profundo tenha um desempenho melhor, considerado um erro em particular. Ele sempre começa com uma configuração inicial de rede de aprendizado profundo e traduz o feedback da função de custo em uma correção geral para distribuir aos nós da rede. Esse processo requer um número de iterações para ser concluído — até que a saída da função de custo esteja no intervalo desejado.

De forma metafórica, a descida de gradiente é o capitão de um barco que tem que navegar de forma a evitar vários obstáculos, como pedras e icebergs. Quando vê um perigo (um erro relatado pela função de custo), o capitão corrige o timão do navio, o que evita a colisão. Naturalmente, ele difunde as informações de correção pela tripulação. A equipe as usa para controlar os motores e lemes, responsabilidade do algoritmo de retropropagação (veja o Capítulo 7, que detalha as redes internas do aprendizado profundo).

LEMBRE-SE

Com base na função de custo, a rede também demanda otimização para minimizar erros. No entanto, ela ocorre apenas com os dados de treinamento. Infelizmente, uma otimização perfeita acarreta sobreajuste. A arte do aprendizado profundo acontece bem aqui: na percepção de questões como o sobreajuste; a otimização tem que ser feita usando os dados de treinamento, mas não completamente (não sobreajustar), para que o modelo resultante tenha um bom desempenho nos dados de teste. Esse equilíbrio, de encontrar o nível correto de otimização, é a *generalização*. Corrigir um número limitado de iterações de otimização ou interromper a otimização ao perceber que o modelo começou a ter um desempenho ruim nos dados de teste, separados dos de treinamento (parada antecipada), é uma estratégia comum para otimizar o aprendizado profundo.

Um ponto interessante é que a série de correções disponibilizadas pelo algoritmo de gradiente descendente não necessariamente será impecável. Determinar como corrigir bem um único erro é simples; corrigir muitos simultaneamente é mais difícil. Em muitos casos, o algoritmo de otimização fica preso em um beco sem saída e não consegue encontrar a maneira correta de melhorar o desempenho da rede neural, como mostrado na Figura 5-1. Essa situação é um *mínimo local*, no qual a solução parece funcionar de maneira ideal, embora não seja realmente possível, pois outras correções aprimorariam o desempenho.

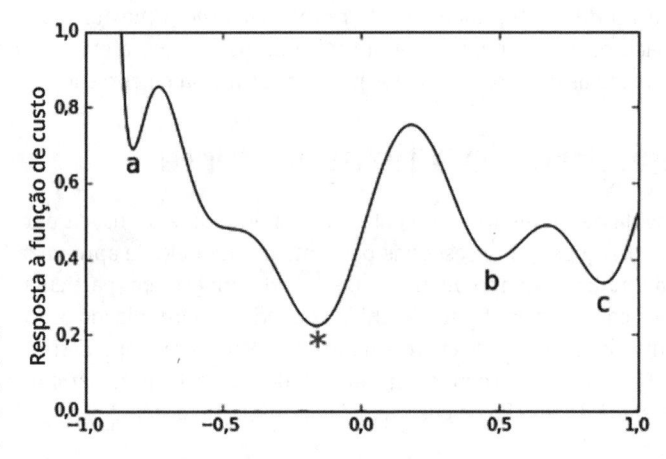

FIGURA 5-1: Otimização direcionada para o mínimo global.

A Figura 5-1 mostra um exemplo de otimização com muitos mínimos locais (os pontos mínimos na curva marcada com letras), em que o processo, se atingido, não continua a descida em direção ao mínimo profundo, marcado com um asterisco. Na otimização para um modelo de aprendizado profundo, distinguem-se seus diferentes resultados. Você pode ter um *mínimo global*, um bom modelo que gera previsões para o problema com o menor número possível de erros, e muitos *mínimos locais*, soluções que parecem apresentar a melhor correção de erros, mas, na verdade, não o fazem.

LEMBRE-SE

Além dos mínimos locais, os pontos de sela são outro problema decorrente da otimização. Nos *pontos de sela*, não há um mínimo, mas a otimização se reduz abruptamente, induzindo a acreditar que o algoritmo o atingiu. Na realidade, eles representam apenas uma pausa na otimização. Ao insistir em que o algoritmo vai a uma direção de otimização específica, você garante que ele escape facilmente dos pontos de sela e prossiga com a redução de erros. Eis algumas maneiras de ampliar as chances de obter algoritmos otimizados e com bom desempenho:

- » Preparar os dados de aprendizado como necessário para retratar o problema.
- » Escolher diferentes variantes de otimização e definir o aprendizado conforme o necessário.
- » Determinar outras características-chave da rede de aprendizado profundo.

Atualizando

A atualização de uma rede neural com pesos tende a assumir uma das duas formas: estocástica e em lote. Ao executar *atualizações estocásticas*, cada entrada gera um ajuste de peso. Essa abordagem tem a vantagem de reduzir o risco de o algoritmo ficar preso em um mínimo local. Ao realizar *atualizações em lote*, o erro se acumula de alguma maneira, e o ajuste de peso ocorre quando o lote estiver concluído. A vantagem dessa abordagem é que o aprendizado ocorre mais rapidamente, porque o impacto dos ajustes dos pesos é maior.

DICA

A melhor maneira de compreender uma rede neural profunda é pela minimização de erros de todos os exemplos ao mesmo tempo. Esse objetivo nem sempre é tangível, porque às vezes os dados são muito grandes para caber na memória. Atualizações em lote são a melhor estratégia em muitos casos, com tamanhos de lote sendo os maiores possíveis para o hardware usado.

> **NESTE CAPÍTULO**
>
> » Executando várias tarefas com variáveis
>
> » Lidando com probabilidades
>
> » Definindo quais recursos usar
>
> » Aprendendo com a descida de gradiente estocástica (SGD)

Capítulo **6**

Fincando as Bases da Regressão Linear

O termo *regressão linear* parece complicado, mas ela não é, como este capítulo mostra. A *regressão linear* é basicamente uma reta que passa por uma série de coordenadas x/y, que determinam a localização de um *ponto de dados*. Os pontos de dados nem sempre estão diretamente na reta, mas ela mostra onde estariam, em um mundo perfeito de coordenadas lineares. Com a reta, é possível predizer o valor de y (a variável *critério*), tendo o de x (a variável *preditora*) determinado. Quando há apenas uma variável preditora, temos uma *regressão linear simples*. Por outro lado, quando há muitas, entra em cena a *regressão linear múltipla*; ela não depende de uma reta, mas de um plano, que se estende por múltiplas dimensões. O aprendizado profundo usa entradas de dados para conjeturar o plano não linear que passará mais corretamente pelo meio de um conjunto de pontos de dados, de uma maneira mais sofisticada do que a regressão linear faria. Eles compartilham algumas características cruciais, o que é o principal tópico deste capítulo: falar sobre a regressão linear e apresentar ideias úteis, que, posteriormente, você poderá aplicar ao aprendizado profundo. A primeira parte deste capítulo discute variáveis e como trabalhar com elas para criar uma regressão linear.

Continuando, digamos que tenha criado um modelo de regressão linear, mas que a reta separa duas categorias. Os pontos de dados de um lado da reta são um grupo e os do outro, um segundo grupo. A rede neural pode usar a regressão linear para determinar a probabilidade de um ponto de dados estar de um lado da reta ou de outro. Ao saber com que tipo de objeto (conforme definido pelo ponto de dados) você lida, é possível *categorizá-lo*, isto é, determinar a que grupo pertence.

O objetivo da realização de todo esse trabalho é desenvolver uma solução para um problema. Você pode ter uma lista completa de pontos de dados e precisar saber a qual grupo cada um deles pertence, o que seria uma tarefa árdua sem nenhum tipo de automação. No entanto, para criar uma solução válida para qualquer problema específico, é preciso ter os dados corretos, o que significa determinar as entradas corretas, ou os *elementos* a serem utilizados. A terceira parte deste capítulo discute como selecionar os elementos que melhor responderão às perguntas com que lidará.

Por fim, este capítulo usa o que estudamos até agora para resolver um problema simples por meio da descida de gradiente estocástica (stochastic gradient descent — SGD). Aplicar tudo esclarecerá o uso da regressão linear na resolução de problemas.

Combinando Variáveis

A regressão ostenta uma longa história, em diferentes áreas: estatística, economia, psicologia e ciências sociais e políticas. Além de ser capaz de realizar uma ampla gama de previsões envolvendo valores numéricos, binários e várias classes, probabilidades e dados de contagem, também auxilia a entender diferenças entre grupos, preferências de modelo de consumidor e quantificar a importância de um elemento em um modelo.

Tirando a maioria de suas propriedades estatísticas, a regressão linear é um algoritmo simples, compreensível, mas eficaz, para a predição de valores e de classes. Rápido de treinar, fácil de explicar a amadores e simples de implementar com qualquer linguagem de programação, a regressão linear e logística é a primeira escolha da maioria dos profissionais de aprendizado profundo para construir modelos, em comparação com soluções mais sofisticadas (um modelo básico). As pessoas também a usam para determinar os principais elementos de um problema, e para testar e obter ideias sobre sua criação.

Começando com regressão linear simples

É preciso distinguir as representações gráficas estatísticas de regressão linear que envolvem coordenadas traçando uma reta através deles, a partir do algoritmo que o aprendizado profundo usa para prever sua localização no gráfico. A regressão linear combina elementos numéricos por meio da adição. Somar um número constante, ou *viés*, conclui a operação. O viés representa a linha de base de predição quando o valor de todos os elementos é zero. Ele tem um papel importante na produção de predições padrão, especialmente quando alguns elementos estão ausentes (e, portanto, valem zero). Esta é a fórmula básica da regressão linear:

$$y = \beta x + \alpha$$

Nessa expressão, y é o vetor dos valores de resposta, que, possivelmente, indicam os preços das casas de uma cidade ou a venda de um produto; ou seja, qualquer resposta numérica, como uma medida ou quantidade. O símbolo X indica a matriz de elementos a ser usada para conjeturar o vetor y. X é uma matriz que contém apenas valores numéricos. A letra do alfabeto grego alfa (α) representa o viés, que é uma constante, enquanto beta (β) é um vetor de coeficientes que um modelo de regressão linear usa com o viés para criar a previsão.

LEMBRE-SE

O uso das letras do alfabeto grego alfa e beta é tão difundido que a maioria dos adeptos da técnica chama o vetor de coeficiente de *regressão beta.*

Você pode entender essa expressão de maneiras diferentes. Para simplificar, imagine que X é composto de um único elemento (conhecido, na prática estatística, como *preditor*), então represente-o como um vetor x. Quando apenas um preditor está disponível, o cálculo é uma *regressão linear simples*. Agora que a fórmula ficou mais simples, aquela álgebra e geometria do ensino médio informam que *y=bx+a* é uma reta em um plano de coordenadas, feita de um eixo x (a *abscissa*) e de um eixo y (a *ordenada*).

Conquistando a regressão linear múltipla

O mundo raramente ocasiona problemas que possuem apenas um elemento. Ao prever preços de imóveis, devem-se pesar todos os tipos de fatores, como a vizinhança e o número de cômodos. Do contrário, as pessoas resolveriam a maioria dos problemas sem usar automações, como o aprendizado profundo. Quando há mais de um elemento (*regressão linear múltipla*), não é possível usar um plano de coordenadas simples, feito de x e y. O espaço agora abrange várias dimensões, cada uma equivalendo a um elemento. Agora sua fórmula é mais intricada, composta de vários valores x, cada um ponderado pela própria versão beta. Se há quatro elementos (de modo que o espaço tem quatro dimensões), a fórmula da regressão, como explicada a partir da forma matricial, é:

$$y = x_1b_1+x_2b_2+x_3b_3+x_4b_4+a$$

Essa fórmula complexa, que existe em um espaço multidimensional, não é mais uma reta, mas um plano, com tantas dimensões quanto o espaço. Esse é um *hiperplano*, e sua superfície identifica os valores de resposta para todas as combinações possíveis de valores nas dimensões do elemento.

Aqui explicamos a regressão em termos geométricos, mas você também pode visualizá-la como um grande somatório ponderado. A resposta é decomponível em várias partes, cada uma referindo-se a um recurso e contribuindo para uma determinada porção. O significado geométrico é particularmente útil para discutir propriedades de regressão, mas o somatório ponderado o ajuda a entender melhor os exemplos práticos. Se quiser prever um modelo para gastos com publicidade, use um modelo de regressão como este:

$$sales = advertising*b_{adv} + shops*b_{shop} + price*b_{price} + a$$

Nessa fórmula, as vendas [sales] são a soma dos gastos com publicidade [adverstising], o número de lojas [shops] que distribuem o produto e o preço [price]. A regressão linear é rapidamente desmistificada quando se explicam seus componentes. Primeiro, há o viés, a constante a, que atua como ponto de partida. Então há três valores de elementos, cada um expresso em uma escala diferente (a propaganda custa muito dinheiro, o preço deve ser acessível, e lojas representam um número positivo), cada um escalonado pelo respectivo coeficiente beta.

Cada beta representa um valor numérico que descreve a intensidade da relação com a resposta. Ele também tem um sinal que mostra o efeito de uma mudança no elemento. Quando um coeficiente beta está próximo de zero, o efeito do elemento na resposta é fraco, mas se seu valor estiver longe de zero, positivo ou negativo, o efeito é significativo, e o elemento é importante para o modelo.

DICA Para obter uma estimativa do valor de destino, você dimensiona cada beta para a medida do elemento. Um beta alto confere mais ou menos efeito na resposta, dependendo da escala. Um bom hábito é padronizar os elementos (subtraindo a média e dividindo pelo desvio-padrão) para evitar ser enganado por altos valores beta em elementos de pequena escala e para comparar coeficientes beta. Os valores beta resultantes são comparáveis, permitindo determinar quais têm o maior impacto na resposta (aqueles com o maior valor absoluto).

Se beta é positivo, o aumento do elemento aumenta a resposta, enquanto sua diminuição a reduz. Por outro lado, se beta é negativo, a resposta é contrária ao elemento: quando um está aumentando, o outro está diminuindo. Cada beta de uma regressão tem uma repercussão.

Incluindo a descida de gradiente

Usando o algoritmo de descida de gradiente, discutido adiante neste capítulo, a regressão linear encontra o melhor conjunto de coeficientes beta (e viés) para minimizar uma função de custo dada pela diferença quadrática entre as predições e os valores reais:

$$J(w) = \frac{1}{2n} \sum (Xw - y)^2$$

Essa fórmula informa o custo J como uma função de w, o vetor de coeficientes do modelo linear. O custo é a soma das diferenças dos quadrados dos valores resposta dos valores previstos (a multiplicação Xw) dividida por duas vezes o número de observações (n). O algoritmo se esforça para encontrar os valores mínimos possíveis de solução para a diferença entre os valores reais de destino e as previsões derivadas da regressão linear.

Você pode expressar graficamente o resultado da otimização como as distâncias verticais entre os pontos de dados e a linha de regressão; ela representa bem a variável de resposta quando as distâncias são pequenas, como mostra a Figura 6-1 (com uma regressão linear simples à esquerda e uma múltipla à direita). Se os quadrados das distâncias (o comprimento da reta que conecta o ponto de dados à reta de regressão na figura) forem somados, o resultado é sempre o mínimo possível, quando a reta de regressão é calculada corretamente. (Nenhuma outra combinação de beta resultará em um erro menor.)

FIGURA 6-1: Um exemplo de visualização de erros de uma linha e plano de regressão.

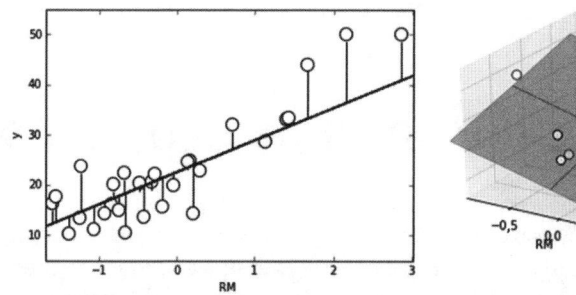

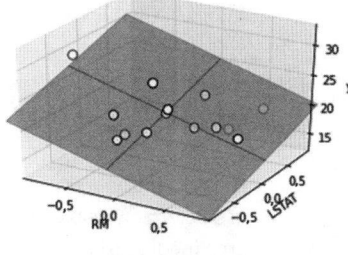

LEMBRE-SE

Na estatística, os profissionais geralmente indicam a estimativa da solução de uma regressão linear com base no cálculo da matriz (*solução de forma fechada*). Essa abordagem nem sempre é viável, e os cálculos são muito lentos quando a matriz de entrada é grande. No aprendizado profundo, os mesmos resultados são obtidos com a otimização por descida de gradiente (gradient descent optimization — GDO), que manipula grandes quantidades de dados de maneira mais fácil e rápida, estimando, assim, uma solução a partir de qualquer matriz de entrada.

Luz, câmera, ação!

Este exemplo de Python conjetura os preços dos imóveis, usando o conjunto de dados de Boston do Scikit-learn, com regressão linear. Ele também determina quais variáveis mais afetam o resultado. Além de questões computacionais, a padronização dos preditores é bastante útil para tal finalidade:

```
from sklearn.datasets import load_boston
from sklearn.preprocessing import scale
boston = load_boston()
X, y = scale(boston.data), boston.target
```

A classe de regressão no Scikit-learn é parte do módulo `linear_model`. Como você já dimensionou as variáveis X, não precisa decidir outras preparações ou parâmetros especiais ao usar o algoritmo:

```
from sklearn.linear_model import LinearRegression
regression = LinearRegression()
regression.fit(X, y)
```

Com o algoritmo ajustado, use o método `score` para relatar a métrica R^2:

```
print('R2 %0.3f' % regression.score(X, y))

R2 0.741
```

ENTENDENDO R^2 UM POUCO MELHOR

R^2, ou coeficiente de determinação, é uma métrica variável de 0 a 1 que justifica o uso de um modelo de regressão para a previsão da resposta, em detrimento de uma média simples. Ele deriva da prática estatística e se relaciona diretamente à soma dos erros quadráticos. Você também pode entendê-lo como o quanto de informação o modelo explica (correlação quadrada), então, valores próximos de 1 representam conseguir explicar a maioria dos dados usando o modelo.

Calcular o R^2 no mesmo conjunto de dados usado para o treinamento é comum nas estatísticas. No data science e no aprendizado profundo, é sempre melhor testar as pontuações em dados não usados para treinamento. Os algoritmos complexos memorizam os dados, em vez de aprender com eles. Em determinadas circunstâncias, esse problema acontece ao usar modelos mais simples, como a regressão linear.

Para entender o que move as estimativas no modelo de regressão múltipla, é necessário observar o atributo `coefficients_`, uma matriz contendo os coeficientes beta de regressão. Ao reproduzir o atributo `boston.DESCR`, é possível entender a referência da variável:

```
print([a + ':' + str(round(b, 1)) for a, b in
       zip(boston.feature_names, regression.coef_)])

['CRIM:-0.9', 'ZN:1.1', 'INDUS:0.1', 'CHAS:0.7',
 'NOX:-2.1', 'RM:2.7', 'AGE:0.0', 'DIS:-3.1',
 'RAD:2.7', 'TAX:-2.1', 'PTRATIO:-2.1',
 'B:0.9', 'LSTAT:-3.7']
```

A variável DIS, que contém as distâncias ponderadas de cinco agências de emprego, tem a maior alteração absoluta da unidade. No mercado imobiliário, um imóvel muito distante de pontos de interesse (como trabalho) perde valor. Em contrapartida, AGE ou INDUS, proporções que descrevem a idade do prédio e se há opções de cultura e entretenimento na área, não influenciam muito o resultado; o valor absoluto de seus coeficientes beta é muito menor.

LEMBRE-SE Você pode se perguntar por que os exemplos deste capítulo não usam o Keras nem o TensorFlow. É possível usar essas bibliotecas, mas os pacotes de aprendizado profundo são mais adequados para soluções específicas. Usá-los para modelos mais simples significa complicar demais a solução. O Scikit-learn oferece implementações claras e simples de modelos de regressão linear que o ajudam a entender melhor como esses algoritmos funcionam.

Misturando Tipos de Variáveis

Poucos problemas surgem com ferramentas eficazes, mas simples, de regressão linear. Às vezes, dependendo dos dados usados, os problemas são maiores que as vantagens. A melhor maneira de determinar se a regressão linear funcionará é usando o algoritmo e testando sua eficácia com seus dados.

Modelando as respostas

A regressão linear apenas modela respostas como dados quantitativos. Quando é preciso modelar categorias como resposta, deve-se recorrer à regressão logística. Ao trabalhar com preditores, é melhor usar variáveis numéricas contínuas; embora seja possível ajustar os números ordinais em ambas e, com algumas adaptações, categorias qualitativas.

Uma variável qualitativa pode expressar um elemento de cor, como a de um produto, ou um que indique a profissão de alguém. Há várias opções para transformar uma variável qualitativa por meio de técnicas como a codificação binária (a abordagem mais comum). Ao criar uma variável qualitativa binária, você cria tantos elementos quanto classes. Cada elemento contém valores zero, a menos que sua classe apareça nos dados, quando vale um. Esse procedimento se chama *codificação one-hot*. Um exemplo simples de Python usando o módulo de pré-processamento do Scikit-learn mostra como executá-la:

```
from sklearn.preprocessing import OneHotEncoder
from sklearn.preprocessing import LabelEncoder
lbl = LabelEncoder()
enc = OneHotEncoder()
qualitative = ['red', 'red', 'green', 'blue',
               'red', 'blue', 'blue', 'green']
labels = lbl.fit_transform(qualitative).reshape(8,1)
print(enc.fit_transform(labels).toarray())

[[ 0.  0.  1.]
 [ 0.  0.  1.]
 [ 0.  1.  0.]
 [ 1.  0.  0.]
 [ 0.  0.  1.]
 [ 1.  0.  0.]
 [ 1.  0.  0.]
 [ 0.  1.  0.]]
```

Nesse caso, você vê o que se assemelha a três colunas: azul, verde e vermelho. Observe que no elemento de array `[0, 2]` o valor é `1.`, que equivale a um valor de vermelho nessa posição. Agora, olhe para o array original, em que o `qualitative[0]` é, de fato, `'red'` [vermelho].

Modelando os elementos

Em estatística, como a regressão linear é resolvida por meio da forma fechada, para criar uma variável binária fora da categórica, todos os níveis, exceto um, precisam ser transformados, porque você usa a fórmula de computação de matriz inversa, que tem limitações. No aprendizado profundo, a descida de gradiente transforma todos os níveis.

Se uma matriz não contiver dados e se não for adequadamente manipulada, o modelo não funcionará. Assim, é preciso acrescentar os valores ausentes (substituindo pelo valor médio calculado a partir do próprio elemento). Outra solução é usar um valor zero para o ausente e criar uma variável binária adicional, cujos valores unitários indiquem os ausentes. Além disso, *outliers* (valores fora do intervalo normal) interrompem a regressão linear, porque o modelo tenta minimizar o valor quadrado dos erros (ou *residuais*). Outliers têm grandes resíduos, forçando o algoritmo a se concentrar mais neles do que em pontos regulares.

Lidando com relações complexas

A maior limitação da regressão linear é que o modelo é uma soma de termos independentes, porque cada elemento é autônomo, multiplicado apenas pelo próprio beta. Essa forma matemática é perfeita para expressar situações em que os elementos não se relacionam. Idade e cor dos olhos não são termos relacionados, porque não se influenciam. Assim, são considerados independentes, e, em uma adição de regressão, é justificável mantê-los separados.

Compare termos não relacionados com os relacionados. A idade e a cor do cabelo de uma pessoa se relacionam, porque o envelhecimento deixa os cabelos brancos. Colocar esses elementos em uma adição de regressão é como somar as mesmas informações. Devido a essa limitação, não é possível determinar como representar o efeito de combinações de variáveis no resultado. Em outras palavras, você não consegue representar situações complexas com seus dados. Como o modelo é composto de combinações simples de elementos ponderados, suas previsões são mais afetadas pelo viés do que pela variável. Depois de ajustar os valores de resultados observados, a solução proposta pelos modelos lineares é sempre uma mistura proporcionalmente redimensionada de características.

Não é possível representar fielmente algumas relações entre resposta e elementos com uma combinação deles proporcionalmente redimensionada. Em muitos casos, a resposta depende dos elementos de forma não linear: alguns de seus valores são impeditivos, geram aumento ou redução repentina, fortalecimento ou enfraquecimento, e até mesmo reversão da resposta. Considere o crescimento humano. Em certa faixa etária, a relação entre idade e altura é linear: a criança fica mais alta com o aumento da idade. Porém algumas crianças crescem mais (altura total), e algumas, mais rápido (crescimento em um determinado período). Essa observação é válida quando se espera que um modelo linear encontre uma resposta média. Porém, após certa idade, as crianças param de crescer, e a altura permanece constante durante uma longa parte da vida, diminuindo lentamente na velhice. Sem dúvida, uma regressão linear não capta essa relação não linear. (É melhor representá-la como um tipo de parábola.)

Como a relação entre o alvo e cada variável preditora é baseada em um único coeficiente, não é possível representar relações complexas em parábolas (um valor único de x maximizando ou minimizando a resposta), crescimento exponencial, nem em curva não linear mais complexa, a menos que se enriqueça o elemento. A maneira mais fácil de modelar relações complexas é empregando transformações matemáticas dos preditores por meio da *expansão polinomial*, que, considerado um grau d, cria poder de cada elemento até d-poder e d-combinações de todos os termos. Se começar com um modelo linear simples, assim:

```
y = b1x1 + b2x2 + a
```

e, então, usar uma expansão polinomial do segundo grau, o modelo se torna:

```
y = b1x1 + b2x2 + a + b3x1**2+b4x2**2+b5x1x2
```

Você faz a adição à fórmula original (a expansão) usando poderes e combinações dos preditores existentes. À medida que o grau de expansão polinomial aumenta, o número de termos derivados, também.

LEMBRE-SE Ao usar a expansão polinomial, você começa a relacionar as variáveis. É exatamente isso o que as redes neurais e o aprendizado profundo fazem em uma escala diferente; fazem as variáveis interagirem.

O seguinte exemplo do Python usa o conjunto de dados de Boston para verificar a eficácia da técnica. Se for bem-sucedida, a expansão polinomial capturará relações não lineares em dados que requerem uma curva, não uma reta, para prever corretamente e superar qualquer dificuldade na previsão à custa de um número maior de preditores.

```
from sklearn.preprocessing import PolynomialFeatures
from sklearn.model_selection import train_test_split
from sklearn.metrics import r2_score

pf = PolynomialFeatures(degree=2)
poly_X = pf.fit_transform(X)
X_train, X_test, y_train, y_test = (
    train_test_split(poly_X,
                     y, test_size=0.33, random_state=42))

from sklearn.linear_model import Ridge
reg_regression = Ridge(alpha=0.1, normalize=True)
reg_regression.fit(X_train,y_train)
print ('R2: %0.3f'
    % r2_score(y_test,reg_regression.predict(X_test)))

R2: 0.819
```

DICA Como as escalas de elementos são ampliadas pela expansão polinomial, a padronização dos dados após uma expansão polinomial é uma boa pedida.

A expansão polinomial nem sempre disponibiliza as vantagens demonstradas pelo exemplo anterior. Ao expandir o número de elementos, você reduz o viés das previsões à custa de um superajuste potencial.

Alternando entre as Probabilidades

Até agora, o capítulo considerou apenas modelos de regressão, que expressam valores numéricos como saídas do aprendizado com dados. A maioria dos problemas, no entanto, também requer classificação. As seções a seguir discutem como é possível lidar com saídas numéricas e de classificação.

Especificando uma resposta binária

Uma solução para um problema que envolve uma resposta binária (o modelo escolhe entre duas classes) seria codificar um vetor de resposta como uma sequência de uns e zeros (ou valores positivos e negativos). O seguinte código Python comprova tanto a viabilidade quanto os limites da resposta binária:

```
import numpy as np

a = np.array([0, 0, 0, 0, 1, 1, 1, 1])
b = np.array([1, 2, 3, 4, 5, 6, 7, 8]).reshape(8,1)
from sklearn.linear_model import LinearRegression
regression = LinearRegression()
regression.fit(b,a)
print (regression.predict(b)>0.5)

[False False False False  True  True  True  True]
```

Em estatística, a regressão linear não resolve problemas de classificação, porque isso criaria uma série de suposições estatísticas violadas. Assim, para a estatística, usar modelos de regressão para fins de classificação é majoritariamente uma questão teórica, e não prática. No aprendizado profundo, o problema com a regressão linear é que ela atua como uma função linear que tenta minimizar os erros de previsão; portanto, dependendo da inclinação da linha computada, não é possível resolver o problema de dados.

Quando uma regressão linear recebe a tarefa de prever dois valores, como 0 e +1, que representam duas classes, ela calcula uma reta que forneça resultados próximos aos valores de destino. Em alguns casos, embora os resultados sejam precisos, a saída está muito longe dos valores de destino, o que força a reta de regressão a se ajustar para minimizar os erros somados. A mudança resulta em menos erros de desvio somados, mas em mais casos mal classificados.

A regressão linear não produz resultados aceitáveis quando a prioridade é a precisão da classificação, como mostrado na Figura 6-2, à esquerda. Portanto, não funciona satisfatoriamente em muitas tarefas de classificação. A regressão linear funciona melhor em um continuum de estimativas numéricas. No entanto, para tarefas de classificação, você precisa de uma medida mais adequada, como a probabilidade de propriedade de classe.

FIGURA 6-2: As probabilidades não funcionam tão bem com uma reta quanto com uma curva sigmoide.

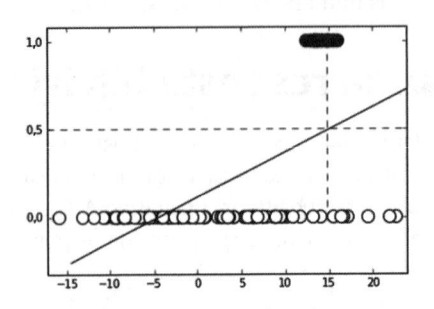

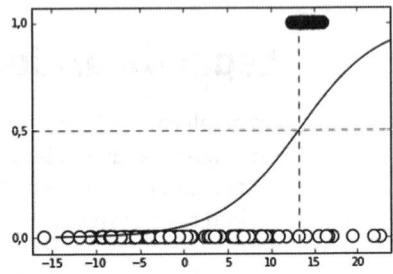

Transformando estimativas numéricas em probabilidades

É possível transformar estimativas numéricas de regressão linear em probabilidades mais aptas a descrever como uma classe se ajusta a uma observação graças à seguinte fórmula:

$$p(y=1) = \frac{\exp(r)}{(1+\exp(r))}$$

Nessa fórmula, o alvo é a probabilidade de que a resposta y corresponda à classe 1. A letra r é o *resultado da regressão*, a soma das variáveis ponderadas pelos seus coeficientes. A função exponencial, `exp(r)`, corresponde ao número de Euler e elevado a r. Uma regressão linear usando essa fórmula de transformação (ou *função de link*) para alterar seus resultados em probabilidades é uma regressão logística.

A *regressão logística* (mostrada à direita da Figura 6-2) é como a linear, exceto que os dados y contêm números inteiros indicando a classe em relação à observação. Assim, usando o conjunto de dados de Boston do módulo `datasets` do Scikit-learn, você pode conjeturar o que torna as casas em uma área excessivamente caras (valores medianos >= 40):

```
from sklearn.linear_model import LogisticRegression
from sklearn.model_selection import train_test_split

binary_y = np.array(y >= 40).astype(int)
X_train, X_test, y_train, y_test = train_test_split(X,
```

```
                 binary_y, test_size=0.33, random_state=5)
logistic = LogisticRegression()
logistic.fit(X_train,y_train)
from sklearn.metrics import accuracy_score
print('In-sample accuracy: %0.3f' %
       accuracy_score(y_train, logistic.predict(X_train)))
print('Out-of-sample accuracy: %0.3f' %
       accuracy_score(y_test, logistic.predict(X_test)))

In-sample accuracy: 0.973
Out-of-sample accuracy: 0.958
```

O exemplo divide os dados em conjuntos de treinamento e de teste, permitindo que se verifique a eficácia do modelo de regressão logística com dados não usados para o aprendizado. Os coeficientes resultantes informam a probabilidade de uma determinada classe estar na de destino (qualquer uma codificada com o valor 1). Se um coeficiente aumenta a probabilidade, tem um coeficiente positivo; do contrário, negativo.

```
for var,coef in zip(boston.feature_names,
                     logistic.coef_[0]):
        print ("%7s : %7.3f" %(var, coef))

   CRIM :  -0.006
     ZN :   0.197
  INDUS :   0.580
   CHAS :  -0.023
    NOX :  -0.236
     RM :   1.426
    AGE :  -0.048
    DIS :  -0.365
    RAD :   0.645
    TAX :  -0.220
 PTRATIO :  -0.554
      B :   0.049
  LSTAT :  -0.803
```

Ao ler os resultados na tela, é notável que, em Boston, a criminalidade (CRIM) afeta os preços. No entanto, nível de pobreza (LSTAT), distância do trabalho (DIS) e poluição (NOX) afetam ainda mais. Além disso, diferentemente da regressão linear, a logística não apenas produz a classe resultante (no caso, 1 ou 0), mas também estima a probabilidade de a observação integrar uma das classes:

```
print('\nclasses:',logistic.classes_)
print('\nProbs:\n',logistic.predict_proba(X_test)[:3,:])

classes: [0 1]

Probs:
 [[ 0.39022779  0.60977221]
 [ 0.93856655  0.06143345]
 [ 0.98425623  0.01574377]]
```

Nessa pequena amostra, apenas o primeiro caso tem 61% de probabilidade de ser uma área habitacional cara. Ao realizar previsões com essa abordagem, também fica clara a probabilidade de a previsão ser precisa, o que lhe permite agir de acordo com essa informação, escolhendo apenas previsões com o nível ideal de precisão. (Você pode escolher apenas as previsões que excederem 80% de probabilidade.)

Conjeturando os Elementos Certos

Ter muitos elementos para trabalhar parece dar conta das necessidades do aprendizado profundo para entender completamente um problema. No entanto, apenas tê-los não resolve nada; você precisa dos elementos certos para resolver problemas. As seções a seguir discutem como fazer isso.

Definindo resultados de elementos incompatíveis

A menos que use validação cruzada, medidas de erro, como R^2, podem ser enganosas, pois o número de elementos pode facilmente deturpá-las, mesmo que não contenham informações relevantes. O exemplo a seguir mostra o que acontece com R^2 quando você adiciona apenas elementos aleatórios:

```
from sklearn.model_selection import train_test_split
from sklearn.metrics import r2_score

X_train, X_test, y_train, y_test = train_test_split(X,
            y, test_size=0.33, random_state=42)
check = [2**i for i in range(8)]
for i in range(2**7+1):
    X_train = np.column_stack((X_train,np.random.random(
        X_train.shape[0])))
    X_test = np.column_stack((X_test,np.random.random(
```

```
        X_test.shape[0])))
    regression.fit(X_train, y_train)
    if i in check:
        print ("Random features: %i -> R2: %0.3f" % (i,
            r2_score(y_train, regression.predict(X_train))))

Random features: 1 -> R2: 0.739
Random features: 2 -> R2: 0.740
Random features: 4 -> R2: 0.740
Random features: 8 -> R2: 0.743
Random features: 16 -> R2: 0.746
Random features: 32 -> R2: 0.762
Random features: 64 -> R2: 0.797
Random features: 128 -> R2: 0.859
```

O que parece ser uma capacidade preditiva acurada é apenas ilusão. Você descobre o que aconteceu ao verificar o conjunto de testes e descobrir que o desempenho do modelo diminuiu:

```
regression.fit(X_train, y_train)
print ('R2 %0.3f'
    % r2_score(y_test, regression.predict(X_test)))
# Please notice that the R2 result may change from run to
# run due to the random nature of the experiment

R2 0.474
```

Resolvendo o sobreajuste com seleção e regularização

A regularização é uma solução eficaz, rápida e fácil de implementar quando há muitos elementos e você deseja reduzir a variação das estimativas devido à multicolinearidade entre os preditores. Ela também é útil quando há valores discrepantes [outliers] e ruído nos dados. A regularização funciona adicionando uma penalidade, uma soma dos coeficientes, à função de custo. Se os coeficientes forem elevados ao quadrado (para que valores positivos e negativos não se anulem), temos uma *regularização L2* (ou *Ridge*). Quando o valor absoluto do coeficiente é usado, trata-se de uma *regularização L1* (ou *Lasso*).

No entanto, a regularização nem sempre funciona perfeitamente. A regularização L2 mantém todos os elementos do modelo e equilibra a contribuição de cada um. Nela, se duas variáveis se correlacionam bem, cada uma contribui igualmente com uma parte da solução, enquanto, sem a regularização, a contribuição compartilhada é distribuída de forma desigual.

Como alternativa, L1 retira elementos altamente correlacionados do modelo ao tornar seu coeficiente zero, propondo, assim, uma seleção real entre os elementos. Na verdade, definir o coeficiente como zero é exatamente o mesmo que excluir o elemento do modelo. Quando a multicolinearidade é alta, a escolha de qual preditor definir como zero torna-se um pouco aleatória, e, dependendo da amostra, você pode obter várias soluções caracterizadas por elementos diferentes excluídos. Tal instabilidade de solução pode incomodar, fazendo com que a solução de L1 não seja a ideal.

DICA Os pesquisadores encontraram uma correção criando várias soluções baseadas na regularização L1 e, em seguida, observando como os coeficientes se comportam. No caso, o algoritmo seleciona apenas os coeficientes estáveis (os que raramente são definidos como zero). Leia mais sobre essa técnica no site do Scikit-learn, em `https://scikit-learn.org/0.15/auto_examples/linear_model/plot_sparse_recovery.html`. O exemplo a seguir modifica o de expansões polinomiais usando a regularização L2 (regressão de Ridge) e reduz a influência de coeficientes redundantes criados pelo procedimento de expansão:

```
from sklearn.preprocessing import PolynomialFeatures
from sklearn.model_selection import train_test_split

pf = PolynomialFeatures(degree=2)
poly_X = pf.fit_transform(X)
X_train, X_test, y_train, y_test = 
    train_test_split(poly_X, 
                     y, test_size=0.33, random_state=42)

from sklearn.linear_model import Ridge
reg_regression = Ridge(alpha=0.1, normalize=True)
reg_regression.fit(X_train,y_train)
print ('R2: %0.3f'
    % r2_score(y_test,reg_regression.predict(X_test)))

R2: 0.819
```

Aprendendo com um Exemplo por Vez

Encontrar os coeficientes certos para um modelo linear é uma questão de tempo e memória. Porém às vezes um sistema não tem memória suficiente para armazenar conjuntos enormes de dados. Nesse caso, recorra a outros meios, como aprender com um exemplo por vez, em vez de carregar todos na memória. As seções a seguir demonstram essa abordagem.

Usando a descida de gradiente

A descida de gradiente é a maneira ideal para reduzir a função de custo a uma iteração por vez. Após cada etapa, ela verifica todos os erros somados do modelo e atualiza os coeficientes para reduzi-lo durante a iteração seguinte. A eficiência dessa abordagem reside em considerar todos os exemplos da amostra. A desvantagem é que é preciso carregar todos os dados na memória.

Nem sempre é possível armazenar todos os dados na memória, porque alguns conjuntos são enormes. Além disso, usar aprendizes simples requer grandes quantidades de dados para construir modelos eficazes (mais dados desambiguam a multicolinearidade). Obter e armazenar trechos de dados no disco rígido sempre é possível, mas não é viável, devido à necessidade de multiplicar matrizes, o que demanda troca de dados do disco para selecionar linhas e colunas. Os cientistas dedicados à questão chegaram a uma boa solução. Em vez de aprender com todos os dados depois de ter visto tudo (o que se entende por *iteração*), o algoritmo aprende com um exemplo por vez, escolhido do armazenamento usando acesso sequencial, e depois aprende com o próximo. Quando o algoritmo aprendeu todos os exemplos, recomeça, a menos que atenda a algum critério de parada (como a conclusão de um número definido de iterações).

Descobrindo por que a SGD é diferente

A descida de gradiente estocástica (SGD) é uma ligeira variação do algoritmo homônimo. Ela é um procedimento de atualização para estimar os coeficientes beta. Os modelos lineares se alinham perfeitamente a essa abordagem.

O método da SGD é o mesmo que o da versão padrão da descida de gradiente (chamada de versão em lote, em contraste com a online), exceto pela atualização, que, na SGD, é executada em uma instância por vez, permitindo que o algoritmo deixe os dados principais no armazenamento e coloque apenas a observação única necessária para alterar o vetor do coeficiente na memória:

```
w_j = w_j - α(wx - y)x_j
```

Como acontece com a descida de gradiente, o algoritmo atualiza o coeficiente, w, do elemento j, subtraindo a diferença entre a previsão e a resposta real. Então a multiplica pelo valor de j e por um fator de aprendizado alfa (que pode reduzir ou aumentar o efeito da atualização no coeficiente).

A SGD tem outras diferenças sutis; a principal é o termo estocástico em seu nome. Na verdade, a SGD prevê um exemplo por vez, desenhado aleatoriamente a partir dos que estiverem disponíveis (amostragem aleatória). O problema do aprendizado online é que a ordem dos exemplos muda a maneira como o algoritmo conjetura os coeficientes beta. Com a otimização parcial, um exemplo pode alterar a maneira como o algoritmo atinge o valor ideal, criando um conjunto diferente de coeficientes. De forma prática, a SGD aprende a ordem dos exemplos. Se o algoritmo realiza qualquer tipo de ordenação (cronológica, alfabética ou, pior, relacionada à variável de resposta), invariavelmente a aprende. Apenas a amostragem aleatória permite obter um modelo online confiável, que funcione de forma eficaz com os dados despercebidos. Ao transmitir dados, é preciso reordená-los aleatoriamente (embaralhamento de dados).

O algoritmo SGD, diferentemente do aprendizado em lote, precisa de um número muito maior de iterações para obter a direção geral correta, apesar das indicações contrárias derivadas de exemplos únicos. Na verdade, o algoritmo é atualizado após cada novo exemplo, e a consequente jornada em direção a um conjunto ideal de parâmetros é mais errática, em comparação com a otimização feita em lote, que tende a obter de imediato a direção certa porque deriva dos dados como um todo, como mostrado na Figura 6-3.

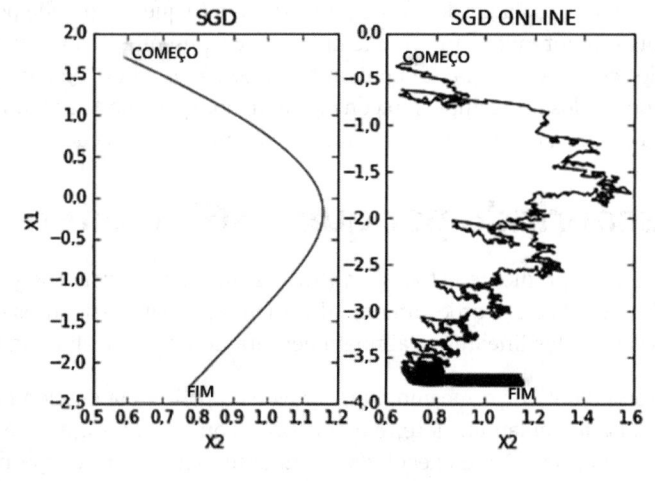

FIGURA 6-3: Visualizando os diferentes caminhos de otimização no mesmo problema de dados.

Nesse caso, a taxa de aprendizado é ainda mais relevante, pois determina como a otimização da SGD resiste a exemplos ruins. Se essa taxa for alta, um exemplo remoto descarrila completamente o algoritmo, impedindo que atinja um bom resultado. Por outro lado, taxas altas o mantêm aprendendo com exemplos. Uma boa estratégia é usar uma taxa de aprendizado flexível e limitá-la à medida que o número de exemplos que recebe aumentar.

Ambas as implementações de classificação e regressão SGD no Scikit-learn têm diferentes funções de perda aplicáveis à otimização da descida de gradiente estocástica. Apenas duas delas se relacionam aos métodos que abordamos:

» `loss='squared_loss'`: Mínimos quadrados ordinários (OLS) para regressão linear.
» `loss='log'`: Regressão logística clássica.

Para demonstrar a eficácia do aprendizado externo, o código a seguir configura uma breve experiência em Python usando regressão e squared_loss como função de custo. Ele se baseia no conjunto de dados de Boston, após o embaralhar e separar em conjuntos de treinamento e de teste. O código mostra como os coeficientes beta mudam quando o algoritmo recebe mais exemplos, e passa os mesmos dados várias vezes para reforçar o aprendizado do padrão de dados. O uso de um conjunto de teste garante uma avaliação justa, mostrando a capacidade do algoritmo de generalizar dados fora da amostra. A saída apresenta o tempo necessário para R^2 aumentar e o valor dos coeficientes se estabilizarem:

```
from sklearn.model_selection import train_test_split
from sklearn.linear_model import SGDRegressor

X_train, X_test, y_train, y_test = train_test_split(X,
                y, test_size=0.33, random_state=42)
SGD = SGDRegressor(penalty=None,
                learning_rate='invscaling',
                eta0=0.01, power_t=0.25,
                max_iter=5, tol=None)

power = 17
check = [2**i for i in range(power+1)]
for i in range(400):
    for j in range(X_train.shape[0]):
        SGD.partial_fit(X_train[j,:].reshape(1,13),
                    y_train[j].reshape(1,))
        count = (j+1) + X_train.shape[0] * i
        if count in check:
            R2 = r2_score(y_test,SGD.predict(X_test))
            print ('Example %6i R2 %0.3f coef: %s' %
            (count, R2, ' '.join(map(
                lambda x:'%0.3f' %x, SGD.coef_))))

Example 131072 R2 0.724 coef: -1.098 0.891 0.374 0.849
        -1.905 2.752 -0.371 -3.005 2.026 -1.396 -2.011
        1.102 -3.956
```

LEMBRE-SE

Não importa a quantidade de dados, um modelo de regressão linear simples, mas eficaz, é ajustável por meio dos recursos de aprendizado online da SGD.

> **NESTE CAPÍTULO**
>
> » Conhecendo o perceptron
> » Lidando com dados complexos
> » Desenvolvendo estratégias para superar o sobreajuste

Capítulo **7**

Apresentando as Redes Neurais

Você pode ter ouvido o termo *rede neural* em referência à inteligência artificial. A primeira coisa que precisa saber é que o termo correto é *rede neural artificial (RNA)*, porque ninguém descobriu uma forma de recriar um cérebro real, que é de onde vem o conceito. O Capítulo 2 descreve as várias abordagens ao aprendizado profundo, e a RNA é uma delas. O termo aparece resumido no livro porque é assim que é usado, mas você precisa saber o termo correto e que a RNA é cria dos conexionistas. (Veja na seção "As cinco principais abordagens", do Capítulo 2, uma discussão sobre as cinco tribos do aprendizado de máquina e as abordagens que desenvolveram para resolver problemas.)

Após superar o fato de que computadores não têm cérebro — pelo menos não um *real* —, comece a estudar o perceptron, que é o tipo mais simples de rede neural. A maioria das imagens que você vê online retrata um perceptron, mas nem todas as redes neurais o imitam.

As redes neurais são capazes de trabalhar com dados complexos porque possibilitam que entradas diversas passem por várias camadas de processamento, a fim de produzir uma miríade de saídas. (O perceptron só consegue escolher entre duas saídas.) A técnica consiste na ideia de que cada caminho só dispara quando tem uma chance real de responder a qualquer pergunta feita com as entradas, com base nos algoritmos escolhidos. A próxima seção discute alguns desses métodos para lidar com dados complexos.

Como as redes neurais modelam dados incrivelmente complexos de uma maneira que impressiona algumas pessoas, é natural pensar que é possível corrigir os erros do processamento, como o sobreajuste (veja detalhes na seção "Caçando a generalização", no Capítulo 2). Infelizmente, os computadores não têm cérebro, portanto o sobreajuste é um problema que precisa ser solucionado. A seção final deste capítulo analisa algumas soluções para o sobreajuste e discute por que, antes de tudo, esse é um problema tão representativo.

O Incrível Perceptron

Mesmo que este livro aborde o aprendizado profundo, você ainda precisa saber um pouco sobre os níveis de implementação precedentes de aprendizado de máquina e IA. O perceptron é, na verdade, um tipo (uma implementação) de aprendizado de máquina para a maioria das pessoas, mas outras fontes o consideram uma forma legítima de aprendizado profundo. A jornada rumo à descoberta de como os algoritmos de aprendizado de máquina funcionam pode começar pela análise de modelos que descubram respostas por meio de retas e superfícies que dividem exemplos em classes, ou para estimar previsões de valor. Estes são os *modelos lineares*, e este capítulo apresenta um dos primeiros algoritmos lineares usados no aprendizado de máquina: o perceptron. Os próximos capítulos o levarão a descobrir outros tipos de modelagem significativamente mais avançados do que o perceptron. No entanto, antes de avançar para esses tópicos, você precisa conhecer a fantástica história do perceptron.

Entendendo a funcionalidade

Frank Rosenblatt, do Laboratório de Aeronáutica de Cornell, desenvolveu o perceptron em 1957, com financiamento do departamento de pesquisa naval dos Estados Unidos. Rosenblatt era psicólogo e foi pioneiro na área da inteligência artificial. Proficiente em ciência cognitiva, sua ideia era criar um computador que aprendesse por tentativa e erro, assim como um ser humano.

A ideia foi concretizada com sucesso, e, no início, o perceptron não foi concebido apenas como um software; foi criado como software rodando em hardware dedicado. Veja em `https://blogs.umass.edu/comphon/2017/06/15/did-frank-rosenblatt-invent-deep-learning-in-1962/`. O uso dessa combinação propiciou o reconhecimento mais rápido e preciso de imagens complexas do que qualquer outro computador conseguia na época. A nova tecnologia gerou grandes expectativas e causou uma enorme controvérsia quando Rosenblatt afirmou que o perceptron era o embrião de um novo tipo de computador, que seria capaz de andar, falar, ver, escrever, e até mesmo se reproduzir e ter consciência de sua existência. Se for isso mesmo, ele é mais do que a ferramenta poderosa que apresentou o mundo à IA.

Desnecessário dizer que o perceptron não atendeu às expectativas do seu criador. Logo exibiu uma capacidade limitada, mesmo quanto à especialização em reconhecimento de imagem. A frustração geral disparou o primeiro *inverno da IA* (um período de redução de financiamento e aumento de juros devido ao falatório, de modo geral) e o abandono do conexionismo até os anos 1980.

LEMBRE-SE

O *conexionismo* é uma abordagem ao aprendizado de máquina baseada na neurociência, como o exemplo das redes biologicamente interconectadas. Dá para traçar a árvore genealógica do conexionismo até o perceptron.

O perceptron é um algoritmo iterativo que procura determinar, por aproximações sucessivas e reiterativas, o melhor conjunto de valores para um vetor, w, ou *vetor de coeficiente*. Quando o perceptron atinge um vetor de coeficiente adequado, prevê se um exemplo é parte de uma classe. Inicialmente, uma das tarefas que o perceptron executou foi determinar se uma imagem recebida de sensores visuais se assemelhava a um barco (um exemplo de reconhecimento de imagem exigido pelo departamento de pesquisa naval dos Estados Unidos). Como o perceptron entendia a imagem como parte da classe do barco, isso significava que ele a classificava como um barco.

O vetor w ajuda a prever a classe de um exemplo quando é multiplicado pela matriz de recursos, X, contendo as informações em valores numéricos assim expressos em relação ao exemplo, e, em seguida, adiciona o resultado da multiplicação ao viés, b, um termo constante. Se o resultado da soma for zero ou positivo, o perceptron classifica o exemplo como parte da classe. Quando a soma é negativa, o exemplo não a integra. Aqui está a fórmula do perceptron, na qual a saída da função de sinal é 1 (quando o exemplo faz parte da classe) se o valor dentro do parêntese for igual ou superior a zero; do contrário, é 0:

```
y = sign(Xw + b)
```

Repare que o algoritmo tem todos os elementos que caracterizam uma rede neural profunda; ou seja, tudo o que a viabiliza estava presente desde o início:

» **Processamento numérico da entrada:** X contém números, e nenhum valor simbólico é usado como entrada até ser processado como número. Você não pode inserir informações simbólicas, como vermelho, verde ou azul, até converter esses valores de cores em números.

» **Pesos e vieses:** O perceptron transforma X pela multiplicação dos pesos e adição dos vieses.

» **Soma dos resultados:** Ele aplica a multiplicação de matrizes ao multiplicar X pelo vetor w (um aspecto abordado no Capítulo 5).

» **Função de ativação:** O perceptron considera que a entrada integra a classe quando a soma excede um limite — no caso, quando resulta em zero ou em um número positivo.

» **Aprendizado iterativo a partir do melhor conjunto de valores para o vetor w:** A solução depende de aproximações sucessivas baseadas na comparação entre o resultado do perceptron e o esperado.

Atingindo o limite de não separabilidade

O segredo dos cálculos do perceptron está na forma como o algoritmo atualiza os valores do vetor w. Essas atualizações acontecem pela escolha aleatória de um dos exemplos classificados incorretamente. Um exemplo de classificação errada ocorre quando o perceptron determina que ele faz parte da classe, mas não faz, ou quando determina que não faz parte da classe, mas faz. O perceptron manipula um exemplo de classificação errada por vez (chame-o de x_t) e opera alterando o vetor w por meio de uma adição ponderada simples:

```
w = w + η(x_t * y_t)
```

Essa fórmula é chamada de estratégia de atualização do perceptron, e as letras representam diferentes elementos numéricos:

» A letra w representa o *vetor de coeficiente*, atualizado para mostrar se o exemplo t, classificado incorretamente, faz ou não parte da classe.

» A letra do alfabeto grego eta (η) representa a *taxa de aprendizado*, que varia entre 0 e 1. Quando você define esse valor próximo de zero, ele tende a limitar quase completamente a capacidade da fórmula de atualizar o vetor, enquanto o valor próximo de um faz o processo de atualização impactar totalmente os valores do vetor w. Definir diferentes taxas de aprendizado aceleram ou retardam o aprendizado. Muitos outros algoritmos usam essa estratégia, e a eta menor é usada para aprimorar a otimização, reduzindo o número de saltos súbitos do valor w após a atualização. A desvantagem é ter que esperar mais tempo antes de obter os resultados finais.

» A variável x_t representa o vetor de elementos numéricos do exemplo t.

» A variável y_t representa a verdade básica sobre o exemplo t ser ou não parte da classe. Para o algoritmo do perceptron, y_t é numericamente expresso como +1 quando o exemplo faz parte da classe e como -1 quando não faz.

A estratégia da atualização proporciona intuição sobre o que acontece quando se usa um perceptron para aprender classes. Se imaginar os exemplos projetados em um plano cartesiano, o perceptron nada mais é do que uma reta que separa a classe positiva da negativa. Como você pode se lembrar da álgebra linear, tudo expresso sob a fórmula y = xb+a é, na verdade, uma reta em um plano. O perceptron usa uma fórmula y = xw+b, que contém letras diferentes, mas expressa a mesma ideia, a reta em um plano cartesiano.

Inicialmente, quando w é definido como zero ou valores aleatórios, a reta de separação é apenas uma das infinitas retas possíveis encontradas em um plano, como mostrado na Figura 7-1. A fase da atualização define isso forçando-o a se aproximar do ponto classificado incorretamente. Conforme o algoritmo passa por esses pontos, aplica uma série de correções. Por fim, usando várias iterações para definir os erros, ele traça uma reta de separação na borda exata entre as duas classes.

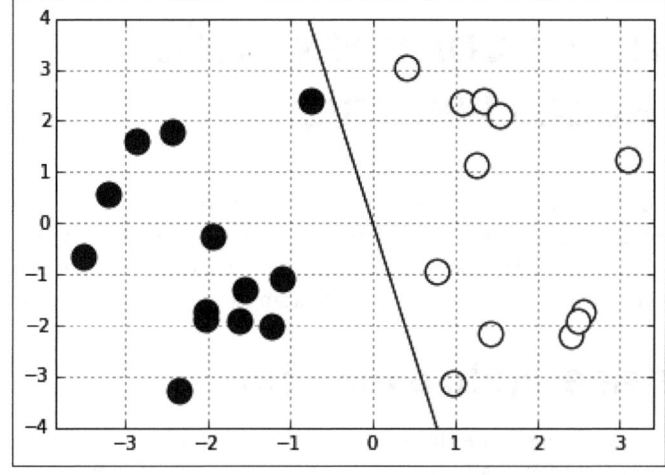

FIGURA 7-1:
A reta de separação de um perceptron em duas classes.

Apesar de ser um algoritmo inteligente, o perceptron mostrou suas limitações logo de cara. Além de somente conjeturar duas classes usando apenas elementos quantitativos, tem outra restrição crucial: se duas classes não tiverem borda, por causa da mixagem, o algoritmo não encontra uma solução e continua se atualizando indefinidamente.

LEMBRE-SE

Se não conseguir dividir duas classes distribuídas em duas ou mais dimensões por qualquer reta ou plano, elas precisarão passar por uma *separação não linear*. A superação desse tipo de dados é um dos desafios que o aprendizado de máquina tem que enfrentar para se tornar eficaz contra problemas complexos baseados em dados reais, não apenas nos artificiais, criados para fins acadêmicos.

Quando a questão da separação não linear foi levantada, e os profissionais perderam o interesse pelo perceptron, os especialistas rapidamente teorizaram que era possível consertar o problema criando um novo espaço de elemento, no qual classes previamente inseparáveis se ajustassem para se tornarem separáveis. Assim, o perceptron voltaria a ser tão bom quanto antes. Infelizmente, isso é um desafio, porque exige um poder computacional que está disponível apenas parcialmente para o público hoje. Criar um novo espaço de elemento é um tópico avançado, discutido adiante, ao estudarmos as estratégias de aprendizado de algoritmos, como redes neurais e máquinas de vetores de suporte.

Nos últimos anos, graças ao big data, o algoritmo voltou com tudo: o perceptron, na verdade, não precisa trabalhar com todos os dados da memória, mas funciona bem com exemplos únicos (atualizando o vetor de coeficiente só quando a classificação errônea o faz necessário). Assim, é um algoritmo perfeito para o aprendizado online, como o aprendizado do big data, um exemplo por vez.

Detonando a Complexidade com as Redes Neurais

A seção anterior explica o conceito de redes neurais a partir da perspectiva do perceptron. É claro que isso é só a ponta do iceberg. A capacidade e outras questões que o afligem têm pelo menos uma resolução parcial, dada por algoritmos mais recentes. As seções a seguir explicitam as redes neurais no contexto atual.

Considerando o neurônio

O principal componente da rede neural é o *neurônio* (ou *unidade*). Ela é uma estrutura interconectada na qual os neurônios são dispostos, ligando-se às entradas e saídas uns dos outros. Assim, um neurônio agrega características de exemplos ou resultados de outros neurônios, dependendo de sua localização.

Quando Rosenblatt concebeu o perceptron, pensou nele como uma versão matemática simplificada de um neurônio cerebral. Ele toma valores como entradas do ambiente próximo (o conjunto de dados), pondera-os (como as células cerebrais, com base na força das conexões de entrada), soma todos e é ativado quando a soma excede um limiar. Esse limiar gera o valor 1; do contrário, sua previsão é 0. Infelizmente, um perceptron não aprende quando as classes que tenta processar não são linearmente separáveis. No entanto, os estudiosos descobriram que, embora um único perceptron não aprenda a operação lógica mostrada na Figura 7-2 (o exclusivo ou, o que é verdadeiro somente quando as entradas são diferentes), dois perceptrons, trabalhando juntos, conseguem.

FIGURA 7-2: Não é possível aprender XOR lógico com uma única reta de separação.

função OR   função AND   função XOR

Os neurônios de uma rede neural são uma evolução do perceptron: tomam muitos valores ponderados como entradas, somam-nos e fornecem a soma como resultado, como o perceptron faz. Porém também transformam a soma de forma mais sofisticada, diferentemente do perceptron. Ao observar a natureza, os cientistas notaram que os neurônios recebem sinais, mas nem sempre emitem um sinal próprio. Depende de quanto sinal é recebido. Quando um neurônio recebe estímulos suficientes, dispara uma resposta; do contrário, fica em silêncio. De maneira similar, os neurônios algorítmicos, após receber valores ponderados, somam-nos e avaliam o resultado com uma *função de ativação*, e o transformam de modo não linear. Essa função lança um valor zero, a menos que a entrada atinja um certo limiar, ou reduz ou aumenta um valor, redimensionando-o de forma não linear, transmitindo, assim, um sinal dimensionado.

Uma rede neural tem diferentes funções de ativação, como mostrado na Figura 7-3. A função linear (etapa binária) não aplica nenhuma transformação e é raramente usada, porque reduz a rede neural a uma regressão com transformações polinomiais. Redes neurais comumente usam as funções de ativação sigmoide (logística), a tangente hiperbólica (TanH) ou ReLU (que é, de longe, a mais comum hoje em dia). A seção "Escolhendo a função de ativação ideal", no Capítulo 8, entra em maiores detalhes.

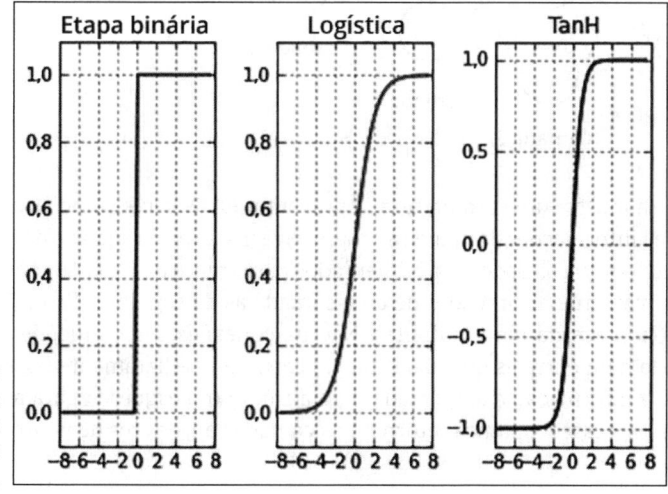

FIGURA 7-3: Gráficos de diferentes funções de ativação.

A figura mostra como uma entrada (expressa no eixo horizontal) transforma uma saída (expressa no eixo vertical). Os exemplos expõem uma etapa binária, uma função de ativação logística (ou sigmoide) e uma função de ativação hiperbólica tangente (geralmente chamada de tanh).

DICA

Falamos mais sobre as funções de ativação adiante no capítulo, mas observe por enquanto que elas funcionam bem com certos intervalos de valores x. Por esse motivo, sempre redimensione as entradas para uma rede neural usando a padronização estatística (média zero e variação da unidade) ou normalize a entrada na faixa de 0 a 1, ou de −1 a 1.

LEMBRE-SE

As funções de ativação são o que faz uma rede neural executar uma classificação ou regressão; porém a escolha inicial das ativações sigmoide ou tanh para a maioria das redes representa um limite crítico se elas forem complexas, porque ambas funcionam de maneira ideal para um intervalo muito restrito de valores.

Nutrindo dados com alimentação adiante

Em uma rede neural, considere a arquitetura, que é a organização de seus componentes. Diferente de outros algoritmos, que possuem um pipeline fixo para determinar como recebem e processam dados, as redes neurais exigem que você decida como as informações fluem fixando o número de unidades (os neurônios) e sua distribuição em camadas, como mostrado na Figura 7-4.

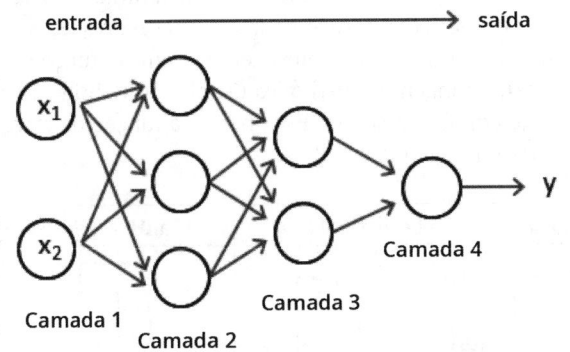

FIGURA 7-4: Um exemplo da arquitetura de uma rede neural.

A figura mostra uma arquitetura neural simples. Observe como as camadas filtram as informações de maneira progressiva. Essa é uma entrada de alimentação adiante porque os dados são alimentados para frente na rede. As conexões ligam exclusivamente as unidades de uma camada às da seguinte (fluxo de informações da esquerda para a direita). Não há conexões entre unidades na mesma camada nem entre as que não estão na camada imediatamente posterior. Além disso, a informação é empurrada para a frente (da esquerda para a direita). Os dados processados nunca retornam às camadas anteriores de neurônios.

Usar uma rede neural é como usar um sistema de filtragem estratificada para água: você derrama a água por cima, e ela é filtrada na parte inferior. A água não volta; apenas avança e desce, e nunca se espalha lateralmente. Da mesma forma, as redes neurais forçam os elementos de dados a fluírem pela rede e se misturarem apenas de acordo com sua arquitetura. Usando a melhor arquitetura para misturar elementos, a rede neural cria elementos compostos em cada camada para obter melhores previsões. Infelizmente, não há como determinar a melhor arquitetura sem tentar empiricamente diferentes soluções e testar se os dados de saída preveem seus valores-alvo depois de passar pela rede.

As primeiras e últimas camadas desempenham um papel importante. A primeira, chamada de *camada de entrada*, seleciona os elementos de cada exemplo de dados processado pela rede. A última, a *camada de saída*, lança os resultados.

Uma rede neural só processa informações contínuas e numéricas; não pode ser forçada a trabalhar com variáveis qualitativas (como rótulos indicando qualidades como vermelho, azul ou verde em uma imagem). Você pode processar variáveis qualitativas transformando-as em um valor numérico contínuo, como uma série de valores binários. Quando uma rede neural processa uma variável binária, o neurônio a trata como um número genérico e transforma os valores binários em outros, mesmo negativos, pelo processamento das unidades.

Observe como lidar somente com valores numéricos é limitante, porque não se pode esperar que a última camada produza uma previsão de rótulo não numérico. Ao lidar com um problema de regressão, a última camada é composta apenas de uma unidade. Assim, ao trabalhar com uma classificação cuja saída determinará um número *n* de classes, são necessárias *n* unidades terminais, cada uma representando uma pontuação vinculada à probabilidade da classe representada. Portanto, ao classificar um problema multiclasse, como a espécie da íris, a camada final tem tantas unidades quanto a espécie. No exemplo arquetípico da classificação Iris, criado pelo famoso estatístico Fisher, há três classes: `setosa`, `versicolor` e `virginica`. Em uma rede neural baseada nesse conjunto de dados, há três unidades representando as espécies de íris. Para cada exemplo, a classe prevista é a que obtém a pontuação mais alta no final.

Algumas redes neurais têm camadas finais especiais, que, juntas, são chamadas de softmax, e ajustam a probabilidade de cada classe com base nos valores recebidos da anterior. Na classificação, graças ao softmax, a camada final representa uma partição de probabilidades (um problema multiclasse em que as probabilidades totais somam 100%) ou uma previsão independente de pontuação (um exemplo multirrótulo tem mais classes; no caso, as probabilidades somadas podem ultrapassar 100%). Quando o problema de classificação é binário, uma saída é suficiente. Além disso, na regressão, você pode ter várias unidades de saída, cada uma representando um problema de regressão. (Na previsão, você pode ter previsões diferentes para o próximo dia, semana, mês e assim por diante.)

Caçando o fio de Ariadne

As redes neurais possuem camadas diferentes, cada uma com os próprios pesos. Como a rede neural segrega cálculos por camadas, é importante conhecer a de referência, pois é possível contabilizar determinadas unidades e conexões. Você pode se referir a cada camada usando um número específico e falar genericamente sobre cada uma delas com a letra l.

Cada camada pode ter um número diferente de unidades, e o número de unidades localizadas entre duas camadas determina o de conexões. Multiplicando o número de unidades da camada inicial pelo da seguinte, o número total de conexões entre os dois é definido: *número de conexões*$^{(l)}$ = *unidades*$^{(l)}$ * *unidades*$^{(l+1)}$.

Uma matriz de pesos, geralmente nomeada com a letra maiúscula do alfabeto grego Theta (θ), representa as conexões. Para facilitar a leitura, o livro usa a letra maiúscula W, que é uma boa escolha porque é uma matriz ou um array multidimensional. Assim, você pode usar W1 para se referir aos pesos de conexão da camada 1 à 2, W2 para as conexões da camada 2 à 3, e assim por diante.

Os pesos representam a força da conexão entre os neurônios da rede. Quando o peso da conexão entre duas camadas é pequeno, significa que a rede despeja valores fluindo entre eles e sinaliza que essa rota provavelmente não influencia a previsão final. Por outro lado, um grande valor positivo ou negativo afeta os valores que a camada seguinte recebe, alterando, assim, certas previsões. Essa abordagem é análoga à das células cerebrais, que se conectam às outras. À medida que uma pessoa ganha experiência, as conexões entre os neurônios tendem a se enfraquecer ou fortalecer para ativar ou desativar certas regiões das células cerebrais, gerando outro processamento ou uma atividade (a reação a um perigo, por exemplo, se a informação processada sinalizar uma situação de risco de vida).

CAMADAS ESCONDIDAS

Para outros fins, fora do âmbito deste livro, as camadas entre a entrada e a saída são às vezes chamadas de *camadas ocultas*, e a contagem começa na primeira camada oculta. Isso é apenas uma convenção diferente da que usamos aqui. Os exemplos do livro sempre começam a contar a partir da camada de entrada, então a primeira camada oculta é a número 2.

Agora que já apresentamos algumas convenções sobre camadas, unidades e conexões, analise as operações que as redes neurais executam. Para começar, há algumas formas para nomear entradas e saídas:

» **a:** O resultado armazenado em uma unidade da rede neural após ser processado pela função de ativação, *g*. Ele é a saída final, que é enviada ao longo da rede.

» **z:** A multiplicação entre a e os pesos da matriz W. z representa o sinal que passa pelas conexões, análogo à água em tubulações que flui a uma pressão maior ou menor, conforme o diâmetro do tubo. Da mesma forma, os valores recebidos da camada anterior obtêm valores maiores ou menores, devido aos pesos de conexão usados para transmiti-los.

Cada camada sucessiva de unidades em uma rede neural processa progressivamente os valores fornecidos pelos elementos (imagine uma correia transportadora). Como dados transmitidos em uma rede, os valores chegam a cada unidade como resultado da soma dos valores presentes na camada anterior e ponderados pelas conexões representadas na matriz W. Quando os dados com viés [bias, em inglês] adicionado ultrapassam um determinado limiar, a função de ativação aumenta o valor armazenado na unidade; do contrário, extingue o sinal, reduzindo-o. Após o processamento pela função de ativação, o resultado se prepara para avançar até a conexão vinculada à camada seguinte. Esses passos se repetem em todas as camadas, até que os valores cheguem ao final e retornem um resultado, como mostrado na Figura 7-5.

FIGURA 7-5: Detalhe do processo de alimentação adiante em uma rede neural.

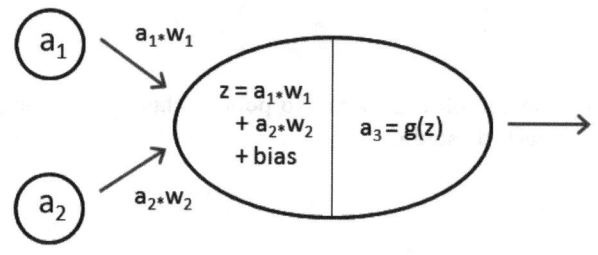

A figura mostra um detalhe do processo que envolve duas unidades empurrando os resultados para outra. Esse evento acontece em todas as partes da rede. Quando você entende a passagem de dois neurônios para um, entende também todo o processo de alimentação, mesmo quando há mais camadas e neurônios presentes. Os sete passos usados para produzir uma previsão em uma rede neural feita de quatro camadas explicam o processo melhor (veja a Figura 7-4):

1. A primeira camada (observe o sobrescrito 1 no a) carrega o valor de cada elemento em uma unidade diferente:

   $$a^{(1)} = X$$

2. Os pesos das conexões que ligam a camada de entrada à segunda são multiplicados pelos valores das unidades da primeira camada. Uma multiplicação de matriz pondera e soma as entradas da segunda camada.

   $$z^{(2)} = W^{(1)} a^{(1)}$$

3. O algoritmo adiciona uma constante de polarização à segunda camada antes de executar a função de ativação; esta, por sua vez, transforma as entradas da segunda camada. Os valores resultantes estão prontos para passar para as conexões.

   $$a^{(2)} = g(z^{(2)} + bias^{(2)})$$

4. As conexões da terceira camada pesam e somam as saídas da segunda.

   $$z^{(3)} = W^{(2)} a^{(2)}$$

5. O algoritmo adiciona uma constante de polarização à terceira camada antes de executar a função de ativação, que transforma suas entradas.

   $$a^{(3)} = g(z^{(3)} + bias^{(3)})$$

6. As saídas da terceira camada são ponderadas e somadas pelas conexões à camada de saída.

   $$z^{(4)} = W^{(3)} a^{(3)}$$

7. Por fim, o algoritmo adiciona uma constante de polarização à quarta camada antes de executar a função de ativação. As unidades de saída recebem suas entradas e as transformam usando a função de ativação. Após essa transformação final, as unidades de saída ficam prontas para liberar as previsões resultantes da rede neural.

   $$a^{(4)} = g(z^{(4)} + bias^{(4)})$$

A função de ativação desempenha o papel de um filtro de sinal, ajudando a selecionar os sinais relevantes e evitar os fracos e confusos (porque descarta valores abaixo de um certo limiar). As funções de ativação também propiciam a não linearidade para a saída, porque melhoram ou neutralizam os valores que passam por elas de maneira desproporcional.

LEMBRE-SE

Os pesos das conexões propiciam uma maneira nova de misturar e compor os elementos, criando elementos de um jeito não muito diferente de uma expansão polinomial. A ativação torna não linear a recombinação resultante dos elementos pelas conexões. Ambos os componentes da rede neural permitem que o algoritmo aprenda funções-alvo complexas que representam a relação entre os elementos de entrada e o resultado-alvo.

Adaptando com retropropagação

Do ponto de vista da arquitetura, uma rede neural faz um ótimo trabalho ao misturar sinais a partir de exemplos e transformá-los em novos elementos, objetivando obter uma aproximação de funções não lineares complexas (que não são representadas como uma reta no espaço dos elementos). Para criar essa capacidade, as redes neurais funcionam como *aproximadores universais* (para obter mais detalhes, acesse https://www.techleer.com/articles/449-the-universal-approximation-theorem-for-neural-networks), o que significa que estão aptas a adivinhar qualquer função-alvo. No entanto, é preciso considerar que um de seus aspectos é a capacidade de modelar funções complexas (*capacidade de representação*) e outro, a de aprender com dados de forma eficaz. O aprendizado ocorre no cérebro por causa da formação e modificação de sinapses entre os neurônios, com base nos estímulos recebidos pela experiência baseada em tentativa e erro. As redes neurais são uma maneira de replicar esse processo com uma fórmula matemática, a *retropropagação*.

Desde seu surgimento, na década de 1970, o algoritmo de retropropagação recebeu muitas correções. Cada melhoria no processo de aprendizado da rede neural resultou em novas aplicações e em um interesse renovado pela técnica. Além disso, a atual revolução do aprendizado profundo, um ressurgimento das redes neurais, que foram abandonadas no início dos anos 1990, deve-se a avanços fundamentais na maneira como as redes neurais aprendem com seus erros. Como visto com outros algoritmos, a função de custo ativa a necessidade de aprender melhor certos exemplos (grandes erros correspondem a altos custos). Quando ocorre um erro grande em um exemplo, a função de custo produz um valor alto, que é minimizado por meio da alteração dos parâmetros no algoritmo. O algoritmo de otimização determina a melhor ação para reduzir os altos resultados da função custo.

Na regressão linear, encontrar uma regra de atualização para aplicar a cada parâmetro (o vetor de coeficientes beta) é simples. No entanto, em uma rede neural, a situação se complexifica. A arquitetura é variável, e os coeficientes de parâmetro (as conexões) relacionam-se, porque as conexões de uma camada dependem da recombinação de entradas feita na anterior. A solução para esse problema é o algoritmo de retropropagação; ela é uma maneira inteligente de propagar os erros de volta à rede e fazer com que cada conexão ajuste seus pesos. Se você inicialmente alimenta uma rede com propagação adiante, retroceda e dê um feedback sobre o que deu errado nessa fase.

LEMBRE-SE A retropropagação é a forma como os ajustes necessários ao algoritmo de otimização são propagados através da rede neural. Distinguir entre otimização e retropropagação é importante. Na verdade, todas as redes neurais usam a retropropagação, mas o próximo capítulo discute muitos algoritmos de otimização diferentes.

Descobrir como a retropropagação funciona não é complicado, embora uma demonstração usando fórmulas e matemática exija derivativos e a comprovação de algumas fórmulas, o que é bastante complicado e está além do escopo deste livro. Para ter uma ideia de como a retropropagação opera, comece no final da rede, exatamente no momento em que um exemplo foi processado e você tem uma previsão como saída. Nesse ponto, compare-a ao resultado real e, subtraindo os dois, obterá uma diferença, que é o erro. Agora que sabe a incompatibilidade dos resultados na camada de saída, é possível retroceder para distribuí-la em todas as unidades da rede.

DICA A função custo de uma rede neural para classificação é baseada na entropia cruzada (como visto na regressão logística):

```
Cost = y * log(h_w(X)) + (1 - y)*log(1 - h_w(X))
```

Essa é uma fórmula que envolve logaritmos. Refere-se à previsão produzida pela rede neural e expressa em $h_w(X)$ (que se lê como o resultado da rede, dada as conexões W e X como entrada). Para facilitar, quando se pensa no custo, é útil pensar em uma computação do deslocamento entre os resultados esperados e a saída da rede neural.

O primeiro passo para transmitir o erro de volta à rede depende da multiplicação para trás. Como os valores fornecidos à camada de saída são compostos pelas contribuições de todas as unidades, proporcionais ao peso de suas conexões, você pode redistribuir o erro de acordo com cada contribuição. O vetor de erros de uma camada n na rede, indicado pela letra do alfabeto grego delta (δ), resulta da seguinte fórmula:

$$\delta^{(n)} = W^{(n)T} * \delta^{(n+1)}$$

Essa fórmula diz que, a partir do delta final, você pode continuar a redistribuir o delta retrocedendo na rede e usando os pesos que impulsionaram o valor para particionar o erro nas diferentes unidades. Dessa forma, você pode obter o erro do terminal redistribuído para cada unidade neural, e usá-lo para recalcular um peso mais apropriado para cada conexão de rede, a fim de minimizá-lo. Para atualizar os pesos W da camada l, basta aplicar a seguinte fórmula:

$$W^{(1)} = W^{(1)} + \eta * \delta^{(1)} * g'(z^{(1)}) * a^{(1)}$$

De início, a fórmula intriga, mas é uma soma, e basta observar seus componentes para ver como funciona. Veja a função g'. É a primeira derivada da função de ativação g, avaliada pelos valores de entrada z. Na verdade, esse é o método da descida de gradiente, que determina como reduzir a medida de erro, buscando, entre as possíveis combinações de valores, os pesos que mais os reduzem.

A letra do alfabeto grego eta (η), às vezes alfa (α), ou epsilon (ε), dependendo do material consultado, indica a taxa de aprendizado. Como encontrado em outros algoritmos, reduz o efeito da atualização sugerido pela derivada da descida de gradiente. A direção indicada pode ser apenas parcial ou aproximadamente correta. Tomando vários pequenos passos na descida, o algoritmo ganha maior precisão em direção ao erro mínimo global, que é o alvo que se deseja atingir (isto é, uma rede neural produzindo previsões com o mínimo possível de erros).

Há diversos métodos para definir o valor correto de eta, porque a otimização depende dele. Um método o define como alto, a princípio, e o reduz durante a otimização. Outro o aumenta ou diminui variavelmente com base nas melhorias alcançadas pelo algoritmo: grandes melhorias implicam um eta maior (porque a descida é fácil e reta); menos representativas, um menor, para que a otimização ocorra mais lentamente, procurando as melhores oportunidades para descer. Entenda isso como dirigir por uma serra sinuosa: você diminui a velocidade e tenta não ser atingido nem jogado para fora da estrada ao descer.

DICA: A maioria das implementações dispõe de uma configuração automática do eta correto. É preciso observar sua relevância ao treinar uma rede neural, pois ela é um dos parâmetros importantes a serem ajustados para obter melhores previsões, junto com a arquitetura da camada. As atualizações de peso acontecem de diferentes maneiras, no que tange ao conjunto de treinamento de exemplos:

> » **Modo online:** A atualização dos pesos acontece após cada exemplo percorrer a rede. Assim, o algoritmo entende os exemplos do aprendizado como um fluxo com o qual aprenderá em tempo real. Este modo é perfeito quando você precisa aprender com o núcleo, ou seja, quando o conjunto de treinamento não cabe na memória RAM. No entanto, é sensível a valores discrepantes, portanto é preciso manter a taxa de aprendizado baixa. (Em consequência, o algoritmo é lento para convergir para uma solução.)

» **Modo em lote:** A atualização de peso ocorre após o processamento de todos os exemplos do conjunto de treinamento. Esta técnica torna a otimização rápida e menos sujeita a variações no fluxo do exemplo. No modo em lote, a retropropagação considera os gradientes somados de todos os exemplos.

» **Modo em minilote (ou estocástico):** A atualização de pesos acontece depois que a rede processa uma subamostra de exemplos de conjuntos de treinamento selecionados aleatoriamente. Esta abordagem combina as vantagens do modo online (baixo uso de memória) com as do modo em lote (uma convergência rápida) ao inserir um elemento aleatório (a subamostragem) para evitar que a descida de gradiente fique em um *mínimo local* (uma queda no valor que não é o mínimo verdadeiro).

Guerra ao Sobreajuste!

Considerada a arquitetura da rede neural, é fácil imaginar a facilidade com que o algoritmo aprenderia praticamente tudo com os dados, especialmente se fossem adicionadas muitas camadas. De fato, o algoritmo funciona tão bem que suas previsões costumam ser afetadas por uma alta variância estimada, o *sobreajuste*. Ele faz com que a rede neural aprenda cada detalhe dos exemplos de treinamento, o que possibilita replicá-los na possível fase de previsão. Mas, além do conjunto de treinamento, a rede nunca prevê corretamente nada diferente. As seções a seguir detalham melhor alguns dos problemas do sobreajuste.

Compreendendo o problema

Quando usa uma rede neural para abordar um problema real, você se torna mais rigoroso e mais cauteloso na implementação do que com outros algoritmos. As redes neurais são mais frágeis e mais propensas a erros relevantes do que outras soluções de aprendizado de máquina.

Os dados são cuidadosamente divididos em conjuntos de treinamento, validação e teste. Antes que o algoritmo aprenda com eles, avalie a qualidade dos parâmetros:

» Arquitetura (o número de camadas e nós)
» Funções de ativação
» Parâmetros de aprendizado
» Números de iterações

Em particular, a arquitetura abre grandes brechas para que se criem modelos preditivos poderosos com alto risco de sobreajuste. O parâmetro de aprendizado controla a rapidez com que uma rede aprende com os dados, mas pode não ser suficiente para evitar o sobreajuste dos dados de treinamento. (Na seção "Caçando a generalização", no Capítulo 2, há mais detalhes sobre os motivos que levam o sobreajuste a causar problemas.)

Abrindo a caixa-preta

Há duas soluções possíveis para o problema de sobreajuste. A primeira é a regularização, como acontece na regressão linear e na logística. Você pode somar todos os coeficientes de conexão, ao quadrado ou em valor absoluto, para penalizar modelos com muitos coeficientes com valores altos (alcançados pela regularização L2) ou com valores diferentes de zero (alcançados pela regularização L1). A segunda solução também é eficaz, porque controla a ocorrência de sobreajuste. Ela se chama *parada antecipada* e age por meio da verificação da função de custo no conjunto de validação à medida que o algoritmo aprende com o conjunto de treinamento. (A seção "Descobrindo a direção certa", no Capítulo 5, apresenta mais detalhes.)

DICA

Você pode não perceber quando o modelo começar a se sobreajustar. A função de custo calculada por meio do conjunto de treinamento continua aprimorando-se à medida que a otimização avança. No entanto, assim que começa a registrar o ruído dos dados e para de aprender as regras gerais, você poderá verificar a função de custo em dados fora da amostra (a de validação). Em algum momento, perceberá que ela para de melhorar e começa a piorar, o que significa que o modelo atingiu o limite de aprendizado.

> **NESTE CAPÍTULO**
>
> » Entendendo a arquitetura básica
> » Definindo o problema
> » Revelando o processo de solução

Capítulo 8
Elaborando uma Rede Neural Básica

O Capítulo 7 apresenta as redes neurais partindo da mais simples e básica de todas: o perceptron. No entanto, há redes neurais de vários tipos, com vantagens específicas. Felizmente, todas elas seguem uma arquitetura básica e contam com certas estratégias para realizar o que precisam fazer. Entender como uma rede neural básica funciona abre as portas do mundo das arquiteturas mais complexas. A primeira parte deste capítulo discute os fundamentos da funcionalidade das redes neurais — isto é, o básico para entender como uma rede neural realiza um trabalho útil. Ele explica a funcionalidade das redes neurais a partir de uma básica, construída do zero com o Python.

A segunda parte deste capítulo aprofunda algumas diferenças entre as redes neurais. Por exemplo, no Capítulo 7 explicamos que cada neurônio é acionado depois de atingir um limite específico. Uma função de ativação determina quando a entrada é suficiente para o neurônio disparar, portanto saber quais são as funções ativadoras é importante para diferenciar as redes neurais. Além disso, é preciso entender os otimizadores usados, para garantir que se obtenham resultados rápidos, que modelem bem o problema a ser resolvido. Por fim, só falta decidir o quão rápido uma rede neural aprende.

LEMBRE-SE: Economize tempo e erros decorrentes de digitar o código manualmente. A fonte para download deste capítulo está no arquivo `DL4D_08_NN_From_Scratch.ipynb`. (A Introdução informa onde fazer o download do código-fonte para este livro.)

Entendendo as Redes Neurais

Há muitas discussões online sobre arquiteturas de redes neurais (como em `https://www.kdnuggets.com/2018/02/8-neural-network-architectures-machine-learning-researchers-need-learn.html`). O problema, no entanto, é que todas logo se tornam insanamente complexas, fazendo pessoas normais arrancarem os cabelos. Algumas regras tácitas parecem dizer que a matemática tem que se tornar instantaneamente abstrata e tão complicada que nenhum mero mortal a entenda, mas qualquer um consegue entender uma rede neural. O material no Capítulo 7 é um bom começo. Mesmo que o Capítulo 7 conte com um pouco de matemática para explicar os temas abordados, ela é relativamente simples. Agora, neste capítulo, colocamos no código Python todas as funcionalidades essenciais de uma rede neural.

Basicamente, a rede neural é um tipo de filtro. Os dados são despejados no topo, percorrem as várias camadas criadas, e uma saída aparece na parte inferior. As características distintivas das redes neurais são similares às de um filtro. O algoritmo escolhido determina o tipo de filtragem que a rede neural realizará. De forma análoga, para filtrar o chumbo da água, mas deixar o cálcio e outros minerais benéficos intactos, será necessário um filtro específico.

No entanto, os filtros têm controles, que podem filtrar partículas de determinado tamanho, mas deixar passar de outros. O uso de pesos e vieses em uma rede neural é como esse controle, que, no caso, ajusta a filtragem recebida. Como os sinais elétricos são modelados após os encontrados no cérebro, só passam quando atendem a dada condição — um limite definido por uma função de ativação. No entanto, para simplificar, pense nisso como se fossem ajustes na operação básica de um filtro qualquer.

A atividade do filtro é monitorável. No entanto, a menos que se tire um dia inteiro para ficar olhando para ele, é necessária um pouco de automação para garantir que a saída do filtro permaneça constante. É aqui que entra o otimizador. Ao otimizar a saída da rede neural, os resultados não precisam ser ajustados manualmente.

Por fim, um filtro deve funcionar com velocidade e capacidade que permitam executar as tarefas corretamente. Derramar água ou outra substância por ele muito rapidamente o faz transbordar. E, se não for rápido o suficiente, o filtro entope ou funciona de forma irregular. Ajustar a taxa de aprendizado do otimizador de uma rede neural propicia à rede neural produzir a saída desejada. É como ajustar a taxa de vazamento de um filtro.

Parece difícil entender as redes neurais. O fato de que muito do que fazem fica encoberto pela complexidade matemática não ajuda em nada. No entanto, não é preciso ser um cientista de foguetes para compreendê-las. Tudo se resume a dividi-las em partes gerenciáveis e usar a perspectiva correta para examiná-las. As seções a seguir demonstram como codificar cada parte de uma rede neural básica a partir do zero.

Definindo a arquitetura básica

Uma rede neural depende de inúmeras unidades de computação, os *neurônios*, organizados em camadas hierárquicas. Cada neurônio aceita entradas de todos os antecessores e produz saídas para os sucessores, até que a rede neural, como um todo, atenda a um requisito. Nesse momento, o processamento da rede termina, e a saída é gerada.

Todos esses cálculos ocorrem apenas na rede neural. Ela realiza cada um deles usando loops para iterações de loop. A maioria dessas operações são multiplicações simples, seguidas de adição, e aproveitam os cálculos de matrizes, como mostrado na seção "Multiplicando matrizes", do Capítulo 5.

O exemplo desta seção cria uma rede com uma camada de entrada (cujas dimensões são definidas pela entrada), uma camada oculta com três neurônios e uma única camada de saída, que informa se a entrada é parte de uma classe (basicamente, uma resposta binária 0/1). Essa arquitetura implica a criação de dois conjuntos de pesos representados por duas matrizes (ao se usar matrizes):

» O formato da primeira matriz é determinado pelo número de entradas x 3, o que representa os pesos que multiplicam as entradas, somadas por três neurônios.

» O formato da segunda matriz é 3 x 1, o que reúne todas as saídas da camada oculta e a converge para a saída.

Este é o script do Python necessário (que demora um pouco para ser concluído, dependendo da velocidade do seu sistema):

```
import numpy as np
from sklearn.datasets import make_moons
from sklearn.model_selection import train_test_split
import matplotlib.pyplot as plt
%matplotlib inline

def init(inp, out):
    return np.random.randn(inp, out) / np.sqrt(inp)

def create_architecture(input_layer, first_layer,
                        output_layer, random_seed=0):
```

```
np.random.seed(random_seed)
layers = X.shape[1], 3 , 1
arch = list(zip(layers[:-1], layers[1:]))
weights = [init(inp, out) for inp, out in arch]
return weights
```

O ponto interessante dessa inicialização é que ela usa uma sequência de matrizes para automatizar os cálculos da rede. A maneira como o código é inicializado é importante porque os números não podem ser muito pequenos — haverá pouco sinal para a rede funcionar. No entanto, evite também números que são muito grandes, porque os cálculos se tornam complicados demais para ser manipulados. Às vezes, elas falham, o que causa explosão do gradiente ou, mais frequentemente, *saturação dos neurônios*, o que implica um mau treinamento da rede, porque todos os neurônios ficam sempre ativados.

LEMBRE-SE Inicializar a rede usando todos os zeros é sempre uma má ideia, porque, se todos os neurônios tiverem o mesmo valor, reagirão da mesma forma que a entrada de treinamento. Não importa quantos neurônios a arquitetura contenha, eles operam como se fossem um.

A solução mais simples é começar com pesos aleatórios, presentes no intervalo necessário para as funções de ativação, que são as funções de transformação que adicionam flexibilidade à solução de problemas usando a rede. Uma solução simples é definir os pesos como média zero e um desvio-padrão, o que, na estatística, é chamado de *distribuição normal padrão* e no código aparece como o comando `np.random.radn`.

DICA Há, no entanto, inicializações de peso mais inteligentes para redes mais complexas, como as que este artigo descreve: https://towardsdatascience.com/weight-initialization-techniques-in-neural-networks-26c649eb3b78.

Além disso, como cada neurônio aceita as entradas de todos os anteriores, o código redimensiona os pesos aleatórios distribuídos por meio da raiz quadrada do número de entradas. Consequentemente, os neurônios e suas funções de ativação sempre calculam o tamanho certo para que tudo funcione sem problemas.

Documentando os módulos essenciais

A arquitetura é apenas uma parte da rede neural. Pense nela como uma estrutura. A arquitetura explica como a rede processa os dados e produz os resultados. No entanto, para que o processamento ocorra, as principais funcionalidades da rede neural precisam ser codificadas.

O primeiro alicerce da rede é a função de ativação. O Capítulo 7 cita algumas funções de ativação usadas nas redes neurais sem as detalhar. O exemplo desta seção mostra o código para a função sigmoide, uma das funções básicas de ativação da rede neural. A função sigmoide é um passo acima da função de *etapa do Heaviside*, que atua como um interruptor ativado em um determinado limite. Uma função de etapa Heaviside gera 1 para entradas acima do limiar e 0 para as que estiverem abaixo dele.

As funções sigmoides emitem 0 ou 1, respectivamente, para valores de entrada pequenos, abaixo de zero, e para os altos, acima de zero. Para os valores de entrada no intervalo entre −5 e +5, a função gera valores no intervalo de 0–1, aumentando lentamente a saída de valores liberados até atingir 0,2 e, em seguida, aumentando rapidamente de forma linear até atingir 0,8. Diminui novamente à medida que a taxa de saída se aproxima de 1. Tal comportamento representa uma curva logística, que é útil para descrever muitos fenômenos naturais, como o crescimento de uma população, que começa lento, floresce e se desenvolve, até desacelerar-se, antes de atingir um limite de recursos (como espaço disponível ou comida).

No âmbito das redes neurais, a função sigmoide é particularmente útil para modelar entradas similares a probabilidades, e é *diferenciável*, um aspecto matemático que permite reverter os efeitos e elaborar a melhor fase de retropropagação, mencionada na seção "Caçando o fio de Ariadne", do Capítulo 7.

```
def sigmoid(z):
    return 1/(1 + np.exp(-z))

def sigmoid_prime(s):
    return s * (1 -s)
```

Após determinar a função de ativação, crie um *procedimento de avanço*, que é uma multiplicação de matriz entre a entrada de cada camada e os pesos da conexão. Após completar a multiplicação, o código aplica a função de ativação aos resultados para transformá-los de maneira não linear. O código a seguir incorpora a função sigmoide ao código de alimentação adiante da rede. Claro, se desejar, use outras funções de ativação.

```
def feed_forward(X, weights):
    a = X.copy()
    out = list()
    for W in weights:
        z = np.dot(a, W)
        a = sigmoid(z)
        out.append(a)
    return out
```

Ao aplicar a alimentação adiante a rede toda, a camada de saída finalmente expõe um resultado. Agora, essa saída pode ser comparada aos valores reais, que se deseja obter com a rede. A função de precisão determina se as previsões da rede neural são boas comparando o número de estimativas corretas com o número total de previsões geradas.

```
def accuracy(true_label, predicted):
    correct_preds = np.ravel(predicted)==true_label
    return np.sum(correct_preds) / len(true_label)
```

A função de retropropagação vem em seguida, quando a rede está funcionando, mas todas ou algumas previsões estão incorretas. A correção das previsões durante o treinamento faz com que a rede neural utilize novos exemplos e retorne boas previsões. O treinamento é incorporado aos pesos de conexão como padrões presentes nos dados que ajudam a prever os resultados corretamente.

Para executar a retropropagação, primeiro calcule o erro no final de cada camada (essa arquitetura tem dois) e o multiplique pela derivada da função de ativação. O resultado fornece um gradiente, ou seja, a alteração nos pesos necessários para calcular as previsões corretamente. O código começa comparando a saída com as respostas corretas (l2_error) e, em seguida, calcula os gradientes, que são as correções de peso necessárias (l2_delta). O código então prossegue multiplicando os gradientes pelos pesos que deve corrigir. A operação distribui o erro da camada de saída para o intermediário (l1_error). Uma nova computação de gradiente (l1_delta) também fornece as correções de peso a serem aplicadas à camada de entrada, que completa o processo para uma rede com uma camada de entrada, uma oculta e uma de saída.

```
def backpropagation(l1, l2, weights, y):
    l2_error = y.reshape(-1, 1) - l2
    l2_delta = l2_error * sigmoid_prime(l2)
    l1_error = l2_delta.dot(weights[1].T)
    l1_delta = l1_error * sigmoid_prime(l1)
    return l2_error, l1_delta, l2_delta
```

LEMBRE-SE Essa é uma tradução do código em Python, de forma simplificada, das fórmulas do Capítulo 7. A função de custo é a diferença entre a saída da rede e as respostas corretas. O exemplo não adiciona vieses durante a fase de alimentação adiante, o que reduz a complexidade do processo de retropropagação e facilita a compreensão.

Após a retropropagação atribuir a cada conexão a correção que deve ser aplicada a toda a rede, ajuste os pesos iniciais para representar uma rede neural atualizada. Para isso, adicione os pesos de cada camada, a multiplicação da entrada para elas e as correções delta como um todo. Essa é uma etapa do método de descida de gradiente, no qual a solução é abordada executando-se pequenos e repetidos passos na direção correta, portanto ajuste o tamanho da etapa usada para solucionar o problema. Os parâmetros alfa ajudam a alterar o tamanho da etapa. Um valor de 1 não afeta o impacto da correção de peso anterior, mas valores menores que 1 o reduzem efetivamente.

```
def update_weights(X, l1, l1_delta, l2_delta, weights,
   alpha=1.0):
    weights[1] = weights[1] + (alpha * l1.T.dot(l2_delta))
    weights[0] = weights[0] + (alpha * X.T.dot(l1_delta))
    return weights
```

Uma rede neural não é completa se aprende a partir dos dados, mas não gera previsões. A última função `predict` envia novos dados usando a alimentação adiante, lê a última camada de saída e transforma os valores em previsões de problemas. Como a função de ativação sigmoide é adequada à modelagem de probabilidade, o código usa um valor intermediário entre 0 e 1, ou seja, 0,5, como limiar para obter uma saída positiva ou negativa. Essa saída binária categoriza duas classes ou uma única contra todas as outras, se um conjunto de dados tiver três ou mais tipos de resultados para classificar.

```
def predict(X, weights):
    _, l2 = feed_forward(X, weights)
    preds = np.ravel((l2 > 0.5).astype(int))
    return preds
```

Nesse ponto, o exemplo tem todas as partes que fazem uma rede neural funcionar. Basta um problema que demonstre esse funcionamento.

Resolvendo um problema simples

Nesta seção, testamos o código que você escreveu para a rede neural, solicitando a ela que resolva um problema simples de dados, mas não banal. O código usa a função `make_moons` do pacote Scikit-learn para criar dois círculos intercalados de pontos em forma de duas meias-luas. Separar esses dois círculos requer um algoritmo capaz de definir uma função de separação não linear que generalize os novos casos do mesmo tipo. Uma rede neural, como a apresentada neste capítulo, lida facilmente com o desafio.

```
np.random.seed(0)

coord, cl = make_moons(300, noise=0.05)
X, Xt, y, yt = train_test_split(coord, cl,
                                test_size=0.30,
                                random_state=0)
```

```
plt.scatter(X[:,0], X[:,1], s=25, c=y, cmap=plt.cm.Set1)
plt.show()
```

O código define o grão aleatório para produzir o mesmo resultado sempre que o exemplo for executado. O próximo passo é produzir 300 exemplos de dados e dividi-los em conjuntos de dados de treinamento e de teste. (O conjunto de teste equivale a 30% do total.) Os dados consistem em duas variáveis que representam as coordenadas x e y no gráfico cartesiano. A Figura 8-1 mostra a saída.

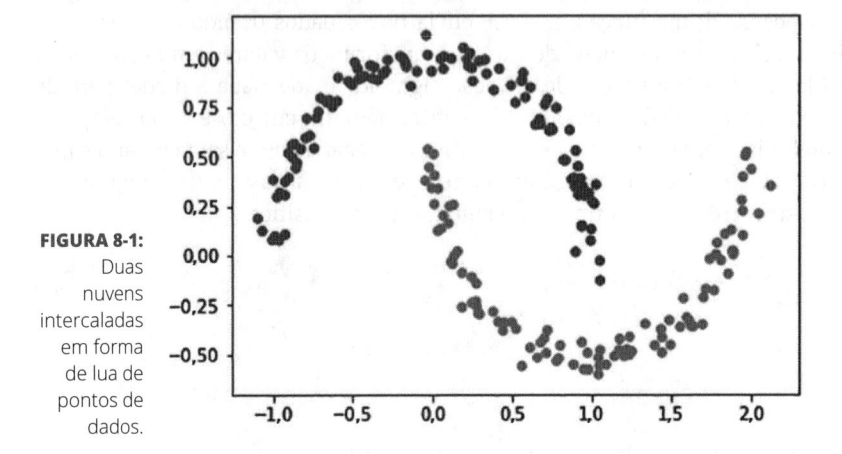

FIGURA 8-1: Duas nuvens intercaladas em forma de lua de pontos de dados.

Como o aprendizado em uma rede neural acontece em iterações sucessivas (chamadas de *épocas*), depois de criar e inicializar os conjuntos de pesos, o código faz um loop de 30 mil iterações dos dados de duas meias-luas (cada passagem é uma época). Em cada iteração, o script chama algumas das principais funções da rede neural, já preparadas:

- » Alimenta os dados através da rede inteira.
- » Retropropaga o erro de volta para a rede.
- » Atualiza os pesos de cada camada, com base no erro de retropropagação.
- » Calcula os erros de treinamento e validação.

O código a seguir usa comentários para detalhar quando cada função opera:

```
weights = create_architecture(X, 3, 1)

for j in range(30000 + 1):
```

```
# First, feed forward through the hidden layer
l1, l2 = feed_forward(X, weights)

# Then, error backpropagation from output to input
l2_error, l1_delta, l2_delta = backpropagation(l1,
                                    l2, weights, y)

# Finally, updating the weights of the network
weights = update_weights(X, l1, l1_delta, l2_delta,
                         weights, alpha=0.05)

# From time to time, reporting the results
if (j % 5000) == 0:
    train_error = np.mean(np.abs(l2_error))
    print('Epoch {:5}'.format(j), end=' - ')
    print('error: {:0.4f}'.format(train_error),
          end= ' - ')
    train_accuracy = accuracy(true_label=y,
                              predicted=(l2 > 0.5))
    test_preds = predict(Xt, weights)
    test_accuracy = accuracy(true_label=yt,
                             predicted=test_preds)
    print('acc: train {:0.3f}'.format(train_accuracy),
          end= ' | ')
    print('test {:0.3f}'.format(test_accuracy))
```

A variável `j` conta as iterações. A cada iteração, o código tenta dividir `j` por 5 mil e verificar se a divisão deixa um módulo. Quando o módulo é zero, o código infere que 5 mil épocas se passaram desde a verificação anterior, e é possível resumir o erro da rede neural ao examinar sua precisão (quantas vezes a predição está correta em relação ao número total de predições) no conjunto de treinamento e no de teste. A precisão no conjunto de treinamento mostra o quanto a rede neural ajusta bem os dados, adaptando seus parâmetros pelo processo de retropropagação. A precisão no conjunto de testes dá uma ideia de como a solução é generalizada para novos dados e, portanto, se são reutilizáveis.

DICA A precisão do teste é o mais importante, pois mostra a potencial aplicabilidade da rede neural para outros dados. A precisão do treinamento apenas informa como a rede pontua com os dados que já estão em uso.

Entrando nos Bastidores das Redes Neurais

Depois de saber como as redes neurais funcionam, entenda melhor o que as diferencia. Além das diferentes arquiteturas, a escolha das funções de ativação, os otimizadores e a taxa de aprendizado da rede neural fazem diferença. Conhecer operações básicas não é suficiente para obter os resultados desejados. Analisar os bastidores esclarece como ajustar uma solução de rede neural para modelar problemas específicos. Além disso, entender os vários algoritmos usados para criar uma rede neural implica melhores resultados com menos esforço e em menos tempo. As seções seguintes enfocam três áreas de diferenciação de redes neurais.

Escolhendo a função de ativação ideal

Uma função de ativação simplesmente define quando um neurônio dispara. Considere isso como um ponto de inflexão: a entrada de um determinado valor não faz com que o neurônio dispare, porque ela não é suficiente, mas apenas um pouco mais de entrada o faz disparar. Um neurônio é definido de maneira simples, como se segue:

```
y = ∑ (weight * input) + bias
```

A saída, y, é qualquer valor entre + infinito e - infinito. O problema, então, é decidir qual valor de y é o valor de disparo, que é o momento em que a função de ativação entra em ação. A função de ativação determina qual valor é alto ou baixo o suficiente para retratar um ponto de decisão na rede neural para um neurônio ou grupo de neurônios em particular.

Como acontece com todos os outros aspectos das redes neurais, não há apenas uma função de ativação. Você usará a que funcionar melhor em um cenário específico. Com isso em mente, divida as funções de ativação nestas categorias:

» **De passo:** A função de passo (também chamada de função binária) depende de um limiar específico para tomar a decisão de ativar ou não. Usar uma função de etapa significa definir qual valor específico causará a ativação. No entanto, as funções da etapa são limitadas, porque são totalmente ativadas ou totalmente desativadas — não há meio-termo. Consequentemente, ao tentar determinar qual classe é mais provavelmente a correta, com base em uma entrada específica, a função de etapa não funcionará.

» **Linear:** A função linear (A = cx) determina uma ativação em linha reta com base na entrada. A função linear determina qual saída será ativada com base na saída mais correta (conforme expresso pela ponderação). No entanto, as funções lineares funcionam apenas como uma única camada. Se empilhar várias camadas de funções lineares, a saída será a mesma que se usasse uma única camada, o que anula o propósito de usar as redes neurais. Consequentemente, uma função linear aparece como uma única camada, mas nunca como camadas múltiplas.

» **Sigmoide:** A função sigmoide (A = 1 / 1 + e⁻ˣ), que produz uma curva em formato de C ou S, não é linear. Ela parece uma espécie de função de etapa, mas os valores entre dois pontos ficam em uma curva, o que significa que as funções sigmoides são empilháveis para executar classificações com múltiplas saídas. O intervalo de uma função sigmoide fica entre 0 e 1, não – infinito até + infinito, como acontece com a linear, portanto as ativações são vinculadas dentro de um intervalo específico. No entanto, a função sigmoide sofre de um problema chamado de *dissipação do gradiente*; ou seja, a função se recusa a aprender depois de um certo ponto, porque o erro propagado se reduz a zero à medida que se aproxima de camadas distantes.

» **Tanh:** A função tanh, ou tangente hiperbólica (A = (2 / 1 + e⁻²ˣ) – 1), é, na verdade, uma função sigmoide em escala. Tem um intervalo de –1 a 1, então é um método preciso para ativar neurônios. A diferença entre elas é que o gradiente da função tanh é mais forte, o que significa que a detecção de pequenas diferenças é mais fácil, tornando a classificação mais sensível. Como a função sigmoide, a tanh sofre de problemas com gradientes.

» **ReLU:** A função ReLU, ou unidade linear retificada (A(x) = max(0, x)), fornece uma saída no intervalo de 0 a infinito, por isso é semelhante à linear, exceto que é não linear, permitindo o empilhamento. Uma vantagem de ReLU é que requer menos poder de processamento, porque menos neurônios disparam. A falta de atividade à medida que o neurônio se aproxima da parte 0 da linha significa que há menos saídas potenciais a serem observadas. No entanto, essa vantagem também pode se tornar uma desvantagem quando você tiver um problema chamado ReLU que esteja morrendo. Depois de um tempo, os pesos da rede neural não fornecem mais o efeito desejado (simplesmente para de aprender) e os neurônios afetados morrem — não respondem a nenhuma entrada.

Além disso, considere estas variações da ReLU:

» **ELU (unidade linear exponencial):** Difere da ReLU quando as entradas são negativas. Neste caso, as saídas não chegam a zero, mas diminuem lentamente para –1, exponencialmente.

» **PReLU (unidade linear retificada paramétrica):** Difere da ReLU quando as entradas são negativas. Neste caso, a saída é uma função linear cujos parâmetros se aprendem com à mesma técnica de qualquer outro da rede.

» **LeakyReLU:** Similar à PReLU, mas o parâmetro para o lado linear é fixo.

Confiando em um otimizador inteligente

Um otimizador garante que a rede neural tenha um desempenho rápido e modele corretamente qualquer problema a ser resolvido modificando seus vieses e pesos. Acontece que um algoritmo executa essa tarefa, mas, para obter os resultados esperados, é preciso escolher bem. Como vale para tudo que se aplica às redes neurais, há vários tipos de algoritmos (veja `https://keras.io/optimizers/`):

- » Stochastic gradient descent (SGD)
- » RMSProp
- » AdaGrad
- » AdaDelta
- » AMSGrad
- » Adam e suas variações, Adamax e Nadam

Um otimizador funciona minimizando ou maximizando a saída de uma função objetivo (também conhecida como função de erro), representada como E(x). Essa função depende dos parâmetros internos do aprendizado do modelo usados para calcular os valores de destino (Y) dos preditores (X). Dois parâmetros internos que podem ser aprendidos são pesos (W) e viés (b). Os vários algoritmos possuem métodos diferentes de lidar com a função objetivo.

Categorize as funções do otimizador pela maneira como lidam com a derivada (dy/dx), que é a mudança instantânea de y em relação a x. Aqui estão os dois níveis de manipulação de derivativos:

- » **Primeira ordem:** Estes algoritmos minimizam ou maximizam a função objetivo usando valores de gradiente em relação aos parâmetros.
- » **Segunda ordem:** Estes algoritmos minimizam ou maximizam a função do objeto usando os valores derivados de segunda ordem em relação aos parâmetros. O derivativo de segunda ordem indica se a derivada de primeira ordem está aumentando ou diminuindo, o que informa a respeito da curvatura da linha.

Geralmente, usamos técnicas de otimização de primeira ordem, como descida de gradiente, porque demandam menos cálculos e tendem a convergir para uma solução boa relativamente rápido ao trabalhar com grandes conjuntos de dados.

Definindo a taxa de aprendizado

Cada otimizador tem parâmetros completamente diferentes para ajustar. Uma constante é corrigir a *taxa de aprendizado*, que representa a taxa na qual o código atualiza os pesos da rede (como o parâmetro alfa usado no exemplo deste capítulo). A taxa de aprendizado afeta tanto o tempo que a rede neural leva para aprender uma boa solução (o número de épocas) quanto o resultado. De fato, se a taxa de aprendizado for muito baixa, a rede levará uma eternidade para aprender. Definir um valor muito alto causa instabilidade ao atualizar os pesos, e a rede nunca convergirá para uma boa solução.

A escolha de uma taxa de aprendizado que funcione é assustadora, pois é possível testar valores na faixa de 0,000001 a 100. O melhor valor varia conforme o otimizador. O valor escolhido depende do tipo de dados que se possui. A teoria não é de grande valia; é preciso testar combinações diferentes antes de encontrar a taxa de aprendizado mais adequada para treinar cada rede neural com êxito.

Apesar de toda a matemática que as rodeia, sintonizar as redes neurais e fazê-las funcionar melhor é, principalmente, uma questão de esforços empíricos para testar diferentes combinações de arquiteturas e parâmetros.

NESTE CAPÍTULO

» Entendendo as fontes e os usos dos dados

» Processando dados mais rapidamente

» Considerando a diferença do aprendizado profundo

» Definindo soluções inteligentes de aprendizado profundo

Capítulo **9**

Chegando Junto do Aprendizado Profundo

Os Capítulos 7 e 8 avaliaram a IA a partir da perspectiva do aprendizado de máquina, com uma palinha de aprendizado profundo. Este capítulo analisa exclusivamente o aprendizado profundo, porque suas soluções são necessárias para trabalhar de maneira inteligente com a superabundância de dados de hoje. Embora o aprendizado de máquina agregue a capacidade de aprender com o arsenal da IA, é essencial perceber desde o início que os computadores têm limitações — eles não entendem o que os seres humanos estão fazendo. Algoritmos, que são representações matemáticas de vários processos de interpretação de dados, controlam tudo. Portanto, a primeira parte deste capítulo analisa os dados da perspectiva do aprendizado profundo, porque a correspondência eficaz de padrões depende de grandes quantidades de dados.

À medida que passamos da IA para o aprendizado de máquina e profundo, os requisitos computacionais aumentam. Na verdade, a falta de poder de processamento foi um dos principais motivos para os invernos da IA. Hoje, há GPUs, como o NVIDIA Titan V (https://www.nvidia.com/en-us/titan/titan-v/), com 5.120 núcleos CUDA, que processam dados de maneiras consideradas inimagináveis alguns anos atrás. Portanto, a segunda parte deste capítulo discute como melhorar a experiência com o aprendizado profundo lançando mão de mais hardwares ou usando outras estratégias empregadas pelos cientistas de dados (entre outros).

A terceira parte do capítulo concentra-se nas diferenças do aprendizado profundo e do aprendizado de máquina — uma fonte constante de problemas para muitas pessoas. Encontrar uma definição precisa com a qual todos concordem é quase impossível. Portanto, se for especialista em aprendizado profundo, talvez não concorde totalmente com tudo o que este capítulo diz. Mesmo assim, este livro se baseia nesta definição para apresentar seus princípios e exemplos, por isso conhecer nossas opiniões sobre o aprendizado profundo é crucial.

Por fim, a quarta parte do capítulo pega todos os elementos essenciais das três primeiras e os aperfeiçoa. O aprendizado profundo é profundamente variado, e algumas de suas formas são particularmente adequadas para resolver problemas específicos. Atualmente, não há uma solução única que resolva todos os problemas, mesmo que de maneira inadequada, portanto conhecer as soluções ideais para resolver um problema específico poupa muito tempo e frustração.

Se Esses Dados Fossem Meus

O *big data* é mais do que um jargão usado pelos fornecedores para propor novas maneiras de armazenar dados e analisá-los. A revolução do big data é uma realidade cotidiana e uma força motriz dos nossos tempos. Você pode ter ouvido falar do big data em muitas publicações científicas e comerciais especializadas e se perguntado o que o termo realmente significa. Do ponto de vista técnico, o big data refere-se a grandes e complexas quantidades de dados de computador, tão grandes e complexos que os aplicativos não conseguem lidar com eles usando armazenamento adicional ou aumentando o poder computacional. As seções a seguir contam o que torna os dados um recurso universal hoje.

Considerando os efeitos da estrutura

O big data implica uma revolução no armazenamento e na manipulação de dados. Ele afeta o que extraímos dos dados em termos qualitativos (o que significa que, além de executar mais tarefas, ele as executa melhor). Os computadores armazenam big data em diferentes formatos a partir de uma perspectiva humana, mas os entende como um fluxo de uns e zeros (a linguagem básica dos computadores). Dependendo de como os produz e consome, têm dois tipos:

» **Estruturados:** Você sabe exatamente o que contêm e onde encontrar todos os dados. Exemplos típicos de dados estruturados são tabelas de banco de dados, nas quais as informações são organizadas em colunas e cada coluna contém um tipo específico de informações. Os dados geralmente são estruturados por design. São seletivamente coletados e gravados no lugar correto. Por exemplo, colocar o número de pessoas que compram um determinado produto em uma coluna específica, em uma tabela específica, em um banco de dados específico. Assim como em uma biblioteca, fica fácil encontrar os dados de que precisa.

» **Não estruturados:** Você tem uma ideia do conteúdo, mas não tem como saber exatamente como é sua organização. Exemplos típicos de dados não estruturados são imagens, vídeos e gravações de som. É possível usar um formulário não estruturado para o texto, para marcá-lo com características como tamanho, data ou tipo de conteúdo. Em geral, você não sabe exatamente onde os dados aparecem em um conjunto de dados não estruturados, porque os dados aparecem como sequências de uns e zeros que um aplicativo deve interpretar ou visualizar.

LEMBRE-SE

A transformação dos dados não estruturados em um formulário estruturado custa muito tempo e esforço, e envolve o trabalho de muitas pessoas. A maioria dos dados da revolução do big data é desestruturada e armazenada como está, a menos que alguém a processe de forma estruturada.

Esse copioso e sofisticado armazenamento de dados não apareceu de um dia para o outro. A tecnologia para armazenar essa quantidade de dados demorou para ser desenvolvida. A disseminação das tecnologias que geram e fornecem dados, como computadores, sensores, telefones móveis inteligentes, internet e os serviços na world wide web, também levou tempo.

Entendendo as implicações de Moore

Em 1965, Gordon Moore, cofundador da Intel e da Fairchild Semiconductor, escreveu, no artigo encontrado em `https://ieeexplore.ieee.org/document/4785860/`, que o número de componentes dos circuitos integrados dobraria a cada ano pela próxima década. Naquela época, os transistores dominavam a eletrônica. Colocar mais transistores em um circuito integrado (CI) significava tornar os dispositivos eletrônicos mais potentes e úteis. Esse processo é a *integração* e implica um forte processo de miniaturização eletrônica (reduzindo o mesmo circuito). Os computadores de hoje não são muito menores do que os de uma década atrás, mas são definitivamente mais potentes. O mesmo vale para os smartphones. Embora sejam do mesmo tamanho que os celulares, seus predecessores, realizam mais tarefas.

O que Moore afirmou no artigo valeu por muitos anos. O setor de semicondutores aplica a lei de Moore (veja detalhes em `http://www.mooreslaw.org/`). A duplicação ocorreu nos primeiros dez anos, como previsto. Em 1975, Moore corrigiu sua declaração, prevendo uma duplicação bianual. A Figura 9-1 mostra seus efeitos. A taxa de duplicação ainda é válida, embora o senso comum defenda que não sobreviverá à década atual (até cerca de 2020). A partir de 2012, um descompasso começou a ocorrer entre os aumentos de velocidade esperados e o que as empresas de semicondutores obtêm com relação à miniaturização.

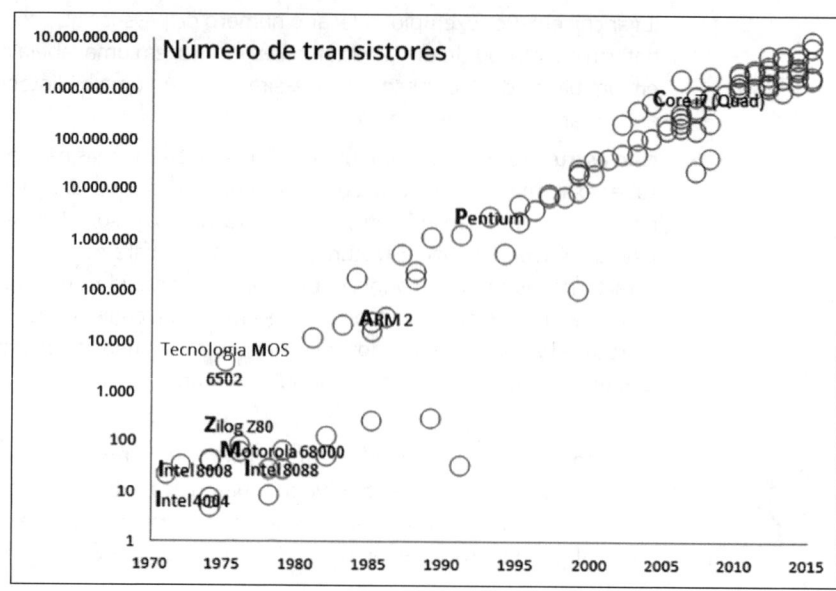

FIGURA 9-1: Colocando cada vez mais transistores em uma CPU.

Há barreiras físicas para integrar mais circuitos em um CI usando os componentes de sílica, para que seu tamanho seja reduzido. No entanto, a inovação continua, conforme descrito em `https://www.nature.com/news/the-chips-are-down-for-moores-law-1.19338`. No futuro, a lei de Moore não terá a mesma validade. Isso porque o setor mudará para uma nova tecnologia, como fabricar componentes usando lasers ópticos em vez de transistores (o artigo em `https://www.extremetech.com/extreme/187746-by-2020-you-could-have-an-exascale-speed-of-light-optical-computeron-your-desk` detalha a computação óptica). Em algum momento, as pessoas desconsiderarão a lei de Moore, porque o setor não conseguirá manter o ritmo de antes (veja a matéria no MIT Technology Review, em `https://www.technologyreview.com/s/601441/mooreslaw-is-dead-now-what/`).

Entendendo as transformações

O que importa para o cientista de dados e outros interessados em aprendizado profundo é que, desde 1965, a duplicação de componentes a cada dois anos gerou grandes avanços na eletrônica digital, cujas consequências tiveram longo alcance em aquisição, armazenamento, manipulação e gerenciamento de dados.

A lei de Moore tem um efeito direto nos dados, que começa por tornar os dispositivos mais inteligentes. Quanto mais inteligentes forem, mais as pessoas confiam neles para interagir com os dados de novas maneiras (como a eletrônica evidencia em toda parte hoje). Quanto mais esse poder computacional se difundir, menor será seu preço, criando um loop infinito que impulsiona o uso de poderosas máquinas de computação e pequenos sensores em todas as situações. Com grandes quantidades de memória disponível e discos com maior poder de armazenamento para dados, a consequência é a expansão da disponibilidade dos dados, como sites, registros de transações, medições, imagens digitais e outros tipos. Sem esses avanços, a internet, como a entendemos hoje, não seria possível, porque seu fluxo de dados depende de dispositivos inteligentes.

A internet gera e distribui dados em grandes quantidades, graças a computadores, dispositivos móveis e sensores interconectados. Algumas fontes estimam que a atual produção diária é de cerca de 2,5 quintilhões (um número com 18 zeros) de bytes, sendo a maior parte de dados não estruturados, como vídeo e áudio (veja detalhes no artigo em `https://www.forbes.com/sites/bernardmarr/2018/05/21/how-much-data-do-we-create-every-day-the-mind-blowing-stats-everyone-should-read/`). A maioria se relaciona a atividades, sentimentos, experiências e relações humanas comuns, acompanhados por uma crescente parcela de dados relativos ao funcionamento de máquinas conectadas que variam de maquinarias industriais complexas a simples lâmpadas domésticas inteligentes (controladas remotamente, pela internet).

Quanto Mais, Melhor

Com a explosão da disponibilidade dos dados em dispositivos digitais, eles assumem novas nuances de valor e utilidade além do escopo inicial de instrução (treinamento) e transmissão de conhecimento (transferência de dados). A abundância de dados, quando considerados como parte da análise, adquire novas funções que os distinguem dos informativos:

» Os dados descrevem melhor o mundo apresentando uma ampla variedade de fatos e com mais detalhes, fornecendo nuances para cada fato. Tornaram-se tão abundantes que cobrem todos os aspectos da realidade. Você pode usá-lo para desvendar como até mesmo coisas e fatos aparentemente não relacionados se relacionam.

» Os dados mostram como os fatos se associam aos eventos. Dadas certas premissas, derivamos regras gerais e aprendemos como o mundo mudará ou se transformará. Quando as pessoas agem de certa forma, os dados também fornecem certa capacidade de previsão.

As seções a seguir discutem como ter mais dados geralmente é melhor. Por ter mais dados para trabalhar, o projeto de aprendizado profundo se torna mais preciso, confiável e, em alguns casos, viável.

Definindo as ramificações dos dados

Em alguns aspectos, os dados nos provêm superpoderes. Chris Anderson, ex-editor-chefe da *Wired*, discute como grandes quantidades de dados auxiliam a fazer descobertas científicas independentes do método científico estrito (veja o artigo em https://www.wired.com/2008/06/pb-theory/). O autor se baseia no exemplo das realizações do Google nos setores de publicidade e tradução, em que alcançou proeminência aplicando algoritmos para aprender com os dados, não com modelos ou teorias específicas.

Como na publicidade, os dados científicos (como da física ou da biologia) viabilizam a inovação que possibilita aos cientistas abordarem problemas sem hipóteses, considerando as variações encontradas em grandes quantidades de dados e usando algoritmos de descoberta. Galileo Galilei se baseou no método científico para criar as bases da física e da astronomia modernas (ver https://www.biography.com/people/galileo-9305220). A maioria dos primeiros avanços se baseia em observações e experimentos controlados que definem as razões de como e por que as coisas acontecem. A capacidade de inovar usando apenas dados é um grande avanço na maneira como entendemos o mundo.

No passado, os cientistas fizeram inúmeras observações e várias deduções para descrever a física do Universo. Esse processo manual permitiu que as pessoas encontrassem as leis subjacentes do mundo em que vivemos. A análise de dados, combinando observações expressas, como entradas e saídas, permite determinar como as coisas funcionam e definir, graças ao aprendizado profundo, regras aproximadas ou leis do mundo sem ter que recorrer a observações e deduções manuais. O processo agora é mais rápido e mais automático.

A ladra do tempo

Mais do que impulsionar o aprendizado profundo, os dados o tornam possível. Algumas pessoas diriam que o aprendizado profundo é a saída de algoritmos sofisticados de complexidade matemática elevada, e isso é verdade. Atividades como visão e compreensão da linguagem exigem algoritmos que não são facilmente explicados em termos para leigos e exigem milhões de cálculos para funcionar. (O hardware também desempenha um papel nesse contexto.)

Porém o aprendizado profundo não se resume a algoritmos. O Dr. Alexander Wissner-Gross, cientista, empresário e pesquisador norte-americano do Institute for Applied Computation Science, de Harvard, expôs suas ideias sobre o tema em uma entrevista recente à *Edge* (https://www.edge.org/response-detail/26587). A entrevista descreve por que a tecnologia do aprendizado profundo demorou tanto tempo para decolar. Wissner-Gross conclui que a qualidade e a disponibilidade dos dados foram fatores-chave, e não simplesmente a disponibilidade algorítmica. Em outras palavras, é preciso ter algoritmos poderosos, mas isso não é suficiente sem os dados corretos para executá-los.

Wissner-Gross analisa o momento da maioria das descobertas em aprendizado profundo nos últimos anos, mostrando como dados e algoritmos contribuem para o sucesso de cada avanço e destacando como cada um deles era recente quando a comunidade da IA se consolidou. Wissner-Gross mostra como os dados são relativamente novos e sempre atualizados, enquanto os algoritmos não são descobertas, mas dependem da consolidação de tecnologias mais antigas.

Por exemplo, quando você considera as realizações recentes do aprendizado profundo, o desempenho quase humano da rede do GoogleLeNet na classificação correta de imagens em classes depende de um antigo algoritmo executado em dados recentes. Ele utiliza o Convolutional Neural Networks for Visual Recognition, um algoritmo desenvolvido em 1989 que só mostrou sua eficácia real após ser treinado usando o corpus ImageNet (http://www.image-net.org/), com mais de 1,5 milhões de imagens e mais de 1.000 categorias (o corpus ImageNet ficou disponível em 2010).

Outra conquista a considerar é o resultado da equipe do Google DeepMind. A equipe implementou uma rede neural profunda que tem a mesma habilidade humana com 29 jogos diferentes de Atari. Eles se basearam em um algoritmo de 1992, Q-Learning, que só foi aplicado aos jogos de Atari depois de 2013, quando as redes neurais convolucionais se tornaram comuns e surgiu um conjunto completo de 50 jogos do Atari 2600, o Arcade Learning Environment (https://github.com/mgbellemare/Arcade-Learning-Environment).

Wissner-Gross mostra outros exemplos do mesmo tipo de aprendizado profundo, como a vitória do IBM Deep Blue contra Garry Kasparov e quando o IBM Watson se tornou campeão mundial de *Jeopardy!*. Em todos os casos, conclui Wissner-Gross, em média, o algoritmo é cerca de 15 anos mais velho que os dados. Ele aponta que os dados expandem as conquistas do aprendizado profundo e deixa para o leitor imaginar o que aconteceria se os algoritmos atuais fossem alimentados com dados melhores em termos de qualidade e quantidade.

Processando Mais Rápido que Nunca

Quando observamos o aprendizado profundo de perto, a quantidade de tecnologia antiga surpreende, mas, por incrível que pareça, tudo funciona como nunca. Como os pesquisadores finalmente descobriram como fazer com que algumas soluções simples e boas funcionem juntas, o big data filtra, processa e transforma os dados automaticamente. Por exemplo, novas ativações, como o ReLU, não são tão novas assim; elas são conhecidas desde o perceptron (que data de 1957; veja o Capítulo 7).

Os recursos de reconhecimento de imagem, que inicialmente tornaram o aprendizado profundo tão popular, também não são novos. Ele tomou um grande impulso graças às redes neurais convolucionais (CNN). Descobertas na década de 1980 pelo cientista francês Yann LeCun (cuja página pessoal é http://yann.lecun.com/), essas redes agora trazem resultados surpreendentes, porque usam muitas camadas neurais e muitos dados.

O mesmo vale para a tecnologia que permite que uma máquina entenda a fala humana ou traduza de uma língua para outra. Em todos os casos, a solução conta com décadas de tecnologia antiga, que um pesquisador revisitou e começou a trabalhar no novo paradigma do aprendizado profundo. O único problema é que todo esse processamento de dados requer muitos ciclos de processamento; portanto, as seções a seguir discutem como melhorar a velocidade de processamento para que o resultado da análise de dados ocorra em um período razoável.

Aproveitando a potência dos hardwares

Hoje, o uso de quantidades incríveis de dados faz a diferença no desempenho dos algoritmos. Para processar tantos dados, cientistas de vários tipos confiam no aumento do uso de GPUs e redes de computadores para obter respostas rapidamente. Com o paralelismo (mais computadores em clusters e operando em paralelo), as GPUs permitem criar redes maiores e treiná-las com êxito com mais dados. Uma GPU executa certas operações 70 vezes mais rápido que qualquer CPU, permitindo um corte nos tempos de treinamento para redes neurais de semanas para dias ou horas. (O artigo em `https://www.quora.com/Why-are-CPUs-still-being-made-when-GPUs-are-so-much-faster` conta por que CPUs e GPUs criam um sistema eficaz de aprendizado profundo.)

As GPUs são unidades de computação de cálculo matricial e vetorial necessárias à retropropagação. Essas tecnologias tornam o treinamento das redes neurais mais rápido e acessível a mais pessoas. A pesquisa também abriu um mundo de novas aplicações. As redes neurais aprendem com grandes quantidades de dados e tiram proveito de grandes volumes de dados (imagens, texto, transações e dados de redes sociais), criando modelos que funcionam cada vez melhor, dependendo do fluxo de dados com que são alimentados.

PAPO DE ESPECIALISTA

Para obter mais informações sobre o quanto uma GPU capacita o aprendizado de máquina por meio de redes neurais, leia este artigo técnico sobre o assunto: `https://icml.cc/2009/papers/218.pdf`.

Fazendo outros investimentos

Grandes empresas, como Google, Facebook, Microsoft e IBM, identificaram essa tendência e, desde 2012, passaram a adquirir empresas e contratar especialistas nas novas áreas do aprendizado profundo. Dois deles são Geoffrey Hinton, conhecido por seu trabalho na aplicação do algoritmo de retropropagação a redes neurais multicamadas e agora com o Google, e Yann LeCun, criador das redes neurais convolucionais, que agora lidera o setor de pesquisa de IA do Facebook.

Hoje, todos acessam as redes, e as pessoas também podem acessar as ferramentas que as criam. Esse acesso vai além da leitura de artigos científicos públicos que explicam como o aprendizado profundo funciona; ele também inclui as ferramentas para programação das redes.

Nos primórdios do aprendizado profundo, os cientistas construíram todas as redes do zero usando linguagens como C++. Infelizmente, o desenvolvimento de aplicativos em uma linguagem de baixo nível limita o acesso a dados para alguns especialistas bem treinados. Os recursos de script atuais (por exemplo, o Python; veja em `https://www.python.org`) são melhores devido a uma grande variedade de estruturas de aprendizado profundo de software livre, como o TensorFlow, do Google (`https://www.tensorflow.org/`) ou o PyTorch, do Facebook (`https://pytorch.org/`). Essas estruturas permitem a replicação dos avanços mais recentes em aprendizado profundo com comandos diretos.

O Aprendizado Profundo Não É Mais uma IA na Fila do Pão

Dada a profusão de riquezas da IA, em geral, como grandes quantidades de dados, hardware computacional novo e poderoso acessível a todos e muitos investimentos privados e públicos, a tecnologia por trás do *aprendizado profundo*, baseada em redes neurais que possuem mais neurônios e camadas ocultas do que antigamente, gera certo ceticismo. As redes profundas se contrapõem às mais simples e rasas do passado, que apresentavam uma ou duas camadas ocultas, na melhor das hipóteses. Muitas soluções que viabilizam o aprendizado profundo hoje não são de todo novas, mas ele as utiliza de novas maneiras.

LEMBRE-SE O aprendizado profundo não é simplesmente a reformulação de uma tecnologia antiga, o perceptron, descoberto em 1957 por Frank Rosenblatt no Laboratório de Aeronáutica de Cornell (o Capítulo 7 detalha o perceptron). O aprendizado profundo funciona melhor por causa da sofisticação extra que ele adiciona ao uso total de computadores poderosos e à disponibilidade de dados melhores (não apenas em maior quantidade). E também implica uma profunda mudança qualitativa nas capacidades propiciadas pela tecnologia, junto com novas e surpreendentes aplicações. A presença dessas capacidades moderniza as redes neurais antigas, mas boas, transformando-as em algo novo. As seções a seguir descrevem como o aprendizado profundo realiza tarefas.

Indo a fundo

Há quem se pergunte por que o aprendizado profundo só floresceu agora, se a tecnologia que o fundamenta existe há muito tempo. Como mencionado, os computadores são mais poderosos hoje, viabilizando o acesso a grandes quantidades de dados. No entanto, essa resposta suscita apenas problemas antigos, e o menor poder computacional, com menos dados, não era o único obstáculo. Até recentemente, o aprendizado profundo também sofria de um problema técnico importante, que impedia que as redes neurais tivessem camadas suficientes para executar tarefas realmente complexas.

Como usa muitas camadas, o aprendizado profundo resolve problemas que estão fora da alçada do aprendizado de máquina, como reconhecimento de imagem, tradução automática e reconhecimento de fala. Quando equipada com poucas camadas, uma rede neural é um *aperfeiçoador de função universal* perfeito, um sistema que recria qualquer função matemática. Quando equipada com muitas camadas, torna-se capaz de criar, dentro da cadeia interna de multiplicações de matrizes, um sofisticado sistema de representações para resolver problemas complexos. Para entender como funciona uma tarefa complexa, como o reconhecimento de imagens, considere este processo:

1. **Um sistema de aprendizado profundo treinado para reconhecer imagens (como uma rede que distingue cães em fotos que estão com gatos) define pesos internos capazes de reconhecer um tópico de imagem.**

2. **Após detectar cada contorno e canto na imagem, a rede de aprendizado profundo reúne esses traços básicos em características compostas.**

3. **A rede combina esses recursos com uma representação ideal, que retorna a resposta.**

Em outras palavras, uma rede de aprendizado profundo distingue os cães dos gatos usando os pesos internos, que definem uma representação do que, de forma estrutural, um cão e um gato são. Em seguida, usa esses pesos internos para analisar as imagens que lhe são oferecidas.

LEMBRE-SE

Uma das primeiras realizações do aprendizado profundo, que levou sua potência a público, foi o *neurônio do gato*. A equipe do Google Brain, administrada na época por Andrew Ng e Jeff Dean, reuniu 16 mil computadores para calcular uma rede de aprendizado profundo com mais de 1 bilhão de pesos, permitindo, assim, o aprendizado não supervisionado de vídeos do YouTube. A rede de computadores consegue até mesmo determinar sem nenhuma intervenção humana o que é um gato, e os cientistas do Google conseguiram extrair dela a representação que tinha de um gato (o artigo da *Wired* está em `https://www.wired.com/2012/06/google-x-neural-network/`).

Enquanto os cientistas não conseguiam empilhar mais camadas em uma rede neural, devido aos limites do hardware computacional, o potencial da tecnologia permaneceu soterrado, e os cientistas ignoraram as redes neurais. O ostracismo se somou ao profundo ceticismo que surgiu a respeito da tecnologia durante o último inverno da IA. Entretanto, o que impediu os cientistas de criarem algo mais sofisticado foi o problema com a dissipação do gradiente.

A *dissipação do gradiente* ocorre quando, ao se transmitir um sinal através de uma rede neural, ele rapidamente chega a valores próximos de zero e não passa pelas funções de ativação. Isso acontece porque as redes neurais são multiplicações encadeadas. Cada multiplicação abaixo de zero diminui rapidamente os valores de entrada, e as funções de ativação precisam de valores grandes o suficiente para permitirem a passagem do sinal. Quanto mais camadas de neurônios forem produzidas, maior é a probabilidade de que sejam bloqueadas por atualizações, porque os sinais são muito pequenos e as funções de ativação os bloquearão. Consequentemente, a rede, como um todo, para de aprender ou aprende em um ritmo incrivelmente lento.

Todas as tentativas de reunir e testar redes complexas fracassaram porque o algoritmo de retropropagação não conseguiu atualizar as camadas mais próximas da entrada, tornando praticamente impossível qualquer aprendizado a partir de dados complexos, mesmo quando esses dados eram acessíveis no momento. Hoje, as redes profundas são uma realidade graças aos estudos de acadêmicos da Universidade de Toronto, no Canadá, como os de Geoffrey Hinton (`https://www.utoronto.ca/news/artificial-intelligence-u-t`), que insistiu em trabalhar com redes neurais mesmo quando pareciam mais uma abordagem à moda antiga do aprendizado de máquina.

O professor Hinton, veterano das redes neurais (ele contribuiu para a definição do algoritmo de retropropagação), e sua equipe em Toronto desenvolveram alguns métodos para contornar a dissipação do gradiente. Ele abriu o campo para repensar novas soluções, que retomaram a importância das redes neurais no aprendizado de máquina e na inteligência artificial.

O professor Hinton e sua equipe são memoráveis também por estarem entre os primeiros a usar a GPU para acelerar o treinamento das redes neurais profundas. Em 2012, eles ganharam uma competição aberta, organizada pela empresa farmacêutica Merck e pela Kaggle (a última, um site para competições de data science), usando as mais recentes descobertas de aprendizado profundo. O evento voltou grande atenção a seu trabalho. Todos os detalhes da conquista revolucionária da equipe de Hinton com as camadas de rede neural estão nesta entrevista com Geoffrey Hinton: `http://blog.kaggle.com/2012/11/01/deep-learning-how-i-did-it-merck-1st-place-interview/`.

Alterando as ativações

A equipe de Geoffrey Hinton (veja a seção anterior) conseguiu adicionar mais camadas à arquitetura neural devido a duas soluções que evitaram problemas de retropropagação:

» Eles evitaram o problema da *explosão do gradiente* com uma inicialização de rede mais inteligente. Ela difere da dissipação porque faz uma rede explodir à medida que o gradiente se torna grande demais para ser manipulado.

Sua rede pode explodir, a menos que a inicialize corretamente para evitar que ela calcule grandes números de peso. Assim, basta alterar as ativações da rede para que se elimine a dissipação do gradiente.

» A equipe percebeu que passar um sinal através de várias camadas de ativação tendia a amortecer o sinal de retropropagação até que ficasse fraco demais para passar depois de examinar como funcionava uma ativação sigmoide. Eles usaram uma nova ativação como solução para esse problema. A escolha de qual algoritmo usar caiu em direção a um tipo de ativação antigo de ReLU, que significa unidades lineares retificadas (o Capítulo 7 fala mais da ReLU). Uma ativação de ReLU interrompe o sinal recebido se estiver abaixo de zero, preservando a não linearidade das redes neurais e deixando o sinal passar como se estivesse acima de zero. (O uso desse tipo de ativação é um exemplo de combinação de uma tecnologia antiga, mas ainda boa, com uma atual.) A Figura 9-2 mostra como o processo funciona.

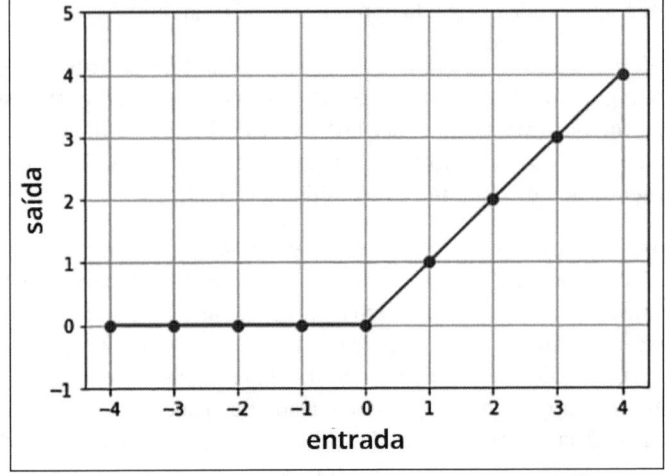

FIGURA 9-2: A função de ativação ReLU recebendo e liberando sinais.

A ReLU trabalhou incrivelmente bem e permitiu que o sinal de retropropagação chegasse às camadas iniciais profundas da rede. Quando o sinal é positivo, sua derivada é 1. A Figura 9-2 também mostra a derivada da ReLU. Note que a taxa de mudança é constante e equivale a uma unidade quando o sinal de entrada é positivo (e, quando é negativo, a derivada é 0, bloqueando sua passagem).

A função ReLU é dada pela fórmula `f(x)=max(0,x)`. O uso desse algoritmo aumenta muito a velocidade de treinamento de redes ainda mais profundas sem incorrer em *neurônios mortos*, aqueles que a rede não consegue ativar porque os sinais são muito fracos.

Não, não me abandone!

A reintrodução ao aprendizado profundo da equipe de Hinton (veja as seções anteriores) para completar suas soluções preliminares objetivava conseguir uma *rede regularizada*, ou seja, limitar seus pesos para impedi-la de memorizar os dados de entrada e de generalizar os padrões de dados verificados.

Discussões anteriores deste capítulo destacaram que certos neurônios memorizam informações específicas e submetem os outros a esses neurônios mais fortes, fazendo com que os neurônios fracos desistam de aprender algo útil (uma situação chamada de *coadaptação*). Para evitá-la, o código temporário desliga a ativação de uma porção aleatória dos neurônios da rede.

Como o lado esquerdo da Figura 9-3 mostra, os pesos normalmente atuam multiplicando as entradas em saídas para as ativações. Para desligar a ativação, o código multiplica uma máscara feita de uma mistura aleatória de uns e zeros com os resultados. Se o neurônio é multiplicado por um, a rede transmite o sinal. Quando um neurônio é multiplicado por zero, a rede interrompe o sinal, forçando os outros neurônios neste processo a não se embasarem nele.

PAPO DE ESPECIALISTA

O abandono [dropout] funciona somente durante o treinamento e não toca em nenhuma parte dos pesos. Ele simplesmente mascara e esconde parte da rede, forçando a parte desmascarada a assumir um papel ativo no aprendizado dos padrões de dados. Durante a previsão, a eliminação não funciona, e os pesos são numericamente redimensionados para pesar o fato de que não trabalharam todos juntos durante o treinamento.

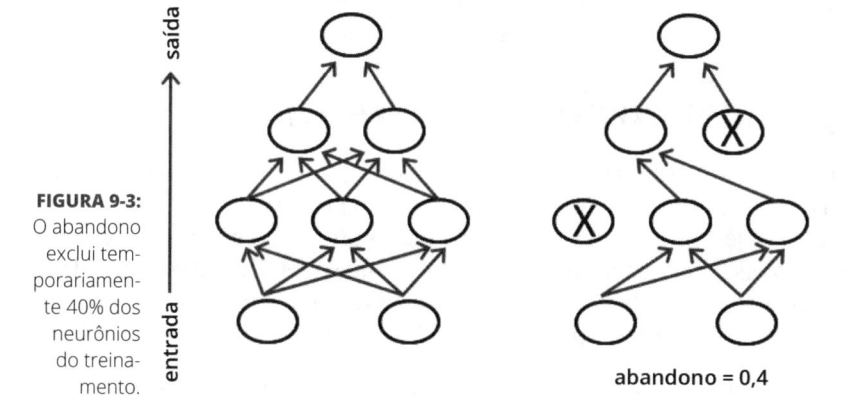

FIGURA 9-3: O abandono exclui temporariamente 40% dos neurônios do treinamento.

Encontrando a Metade da Laranja

O aprendizado profundo influencia a eficácia da IA em reconhecimento de imagens, tradução automática e reconhecimento de voz. Esses problemas foram inicialmente abordados pela IA e pelo aprendizado de máquina clássicos. Além disso, o aprendizado profundo apresenta soluções novas e vantajosas para:

» Aprendizado contínuo usando o aprendizado online.
» Soluções reutilizáveis usando aprendizado por transferência.
» Soluções diretas simples por meio do aprendizado de ponta a ponta.

As seções a seguir explicam o que são o aprendizado online, o aprendizado por transferência e o aprendizado de ponta a ponta.

Aprendendo online

As redes neurais são mais flexíveis do que outros algoritmos de aprendizado de máquina, e seu treinamento permanece mesmo enquanto trabalham na produção de previsões e classificações. Essa capacidade vem dos algoritmos de otimização, que lhes permitem aprender, o que funciona reiteradamente em pequenas amostras de exemplos (*aprendizado em lote*) ou em exemplos únicos (*aprendizado online*). As redes de aprendizado profundo constroem seu conhecimento passo a passo e permanecem receptivas a novas informações (como a mente de um bebê, aberta a novos estímulos e experiências de aprendizado).

Um aplicativo de aprendizado profundo em um site de mídia social treina com imagens de gatos. Conforme as pessoas postam fotos de gatos, o aplicativo as reconhece e as rotula. Quando as pessoas começam a postar fotos de cachorros na rede social, a rede neural não precisa reiniciar o treinamento; continua aprendendo a partir das imagens dos cães. Esse recurso é particularmente útil para lidar com a variabilidade de dados da internet. Uma rede de aprendizado profundo é aberta ao novo e consegue adaptar seus pesos para lidar com ele.

Aprendendo por transferência

A flexibilidade é útil mesmo quando uma rede completa seu treinamento, mas será reutilizada para fins diferentes do aprendizado inicial. As redes que distinguem os objetos e os classificam corretamente precisam de muito tempo e de muita potência computacional para aprender o que fazer. Estender a capacidade de uma rede a tipos de imagens que não integravam o aprendizado anterior é transferir o conhecimento para o novo problema (*aprendizado por transferência*).

Pode-se transferir uma rede que é capaz de distinguir entre cães e gatos para realizar um trabalho que envolva a descoberta de pratos de macarrão com queijo. Você usa a maioria das camadas da rede como são (as congela) e depois trabalha nas camadas finais de saída (ajuste fino). Em pouco tempo, e com menos exemplos, a rede aplicará o que aprendeu ao macarrão e ao queijo, e funcionará ainda melhor do que uma rede treinada apenas para reconhecê-los.

O aprendizado por transferência é novo para a maioria dos algoritmos de aprendizado de máquina e abre um mercado para a transferência de conhecimento de um aplicativo para outro, de uma empresa para outra. O Google já faz isso, compartilhando seu imenso repositório de dados, tornando públicas as redes que construiu nele (como este post detalha: `https://techcrunch.com/2017/06/16/object-detection-api/`). Esse é um passo na democratização do aprendizado profundo, que dá acesso à sua potencialidade a todos.

Aprendendo de ponta a ponta

Por fim, o aprendizado profundo viabiliza o aprendizado de ponta a ponta, o que significa que ele resolve os problemas de maneira mais fácil e direta do que suas soluções anteriores. Esta flexibilidade resulta em um impacto maior ao resolver problemas.

É possível resolver um problema difícil, como fazer a IA reconhecer rostos ou dirigir um carro. Na abordagem clássica da IA, era preciso dividir o problema em subproblemas mais gerenciáveis para obter um resultado aceitável em um tempo viável. Se quisesse reconhecer rostos em uma foto, os sistemas de IA anteriores organizavam o problema em partes, da seguinte forma:

1. **Encontrar os rostos na foto.**
2. **Recortar os rostos da foto.**
3. **Processar as faces recortadas para chegar a uma pose semelhante à da foto de um documento de identificação.**
4. **Alimentar as faces recortadas processadas como exemplos de aprendizado para uma rede neural voltada ao reconhecimento de imagem.**

Hoje, a foto é alimentada em uma arquitetura de aprendizado profundo, orientada para aprender a encontrar rostos nas imagens e, em seguida, usar sua arquitetura para classificá-los. A mesma abordagem vale para tradução de idiomas, reconhecimento de fala ou até mesmo carros autônomos. Em todos os casos, basta passar a entrada para um sistema de aprendizado profundo que o resultado desejado será obtido.

> NESTE CAPÍTULO
>
> » Apresentando noções básicas de visão computacional
>
> » Determinando o funcionamento das redes neurais convolucionais
>
> » Recriando uma rede LeNet5 usando o Keras
>
> » Explicando a visão de mundo das convoluções

Capítulo **10**

Explicando as Redes Neurais Convolucionais

Quando analisamos o aprendizado profundo, a grande quantidade de tecnologia antiga encontrada assusta. Mas, por incrível que pareça, tudo funciona perfeitamente, pois os pesquisadores desenvolveram formas de utilizar soluções simples e menos recentes. Por isso, o big data filtra, processa e transforma dados automaticamente.

Por exemplo, as novas ativações, como as Unidades Lineares Retificadas (ReLU) que vimos nos capítulos anteriores, não são recentes, mas estão sendo utilizadas de novas formas. As ReLU são uma função das redes neurais que não altera os valores positivos e transforma os negativos em zero; a primeira referência às ReLU está em um artigo escrito por Hahnloser e outros colaboradores publicado em 2000. Além disso, os recursos de reconhecimento de imagem que alguns anos atrás foram responsáveis pela popularização do aprendizado profundo também não são novos.

Nos últimos anos, o aprendizado profundo teve grandes avanços devido à possibilidade de codificar algumas propriedades na arquitetura usando as redes neurais convolucionais (CNNs ou ConvNets). O cientista francês Yann LeCun e outros pesquisadores notáveis conceberam as CNNs no final da década de 1980 e desenvolveram essa tecnologia durante os anos 1990. Mas só agora, mais de 25 anos depois, essas redes estão começando a produzir resultados surpreendentes, e seu desempenho supera até mesmo o de humanos em algumas tarefas de reconhecimento. Isso ocorreu quando se começou a configurar essas redes para formar arquiteturas complexas que refinam o aprendizado com muitos dados úteis.

As CNNs foram uma das principais causas dos avanços recentes no aprendizado profundo. As seções a seguir explicam o papel das CNNs na detecção de bordas e formas de imagens em tarefas como decifrar textos manuscritos, localizar um determinado objeto em uma imagem e separar uma imagem complexa em partes.

LEMBRE-SE

Ganhe tempo e evite erros ao digitar o código dos exemplos. Faça o download do arquivo `DL4D_10_LeNet5.ipynb` para obter o código deste capítulo. (A Introdução traz informações sobre o download do código-fonte utilizado neste livro.)

Reconhecendo Caracteres

As CNNs não são uma ideia nova. Elas surgiram no final dos anos 1980 como uma solução para problemas associados ao reconhecimento de caracteres. Yann LeCun desenvolveu as CNNs enquanto trabalhava na AT&T Labs Research com cientistas como Yoshua Bengio, Leon Bottou e Patrick Haffner em uma rede chamada LeNet5. Antes de abordar a tecnologia dessas redes neurais especializadas, este capítulo explicará o problema do reconhecimento de imagens.

Hoje em dia, as imagens digitais estão disseminadas devido à presença generalizada de câmeras digitais, webcams e smartphones. Com a captura amplamente facilitada, agora as imagens geram um novo e enorme fluxo de dados. O processamento de imagens viabiliza novas aplicações em áreas como robótica, veículos autônomos, medicina, segurança e vigilância.

Noções básicas de imagens

Para processar uma imagem a fim de usá-la em um computador, é preciso transformá-la em dados. O computador envia imagens para o monitor em um fluxo de dados formado por pixels; portanto, essas imagens devem ser representadas em uma matriz de valores de pixels, na qual cada posição corresponde a um ponto na imagem.

Atualmente, as imagens de computador representam cores usando uma série de 32 bits (8 bits para cada: vermelho, azul, verde e transparência — o canal alfa). No entanto, é possível criar uma imagem colorida fiel usando apenas 24 bits. Em `http://www.rit-mcsl.org/fairchild/WhyIsColor/Questions/4-5.html` há um artigo que explica esse processo. As imagens de computador representam cores usando 3 matrizes sobrepostas com informações relativas a vermelho, verde e azul (RGB). Ao combinarmos diferentes quantidades dessas três cores, representamos todas as cores visíveis, exceto as que só são percebidas por pessoas com capacidades extraordinárias. (A maioria das pessoas percebe, no máximo, 1 milhão de cores, dentro da faixa de 16.777.216 cores do sistema de 24 bits. Os tetracromatas veem 100 milhões de cores, e é impossível usar um computador para analisar esse tipo de visão. Em `http://nymag.com/scienceofus/2015/02/what-like-see-a-hundred-million-colors.html` há um artigo que traz mais informações sobre os tetracromatas.)

Em geral, o computador manipula a imagem como uma matriz tridimensional formada por altura, largura e número de canais — que corresponde a 3 para imagens RGB ou 1 para imagens em preto e branco. (A escala de cinza é um tipo especial de imagem RGB em que os 3 canais têm o mesmo número; acesse `https://introcomputing.org/image-6-grayscale.html` para conferir como ocorrem as conversões entre cores e escalas de cinza.) Com uma imagem em escala de cinza, uma matriz é suficiente, pois terá um só número para representar as 256 cores da escala, conforme indicado no exemplo da Figura 10-1. Na figura, cada pixel de uma imagem de um número é quantificado pelos respectivos valores na matriz.

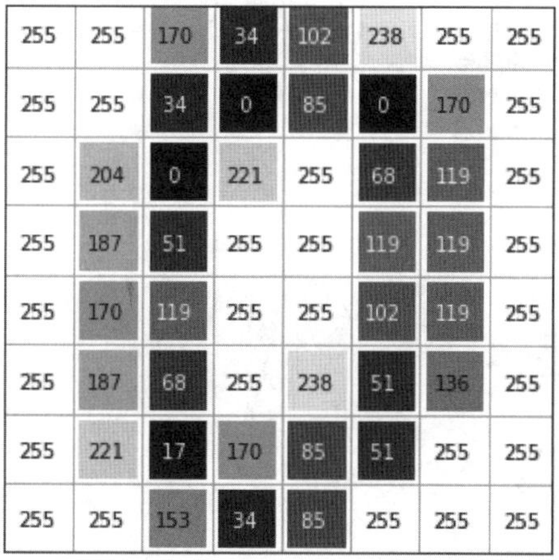

FIGURA 10-1: Cada pixel é lido pelo computador como um número em uma matriz.

255	255	170	34	102	238	255	255
255	255	34	0	85	0	170	255
255	204	0	221	255	68	119	255
255	187	51	255	255	119	119	255
255	170	119	255	255	102	119	255
255	187	68	255	238	51	136	255
255	221	17	170	85	51	255	255
255	255	153	34	85	255	255	255

Como as imagens são representadas por pixels (entradas numéricas), os desenvolvedores inicialmente tiveram bons resultados quando as conectaram diretamente a uma rede neural. Cada pixel da imagem era conectado a um nó de entrada na rede. Em seguida, uma ou mais camadas ocultas completavam a rede, formando uma camada de saída. Essa abordagem funcionava satisfatoriamente com imagens pequenas e problemas de menor escala, viabilizando diferentes métodos de reconhecimento de imagens. Como alternativa, os pesquisadores usavam outros algoritmos de aprendizado de máquina e aplicavam a criação intensiva de elementos para transformar as imagens em dados recém-processados a fim de incrementar o reconhecimento delas pelos algoritmos. Um exemplo de criação de elemento de imagem são os histogramas de gradientes orientados (histogram of oriented gradients — HOG), um método computacional para detectar padrões em uma imagem e transformá-los em uma matriz numérica. (Para aprender mais sobre os HOG, confira o tutorial no pacote Skimage em `http://scikit-image.org/docs/dev/auto_examples/features_detection/plot_hog.html`.)

Os desenvolvedores das redes neurais consideravam a criação de elementos de imagens muito intensiva computacionalmente e, quase sempre, inviável. Era difícil conectar os pixels aos neurônios, pois esse procedimento exigia o cálculo de um número incrivelmente grande de parâmetros; além disso, a rede não apresentava invariância de tradução, a capacidade de decifrar um objeto representado em diferentes condições de tamanho, distorção e posição na imagem, conforme indicado na Figura 10-2.

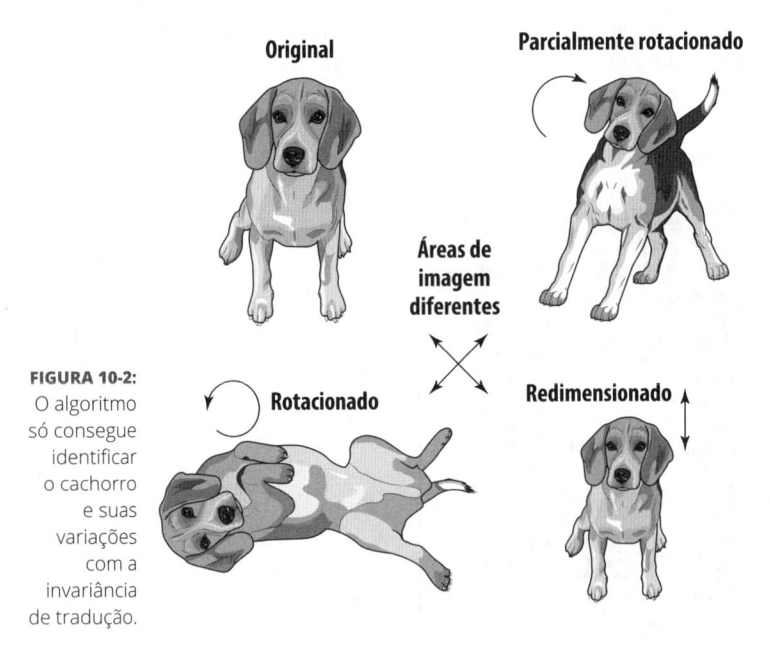

FIGURA 10-2: O algoritmo só consegue identificar o cachorro e suas variações com a invariância de tradução.

Uma rede neural, formada por camadas densas (como vimos nos capítulos anteriores), só detecta imagens similares às usadas no treinamento — aquelas que ela já viu antes — porque aprende detectando padrões em certos locais da imagem. Além disso, essa rede comete muitos erros. Transformar uma imagem antes de alimentá-la na rede neural resolve parcialmente o problema, pois isso redimensiona, move e limpa os pixels, criando blocos especiais de informação que otimizam o processamento da rede. A técnica da criação de elementos exige conhecimento sobre as respectivas transformações de imagem e muitos cálculos associados à análise dos dados. Por demandarem um nível intenso de trabalho personalizado, as tarefas de reconhecimento de imagem parecem mais com uma obra de um artesão do que de um cientista. No entanto, a quantidade de trabalho personalizado vem diminuindo com o aumento da base de bibliotecas que automatizam determinadas tarefas.

Explicando Como as Convoluções Funcionam

As convoluções resolvem facilmente o problema da invariância da tradução, pois trazem outra abordagem para o processamento de imagens na rede neural. A ideia partiu de uma noção biológica, com a observação da dinâmica do córtex visual humano.

Em 1962, um experimento realizado pelos vencedores do Prêmio Nobel David Hunter Hubel e Torsten Wiesel demonstrou que só alguns neurônios são ativados no cérebro quando o olho vê determinados padrões, como bordas horizontais, verticais e diagonais. Além disso, os dois cientistas descobriram que os neurônios se organizam verticalmente em uma hierarquia, indicando que a percepção visual depende da contribuição organizada de muitos neurônios especializados. (Para obter mais informações sobre esse experimento, leia o artigo disponível em `https://knowingneurons.com/2014/10/29/hubel-and-wiesel-the-neural-basis-of-visual-perception/`.) As convoluções aplicam essa ideia, por meio de cálculos matemáticos, ao processamento de imagens para otimizar a capacidade das redes neurais de reconhecer diferentes imagens com precisão.

Entendendo as convoluções

Para entender como as convoluções funcionam, comece pela entrada. A entrada é uma imagem formada por uma ou mais camadas de pixels (canais) e usa valores de 0 (quando o pixel individual está totalmente desligado) até 255 (quando o pixel individual está ligado). (Geralmente, os valores são armazenados como números inteiros para economizar memória.) Como vimos na seção anterior, as imagens RGB têm canais individuais para vermelho, verde e azul. A paleta de cores visualizada na tela é gerada pela mistura desses canais.

A convolução opera em pequenas partes da imagem e em todos os canais simultaneamente. (Imagine uma fatia que mostra todas as camadas de um bolo.) Os pedaços da imagem são uma janela em movimento: a janela da convolução é um quadrado ou retângulo, começa no canto superior esquerdo da imagem e se move da esquerda para a direita e de cima para baixo. O trajeto completo da janela ao longo da imagem é conhecido como *filtro* e implica uma transformação completa. Também é importante destacar que, quando enquadra um bloco, a janela desloca um determinado número de pixels; a quantidade deslocada é a *distância*. Uma distância igual a 1 indica que a janela está se movendo um pixel para a direita ou para baixo; uma distância igual a 2 representa um movimento de dois pixels — e assim por diante.

Toda vez que a janela de convolução se move para uma nova posição, ocorre um processo de filtragem que cria parte do filtro descrito anteriormente. Nesse processo, os valores na janela de convolução são multiplicados pelos valores no *kernel* (uma pequena matriz usada para desfoque, nitidez, relevo, detecção de bordas e muitas outras operações — escolha o kernel necessário para a tarefa em questão). (Em http://setosa.io/ev/image-kernels/ há mais informações sobre os vários tipos de kernel.) O kernel tem o tamanho da janela de convolução. Multiplicar cada parte da imagem com o kernel cria um novo valor para cada pixel, que se torna um novo elemento processado da imagem. A convolução produz o valor do pixel e, quando a janela deslizante tiver concluído seu trajeto na imagem, ela terá sido *filtrada*. Ao final da convolução, a nova imagem adquire as seguintes características:

» Se apenas um processo de filtragem for implementado, o resultado será uma imagem transformada com um só canal.

» Se vários kernels forem usados, a nova imagem terá o mesmo número de canais e filtros com novos valores de elementos especialmente processados. O número de filtros corresponde à *profundidade de filtro* da convolução.

» Se a distância for igual a 1, terá uma imagem com as mesmas dimensões da original.

» Se as distâncias forem maiores do que 1, a imagem convolucionada será menor do que a original (uma distância igual a dois reduz a imagem pela metade).

» O tamanho da imagem varia de acordo com o do kernel, que precisa iniciar e terminar seu trajeto pelas bordas dela. Ao processar a imagem, o kernel consumirá seu tamanho menos 1. Por exemplo, para processar uma imagem de 7x7 pixels, um kernel de 3x3 pixels consumirá 2 pixels da altura e da largura da imagem; o resultado dessa convolução será uma saída de 5x5 pixels. Há a opção de preencher a imagem com zeros na borda (ou seja, colocar uma borda preta na imagem) para que o processo de convolução não reduza o tamanho final da saída. Esta estratégia é um tipo de preenchimento conhecido como *same padding*. Quando o kernel reduz o tamanho da imagem inicial, o tipo de preenchimento utilizado é o *valid padding*.

O processamento de imagens está associado ao processo de convolução há muito tempo. Os filtros de convolução detectam bordas e incrementam as características de uma imagem. A Figura 10-3 mostra um exemplo de convoluções que transformam uma imagem.

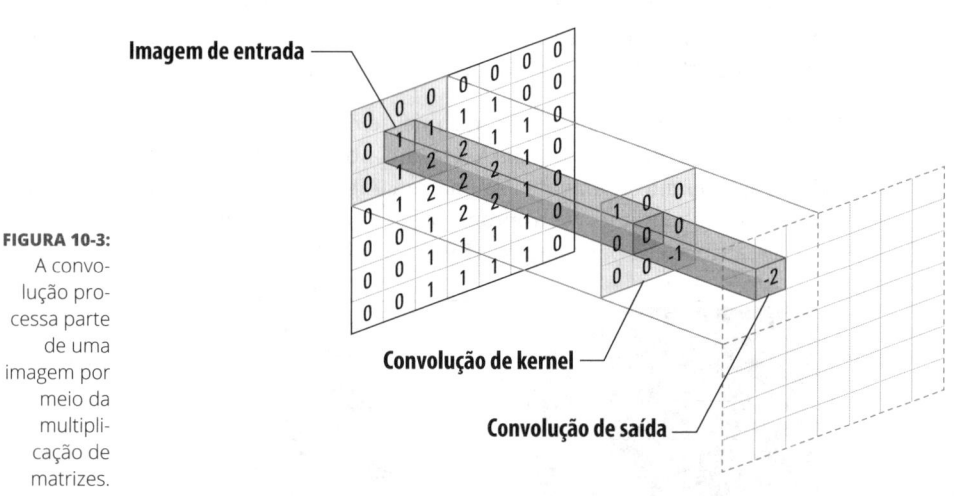

FIGURA 10-3: A convolução processa parte de uma imagem por meio da multiplicação de matrizes.

As convoluções apresentam o problema de serem feitas por humanos e difíceis de dominar. Para usar uma convolução de rede neural, basta definir as seguintes configurações:

» O número de filtros (o número de kernels que operam em uma imagem, ou seja, seus canais de saída).
» O tamanho do kernel (defina apenas um lado para um quadrado; defina a largura e a altura para um retângulo).
» As distâncias (geralmente em blocos de 1 ou 2 pixels).
» A borda preta da imagem, se for o caso (escolha o valid padding ou o same padding).

Após determinar os parâmetros do processamento de imagens, o processo de otimização determina os valores do kernel a fim de obter a melhor classificação para a camada de saída final. Cada elemento da matriz do kernel corresponde a um neurônio na rede neural e é modificado durante o treinamento por meio da retropropagação visando a otimização do desempenho da rede.

Outro aspecto interessante desse processo é a especialização de cada kernel em identificar características específicas de uma imagem. Um kernel especializado em elementos de filtragem típicos de gatos encontra um gato em qualquer ponto de uma imagem; além disso, com um número suficiente de kernels, todas as variantes possíveis de uma imagem de um tipo (redimensionada, girada, traduzida) serão detectadas, incrementando a eficiência da rede neural como ferramenta de classificação e reconhecimento de imagens.

As bordas de uma imagem são facilmente detectadas com um kernel de 3x3 pixels. Esse kernel é especializado em encontrar bordas, mas outro kernel pode detectar diferentes elementos da imagem. Alterando os valores no kernel, como a rede neural durante a retropropagação, a rede determina a melhor forma de processar imagens para a regressão ou classificação em questão.

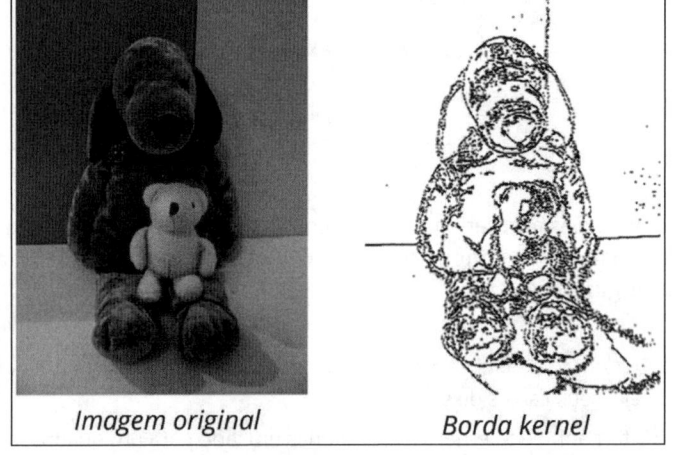

FIGURA 10-4: Um kernel de 3x3 pixels detecta as bordas de uma imagem.

Imagem original — *Borda kernel*

PAPO DE ESPECIALISTA

O kernel é uma matriz cujos valores são definidos pela otimização da rede neural e multiplicados por um pequeno patch do mesmo tamanho que se move pela imagem, mas também é compreendido como uma camada neural com pesos compartilhados pelos neurônios de entrada. Pense no patch como uma camada neural imóvel conectada às várias partes da imagem, sempre com a mesma série de pesos. O resultado é exatamente o mesmo.

A camada convolucional `Conv2D` do Keras está pronta para ser usada. Essa camada recebe a entrada diretamente da imagem (em uma tupla, defina a largura, a altura e o número de canais no `input_shape` da imagem) ou de outra camada (como outra convolução). Defina também `filters`, `kernel_size`, `strides` e `padding`, os parâmetros básicos de toda camada convolucional, como vimos neste capítulo.

DICA — Configurar a camada `Conv2D` possibilita a definição de muitos outros parâmetros, mas talvez eles sejam muito técnicos e desnecessários nas primeiras experiências com as CNNs. Os únicos parâmetros úteis agora são o `activation`, que adiciona uma ativação, e o `name`, que define o nome da camada.

Simplificando o uso do agrupamento

As camadas convolucionais transformam a imagem original usando vários tipos de filtragem. Cada camada identifica padrões específicos na imagem (formas e cores que deixam a imagem reconhecível). Ao longo desse processo, a rede neural fica mais complexa devido ao aumento do número de parâmetros, que incrementa seguindo o crescimento do número de filtros. Para que a complexidade fique em um nível controlável, acelere a filtragem e reduza o número de operações.

O agrupamento de camadas simplifica a saída recebida das camadas convolucionais, reduzindo os números de operações sucessivas e das operações convolucionais necessárias para a filtragem. Como as circunvoluções (usando um tamanho de janela como filtro e uma distância para deslizá-lo), o agrupamento de camadas opera em patches das entradas que recebem e reduz cada patch a um número, diminuindo efetivamente os dados que passam pela rede neural.

A Figura 10-5 representa as operações realizadas por uma camada do agrupamento que recebe como entrada os dados filtrados da matriz 4x4, à esquerda: a camada opera nela usando uma janela de 2 pixels e se move a uma distância de 2 pixels. Como resultado, a camada do agrupamento produz a saída correta: uma matriz 2x2. A rede realiza a operação de agrupamento em 4 patches, representados pelas 4 partes coloridas da matriz. Em cada patch, a camada do agrupamento calcula o valor máximo e o salva como uma saída.

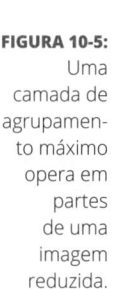

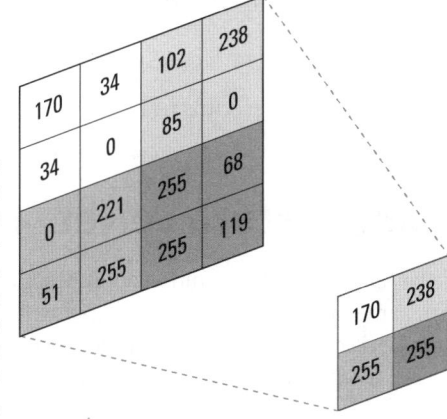

FIGURA 10-5: Uma camada de agrupamento máximo opera em partes de uma imagem reduzida.

O exemplo representa uma camada de agrupamento máximo porque usa a transformação máxima na janela deslizante. Os quatro tipos principais de camadas de agrupamento estão disponíveis:

» Agrupamento máximo
» Agrupamento médio
» Agrupamento máximo global
» Agrupamento médio global

Além disso, esses quatro tipos de camadas de agrupamento apresentam variações de acordo com a dimensionalidade da entrada que processam:

» **Agrupamento de 1D:** Atua em vetores. O agrupamento de 1D é ideal para dados de sequência, como dados temporais (que representam eventos sucessivos ao longo do tempo) e texto (sequências de letras ou palavras). Ele extrai o valor máximo ou médio das partes contíguas da sequência.

» **Agrupamento de 2D:** Insere dados espaciais em uma matriz. Ele se aplica a imagens em escala de cinza ou a cada canal de uma imagem RBG. Extrai o valor máximo ou médio de pequenos patches (quadrados) de dados.

» **Agrupamento de 3D:** Insere dados espaciais representados como dados espaço-temporais. Processa imagens captadas ao longo do tempo. Um exemplo típico são os exames médicos por ressonância magnética (MRI). Com ela, os radiologistas examinam os tecidos do corpo humano por meio de campos magnéticos e ondas de rádio. (Para aprender mais sobre a aplicação do aprendizado profundo na área da saúde, leia este artigo sobre a Stanford AI: `https://medium.com/stanford-ai-for-healthcare/dont-just-scan-this-deep-learning-techniques-for-mri-52610e9b7a85`.) Este tipo de agrupamento extrai o valor máximo ou médio de pequenas partes (cubos) dos dados.

Todas as camadas e seus parâmetros estão descritos na documentação do Keras, em `https://keras.io/layers/pooling/`.

Descrevendo a arquitetura LeNet

Na seção anterior, talvez você tenha se surpreendido com a descrição da CNN e do funcionamento de suas camadas (convoluções e agrupamento máximo), mas é ainda mais incrível descobrir que essa tecnologia não é nova; de fato, ela surgiu nos anos 1990. As seções a seguir explicam em mais detalhes a arquitetura LeNet.

Analisando a funcionalidade subjacente

O principal responsável por essa inovação foi o cientista da computação francês Yann LeCun, que na época atuava como chefe do Departamento de Pesquisa em Processamento de Imagens do AT&T Labs Research. Ele era especialista em reconhecimento óptico de caracteres e visão computacional, e criou as redes neurais convolucionais junto com Léon Bottou, Yoshua Bengio e Patrick Haffner. Atualmente, ele é chief AI scientist no Facebook AI Research (FAIR) e silver professor na Universidade de Nova York (junto ao NYU Center for Data Science). Seu site é http://yann.lecun.com/.

No final dos anos 1990, a AT&T implementou o LeNet5 criado por LeCun para o processamento de códigos postais pelo Serviço Postal dos Estados Unidos. A empresa também usou o LeNet5 na leitura automática do valor dos cheques em caixas eletrônicos. O sistema não é falho, como LeCunn descreve em https://pafnuty.wordpress.com/2009/06/13/yann-lecun/. No entanto, o sucesso do LeNet passou quase despercebido na época por conta do *inverno da IA* pelo qual o setor atravessava: o público e os investidores estavam significativamente menos interessados em melhorias na tecnologia neural do que agora.

LEMBRE-SE

Em parte, essa fase obscura se devia ao fato de que muitos pesquisadores e investidores já não acreditavam que as redes neurais revolucionariam a inteligência artificial. Na época, os dados não tinham a complexidade necessária para que esse tipo de rede tivesse um bom desempenho. (Os caixas eletrônicos e o Serviço Postal dos EUA eram exceções notáveis devido ao volume de dados que processavam.) Diante da escassez de dados, as circunvoluções só superavam marginalmente as redes neurais regulares, formadas por camadas conectadas. Além disso, muitos pesquisadores haviam obtido resultados comparáveis aos do LeNet5 usando novos algoritmos de aprendizado de máquina, como o Support Vector Machines (SVMs) e o Random Forests, baseados em princípios matemáticos diferentes dos aplicados pelas redes neurais.

Veja a rede em ação em http://yann.lecun.com/exdb/lenet/ ou neste vídeo, em que um jovem LeCun demonstra uma versão anterior da rede: https://www.youtube.com/watch?v=FwFduRA_L6Q. Na época, desenvolver uma máquina capaz de decifrar números datilografados e manuscritos era uma proeza e tanto.

Como indicado na Figura 10-6, a arquitetura LeNet5 consiste em duas sequências de camadas convolucionais e de agrupamento médio que executam o processamento de imagens. A última camada da sequência é achatada; isto é, cada neurônio na série resultante de arrays 2D convolucionados é copiado em uma linha de neurônios. Neste ponto, duas camadas totalmente conectadas e um classificador softmax completam a rede e produzem a saída em termos de probabilidade. A rede LeNet5 é a base de todas as CNNs subsequentes. Ao recriar a arquitetura usando o Keras, você analisará todas as suas camadas e aprenderá a desenvolver redes convolucionais.

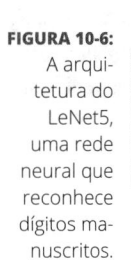

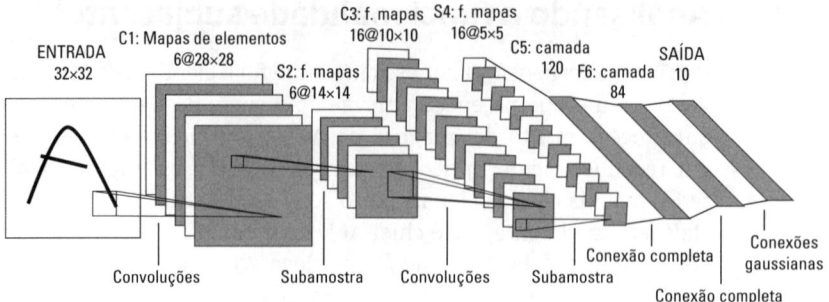

FIGURA 10-6: A arquitetura do LeNet5, uma rede neural que reconhece dígitos manuscritos.

Construindo uma rede LeNet5

A rede processará uma quantidade expressiva de dados (o conjunto de dados de dígitos fornecido pelo Keras, com mais de 60 mil exemplos). Executá-la no Colab é vantajoso, como explicado no Capítulo 3, ou na máquina local, caso haja uma GPU disponível. Depois de abrir um novo bloco de anotações, importe os pacotes e funções necessárias do Keras usando o seguinte código:

```
import keras
import numpy as np
from keras.datasets import mnist
from keras.models import Sequential
from keras.layers import Conv2D, AveragePooling2D
from keras.layers import Dense, Flatten
from keras.losses import categorical_crossentropy
```

Depois de importar as ferramentas necessárias, colete os dados:

```
(X_train, y_train), (X_test, y_test) = mnist.load_data()
```

Ao ser executado pela primeira vez, o comando `mnist` fará o download de todos os dados, o que demora um pouco. Esses dados são imagens com um canal e 28x28 pixels representando números manuscritos de zero a nove. Primeiro, converta a variável de resposta (`y_train` para a fase de treinamento e `y_test` para o teste após a conclusão do modelo) em algo que a rede neural possa entender e desenvolver:

```
num_classes = len(np.unique(y_train))
print(y_train[0], end=' => ')
y_train = keras.utils.to_categorical(y_train, 10)
y_test = keras.utils.to_categorical(y_test, 10)
print(y_train[0])
```

Esse trecho de código traduz a resposta de números para vetores de números, sendo que o valor na posição do número que a rede determinará é 1 e os outros são 0. O código também produzirá a transformação do primeiro exemplo do treinamento:

```
5 => [0. 0. 0. 0. 0. 1. 0. 0. 0. 0.]
```

DICA

Observe que a saída é baseada em 0, e que o 1 aparece na posição correspondente ao número 5. Essa configuração é usada porque a rede neural precisa de uma camada de resposta, uma série de neurônios (daí o vetor) que devem ser ativados caso a resposta fornecida esteja correta. Aqui há dez neurônios, e, na fase de treinamento, o código ativa a resposta correta (o valor na posição correta corresponde a 1) e desativa as outras (os valores são iguais a 0). Na fase de teste, a rede neural usa o banco de dados de exemplos para ativar o neurônio correto ou, pelo menos, ativar outros neurônios além do correto. No trecho a seguir, o código prepara os dados de treinamento e teste:

```
X_train = X_train.astype(np.float32) / 255
X_test = X_test.astype(np.float32) / 255
img_rows, img_cols = X_train.shape[1:]
X_train = X_train.reshape(len(X_train),
                          img_rows, img_cols, 1)
X_test = X_test.reshape(len(X_test),
                        img_rows, img_cols, 1)
input_shape = (img_rows, img_cols, 1)
```

Os números de pixel, que variam de 0 a 255, são transformados em um valor decimal entre 0 e 1. As duas primeiras linhas de código otimizam a rede para que ela funcione adequadamente com números grandes, o que tende a causar problemas. As linhas seguintes reformulam as imagens para implementar altura, largura e canais.

A linha de código a seguir define a arquitetura LeNet5. Para começar, chame a função `sequential` para criar um modelo vazio:

```
lenet = Sequential()
```

A primeira camada a ser adicionada é uma camada convolucional chamada "":

```
lenet.add(Conv2D(6, kernel_size=(5, 5), activation='tanh',
    input_shape=input_shape, padding='same', name='C1'))
```

A convolução opera com um filtro de tamanho 6 (que criará seis canais por meio de convoluções) e um kernel de 5x5 pixels.

> **DICA**
>
> A função que ativa todas as camadas da rede, menos a última, é a *tanh* (função tangente hiperbólica), uma função não linear que era a última palavra em ativação quando Yann LeCun criou o LetNet5. Hoje, ela está ultrapassada, mas o exemplo aplica essa função para construir uma rede parecida com a arquitetura LetNet5 original. Para usá-la em seus projetos, substitua essa rede por uma ReLU moderna (para mais informações, confira https://www.kaggle.com/dansbecker/rectified-linear-units-relu-in-deep-learning). O exemplo adiciona a camada de agrupamento S2, que usa um kernel de 2x2 pixels:

```
lenet.add(AveragePooling2D(pool_size=(2, 2), strides=(1, 1),
    padding='valid'))
```

Aqui, o código prossegue com a sequência, sempre executada com uma convolução e uma camada de agrupamento, mas, desta vez, usando mais filtros:

```
lenet.add(Conv2D(16, kernel_size=(5, 5), strides=(1, 1),
        activation='tanh', padding='valid'))
lenet.add(AveragePooling2D(pool_size=(2, 2), strides=(1, 1),
    padding='valid'))
```

O LeNet5 fecha incrementalmente usando uma convolução com 120 filtros. Essa convolução não tem uma camada de agrupamento, mas uma de achatamento, que projeta os neurônios na última camada de convolução como uma camada densa:

```
lenet.add(Conv2D(120, kernel_size=(5, 5), activation='tanh',
    name='C5'))
lenet.add(Flatten())
```

O fechamento da rede é uma sequência de duas camadas densas que processam as saídas da convolução usando a ativação tanh e softmax. Essas duas são as camadas finais de saída, onde os neurônios ativam uma saída para sinalizar a resposta prevista. Na verdade, a softmax é a camada de saída especificada por name='OUTPUT':

```
lenet.add(Dense(84, activation='tanh', name='FC6'))
lenet.add(Dense(10, activation='softmax', name='OUTPUT'))
```

LEMBRE-SE Quando a rede estiver pronta, utilize o Keras para compilá-la. (Em meio ao código Python, há um pouco de linguagem C.) O Keras executa a compilação com base no otimizador SGD:

```
lenet.compile(loss=categorical_crossentropy, optimizer='SGD',
   metrics=['accuracy'])
lenet.summary()
```

Aqui, é possível executar a rede e acompanhar o processamento das imagens:

```
batch_size = 64
epochs = 50
history = lenet.fit(X_train, y_train,
                    batch_size=batch_size,
                    epochs=epochs,
                    validation_data=(X_test,
                                     y_test))
```

A execução dura 50 épocas, e cada época processa lotes de 64 imagens por vez. (Se uma *época* corresponde à passagem completa do conjunto de dados pela rede neural, um *lote* é uma parte do conjunto de dados, que, neste caso, foi dividido em 64 partes.) Em cada época (com duração aproximada de 8 segundos, usando o Colab), a barra de progresso indica o tempo necessário para a conclusão da passagem. Confira as medidas de precisão do conjunto de treinamento (a estimativa otimista da qualidade do modelo; em https://towardsdatascience.com/measuring-model-goodness-part-1-a24ed4d62f71, há mais detalhes sobre essa qualidade) e do conjunto de testes (a visão mais realista). Na última época, você deve ler que um LeNet5 construído com poucas etapas obtém uma precisão de 0,989, ou seja, a cada 100 números manuscritos que ele tenta reconhecer, a rede determina 99 corretamente.

Detectando Bordas e Formas em Imagens

As convoluções processam imagens automaticamente e têm um desempenho melhor do que uma camada densamente conectada porque aprendem padrões de imagens em um nível local e os identificam em qualquer ponto de uma imagem (essa característica é conhecida como *invariância de tradução*). Por outro lado, as tradicionais camadas neurais densas determinam as características gerais de uma imagem de maneira rígida, sem a vantagem da invariância de tradução. É como a diferença entre memorizar um livro pelas partes mais significativas ou palavra por palavra. O aluno (as convoluções) que decora partes sintetiza melhor o conteúdo do livro e aplica esse conhecimento a casos semelhantes. O aluno (a camada densa) que memoriza todas as palavras tem dificuldades para extrair algo útil.

As CNNs não são mágicas nem misteriosas. Você pode compreendê-las com base no processamento de imagens e utilizar sua funcionalidade e seus recursos para lidar com novos problemas, como lapsos de visão computacional considerados muito difíceis de decifrar pelos cientistas de dados que usam estratégias antigas.

Visualizando as convoluções

As camadas da CNN executam tarefas específicas de maneira hierárquica. Yann LeCun (veja a seção "Reconhecendo Caracteres", no início do capítulo) observou que o LeNet primeiro processava as bordas e os contornos, depois motivos e categorias e, finalmente, os objetos. Estudos recentes apontam como as convoluções realmente funcionam:

» **Camadas iniciais:** Detectam as bordas da imagem.
» **Camadas intermediárias:** Detectam formas complexas (criadas por bordas).
» **Camadas finais:** Identificam elementos característicos do tipo de imagem que a rede deve classificar (por exemplo, o nariz de um cão ou as orelhas de um gato).

Essa hierarquia de padrões identificados por convoluções também explica por que as redes convolucionais profundas têm um desempenho melhor do que as rasas: quanto mais convoluções forem empilhadas, melhor será a capacidade da rede de aprender padrões mais complexos e úteis para o reconhecimento eficiente de imagens. A Figura 10-7 ilustra como isso funciona. A imagem de um cachorro é processada por convoluções, e a primeira camada capta os padrões. A segunda camada aceita esses padrões e os reúne para formar um gato. Se os padrões processados pela primeira camada forem genéricos demais, os padrões captados pela segunda camada recriarão características mais típicas do cão e otimizarão a capacidade da rede neural de reconhecer cães.

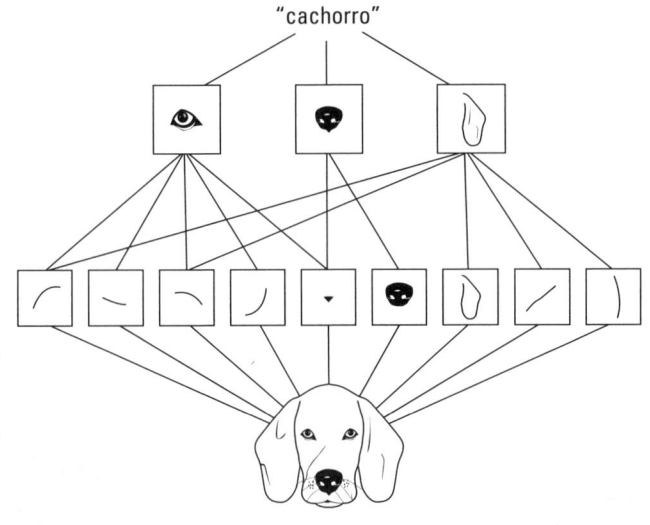

FIGURA 10-7: Processando uma imagem de cachorro com convoluções.

A complexidade do funcionamento da convolução está na forma como o kernel (uma matriz de números) cria as convoluções e como elas funcionam nos patches de imagem. É difícil determinar o resultado por meio de análise direta quando há muitas convoluções sucessivas. No entanto, essas redes são compreendidas por meio de uma técnica que cria imagens que ativam a maioria das convoluções. Quando uma imagem ativa intensamente uma determinada camada, seus elementos percebidos ficam nítidos.

DICA

Ao analisar as convoluções, conheça seu funcionamento para evitar previsões imparciais e conceber novas formas de processar imagens. Por exemplo, uma CNN distingue cachorros de gatos ao fazer a ativação no segundo plano porque as imagens usadas no treinamento representavam cães ao ar livre e gatos dentro de casa.

Em 2017, Chris Olah, Alexander Mordvintsev e Ludwig Schubert, da equipe do Google Research e do Google Brain, publicaram um artigo que explica esse processo detalhadamente (`https://distill.pub/2017/feature-visualization/`). Para conferir as imagens, clique e aponte para as camadas do GoogleLeNet, uma CNN criada pelo Google, em `https://distill.pub/2017/feature-visualization/appendix/`. As imagens da Feature Visualization evocam as imagens do *deepdream*, se teve a oportunidade de ver algumas quando faziam um grande sucesso na web (leia o artigo original do deepdream e veja algumas imagens em `https://ai.googleblog.com/2015/06/inceptionism-going-deeper-into-neural.html`). Trata-se da mesma técnica, mas, em vez de procurar imagens que ativam uma camada, uma camada convolucional é selecionada para transformar uma imagem.

Também é possível copiar o estilo das obras de grandes artistas, como Picasso ou Van Gogh, com uma técnica semelhante, que usa convoluções para transformar uma imagem existente em um processo chamado *transferência de estilo artístico*. A imagem produzida será moderna, mas o estilo, não. Para conferir alguns exemplos interessantes de transferência de estilo artístico, leia o artigo original "A Neural Algorithm of Artistic Style" [Um Algoritmo Neural de Estilo Artístico, em tradução livre], de Leon Gatys, Alexander Ecker e Matthias Bethge, em: https://arxiv.org/pdf/1508.06576.pdf.

Na Figura 10-8, o estilo da imagem original foi transformado com base nas características do desenho e das cores da obra de ukiyo-ê "A Grande Onda de Kanagawa", uma impressão por xilogravura do artista japonês Katsushika Hokusai, que viveu entre 1760 e 1849.

FIGURA 10-8: O conteúdo da imagem foi transformado por transferência de estilo.

Analisando arquiteturas eficientes

Nos últimos anos, os cientistas de dados fizeram grandes avanços devido às suas análises mais profundas sobre o funcionamento das CNNs. Além disso, novos métodos foram desenvolvidos. As competições de imagens exercem um papel importante, pois desafiam os pesquisadores a otimizarem suas redes e têm disponibilizado grandes quantidades de imagens.

O processo de atualização da arquitetura começou durante o último inverno da IA. Fei-Fei Li, professora de ciência da computação na Universidade de Illinois em Urbana-Champaign (e agora cientista-chefe do Google Cloud e professora em Stanford), resolveu utilizar mais conjuntos de dados do mundo real para testar os algoritmos das redes neurais com mais eficiência. Ela começou a acumular um número incrível de imagens de muitas classes de objetos. Li e sua equipe realizaram essa tarefa gigantesca usando o Mechanical Turk da Amazon, um serviço que terceiriza microtarefas (como a classificação de imagens) por uma pequena taxa.

O conjunto de dados resultante, concluído em 2009, foi chamado de ImageNet e inicialmente continha 3,2 milhões de imagens rotuladas (agora, contém mais de 10 milhões de imagens), organizadas hierarquicamente em 5.247 categorias. Explore-o em http://www.image-net.org/ e leia o documento original em http://www.image-net.org/papers/imagenet_cvpr09.pdf.

Em 2010, o ImageNet entrou em uma competição em que redes neurais baseadas em convoluções (daí o renascimento e o desenvolvimento da tecnologia criada por Yann LeCun na década de 1990) disputavam para ver qual delas era a mais eficiente em classificar imagens corretamente em mil classes. Em sete anos de competição (o desafio terminou em 2017), os algoritmos vencedores aumentaram a precisão da previsão das imagens de 71,8% para 97,3%, superando a capacidade humana (os humanos cometem erros na classificação de objetos). Confira a seguir algumas das principais arquiteturas de CNNs criadas para a competição:

» **AlexNet (2012):** Criada por Alex Krizhevsky, da Universidade de Toronto. Ela usava CNNs com um filtro de 11x11 pixels, ganhou a competição e introduziu o uso de GPUs no treinamento das redes neurais e a ativação ReLU para controlar o sobreajuste.

» **VGGNet (2014):** Apareceu em duas versões, 16 e 19. Foi criada pelo Grupo de Geometria Visual da Universidade de Oxford e definiu um novo padrão (3x3 pixels) para o tamanho do filtro nas CNNs.

» **ResNet (2015):** Criada pela Microsoft. Além de desenvolver a ideia de diferentes versões da rede (50, 101, 152), esta CNN também introduziu *skip layers* para conectar as camadas profundas e rasas, e evitar o problema da dissipação do gradiente (veja os Capítulos 8 e 9 para obter mais informações sobre esse problema), viabilizando redes muito mais profundas e eficientes no reconhecimento de padrões em imagens.

Você pode utilizar as inovações criadas na competição do ImageNet e todas essas redes neurais. Essa acessibilidade possibilita replicar o desempenho que as redes apresentaram nas competições e ampliá-las com eficácia para lidar com muitos outros problemas.

Transferência de aprendizado

As redes que distinguem e classificam objetos corretamente exigem muitas imagens, um longo tempo de processamento e uma vasta capacidade computacional para aprender essas funções. Adaptar uma rede a novos tipos de imagem, que não integraram seu treinamento inicial, corresponde a transferir o conhecimento existente para lidar com um novo problema. Esse processo é chamado de *transferência de aprendizado*; a rede objeto da adaptação é conhecida como rede *pré-treinada*. Não há como aplicar a transferência de aprendizado a outros algoritmos de aprendizado de máquina; só o aprendizado profundo é capaz de transferir o que aprendeu com um problema para lidar com outro.

LEMBRE-SE

A transferência de aprendizado é uma novidade para a maioria dos algoritmos de aprendizado de máquina e abre um possível mercado para a transferência de conhecimento entre aplicativos e empresas. O Google já compartilha seu imenso repositório de dados ao disponibilizar publicamente as redes que criou no TF Hub (`https://www.tensorflow.org/hub`).

Por exemplo, você pode transferir uma rede que diferencia cães e gatos para realizar a tarefa de identificar pratos de macarrão com queijo. Do ponto de vista técnico, é possível executar essa tarefa de várias formas, dependendo do nível de semelhança entre o novo problema de imagem e o anterior e do número de novas imagens disponíveis para o treinamento. (Um pequeno conjunto de dados de imagem contém alguns milhares de imagens, às vezes até menos.)

Quando o novo problema parece com o anterior, a rede conhece todas as convoluções necessárias (borda, forma e camadas de elementos de alto nível) para decifrar e classificar imagens semelhantes. Neste caso, não é preciso incluir muitas imagens no treinamento, aumentar a capacidade computacional nem adaptar a rede pré-treinada de modo muito profundo. Esta é a forma mais comum de transferência de aprendizado, e geralmente é utilizada com uma rede treinada durante a competição do ImageNet (por ter sido treinadas com muitas imagens, essas redes provavelmente já têm todas as convoluções necessárias para transferir o conhecimento para outras tarefas).

DICA

Digamos que a tarefa a ser ampliada consista em, além de detectar cães em imagens, determinar a raça deles. Então, a maioria das camadas de uma rede ImageNet, como o VGG16, é usada, sem nenhum ajuste importante. Na transferência de aprendizado, você congela os valores dos coeficientes pré-treinados das convoluções para que eles não sejam alterados por nenhum treinamento adicional, e a rede não se ajustará em excesso aos dados disponíveis, se forem insuficientes.

Para usar as novas imagens, treine as camadas de saída para lidar com o novo problema (um processo conhecido como ajuste fino). Com poucos exemplos, a rede aplicará o que aprendeu ao distinguir cães e gatos. Seu desempenho será melhor do que o de uma rede neural treinada apenas para reconhecer raças porque, devido ao ajuste fino, a rede aproveitará tudo o que aprendeu antes com milhões de imagens.

LEMBRE-SE

A rede neural só identifica os objetos para os quais foi treinada. Por isso, se você treinar uma CNN para reconhecer as principais raças de cães, como um Labrador Retriever ou um Husky, ela não reconhecerá nenhuma mistura dessas duas raças, como um Labsky. A CNN indicará o resultado mais próximo com base nos pesos internos desenvolvidos durante o treinamento.

Se a tarefa a ser transferida para a rede neural existente for diferente da tarefa para a qual ela foi treinada, como identificar pratos de macarrão com queijo com uma rede que identificava cães e gatos, há algumas opções:

- » Se houver poucos dados, congele as camadas iniciais e intermediárias da rede pré-treinada e descarte as camadas finais, pois elas contêm elementos de alto nível que provavelmente não serão úteis para o seu problema. Em vez das convoluções finais, adicione uma camada de resposta específica para o problema. O ajuste fino definirá os melhores coeficientes para a camada de resposta, diante das camadas convolucionais pré-treinadas disponíveis.
- » Se houver muitos dados, adicione a camada de resposta adequada à rede pré-treinada, mas não congele as camadas convolucionais. Use pesos pré-treinados como ponto de partida e deixe a rede lidar com o problema da melhor maneira possível, se forem usados muitos dados para treiná-la.

O pacote Keras contém alguns modelos pré-treinados disponíveis para a transferência de aprendizado. Leia sobre os modelos disponíveis e suas arquiteturas em `https://keras.io/applications/`. As descrições dos modelos também falam sobre algumas das redes premiadas citadas no capítulo: VGG16, VGG19 e ResNet50. O Capítulo 12 demonstra como usar essas redes e transferir os coeficientes aprendidos durante a competição do ImageNet para lidar com outros problemas.

> **NESTE CAPÍTULO**
>
> » **Entendendo a importância de aprender dados em sequência**
>
> » **Criando legendas de imagens e traduzindo idiomas com o aprendizado profundo**
>
> » **Descobrindo a tecnologia da memória longa de curto prazo (LSTM)**
>
> » **Conhecendo possíveis alternativas à LSTM**

Capítulo **11**

Apresentando as Redes Neurais Recorrentes

Este capítulo explora como o aprendizado profundo processa informações em fluxo. As mudanças na realidade ocorrem de modo progressivo, mas se preveem pela observação de eventos passados. Uma imagem é um instantâneo estático de um momento; já um vídeo (uma sequência de imagens relacionadas) é um fluxo de informações e contém mais dados do que uma foto ou série de fotos. Isso também se aplica a textos curtos e longos (como tuítes, documentos e livros) e a séries numéricas que representam eventos ao longo de um intervalo (por exemplo, as vendas de um produto ou a qualidade do ar durante o dia em uma cidade).

Aqui, abordaremos novas camadas, as redes recorrentes e suas melhorias, como as camadas LSTM e GRU, que viabilizam aplicações de aprendizado profundo mais incríveis a seu alcance. Você as utiliza no celular e em casa, na forma de assistentes virtuais inteligentes, como Siri, Google Home e Alexa, e ao traduzir conversas para outros idiomas com o Google Tradutor.

Todas essas tecnologias têm uma arquitetura neural distinta e usam dados específicos em seu treinamento — alguns públicos e outros proprietários. Mas, mesmo com fontes de dados e técnicas diferentes, as camadas utilizadas para codificar os aplicativos são as mesmas camadas importadas do TensorFlow e do Keras (o Capítulo 4 explica esses dois frameworks de aprendizado profundo).

Apresentando as Redes Recorrentes

As redes neurais transformam uma entrada em uma determinada saída. Esse processo também ocorre no aprendizado profundo, no qual essa transformação é mais complexa. Ao contrário de uma rede neural mais simples, com poucas camadas, o aprendizado profundo utiliza mais camadas para realizar transformações complexas. A saída de uma fonte de dados se conecta à camada de entrada da rede neural, que inicia o processamento dos dados. As camadas ocultas mapeiam os padrões e os relacionam a uma saída específica, que será um valor ou uma probabilidade. Esse processo funciona perfeitamente com todo tipo de entrada e é especialmente eficiente com imagens, como vimos no Capítulo 10.

Depois que as camadas processam os dados, elas os enviam transformados para a próxima camada, que processa os dados com total independência das camadas anteriores. Essa estratégia indica que, se alimentar um vídeo na rede neural, ela processará cada imagem individualmente, uma após a outra, e o resultado não será alterado, mesmo que a ordem das imagens tenha sido embaralhada. Se a rede for executada com as arquiteturas descritas nos capítulos anteriores, a ordem do processamento das informações não lhe trará nenhuma vantagem.

No entanto, a experiência comprova que, para compreender um processo, às vezes é preciso observar os eventos em sequência. Ao aproveitar a experiência obtida em uma etapa anterior para explorar uma nova, o tempo e o esforço necessários são reduzidos para entender cada fase.

Modelando sequências com memória

As arquiteturas neurais que vimos até aqui não processam uma sequência de elementos simultaneamente usando uma única entrada. Por exemplo, em uma série com as vendas mensais de um produto, os números são classificados em 12 entradas, uma para cada mês, a rede os analisa de uma só vez. Portanto, quando as sequências são mais longas, é preciso acomodá-las em um número maior de entradas, e a rede aumenta bastante, pois as entradas devem se conectar umas com as outras. A rede acaba sendo caracterizada por um grande número de conexões (ou seja, muitos pesos).

As redes neurais recorrentes (RNNs) são uma alternativa às soluções mencionadas nos capítulos anteriores, como o perceptron (Capítulo 7) e as CNNs (Capítulo 10). Elas surgiram na década de 1980 e, após o trabalho de vários pesquisadores e os avanços no aprendizado profundo e na capacidade computacional, recentemente se tornaram populares. A dinâmica das RNNs é simples: elas examinam cada elemento da sequência uma vez e retêm essa informação na memória para reutilizá-la quando examinarem o próximo elemento. Isso parece com o funcionamento da mente humana ao ler textos: a pessoa lê cada letra do texto e entende as palavras ao se lembrar das letras que as compõem. Da mesma forma, a RNN associa uma palavra a um resultado ao lembrar a sequência das letras recebidas. Uma extensão dessa técnica permite configurar a RNN para determinar se uma frase é positiva ou negativa — *análise de sentimento*, um procedimento amplamente utilizado. A rede conecta uma resposta positiva ou negativa a determinadas sequências de palavras que viu nos exemplos do treinamento.

Para representar uma RNN graficamente, usamos uma unidade neural (célula) que conecta uma entrada a uma saída e a si mesma, como vemos na Figura 11-1. Essa autoconexão expressa o conceito de *recursão*, uma função que atua sobre si mesma até atingir uma saída específica. Um dos exemplos mais comuns de recursão é o cálculo de um fatorial, descrito em https://www.geeksforgeeks.org/recursion/. A figura mostra um exemplo específico de RNN com uma sequência de letras que cria a palavra *jazz*. No lado direito, há uma representação do comportamento da unidade RNN ao receber *jazz* como entrada, mas só há uma unidade, como vemos à esquerda.

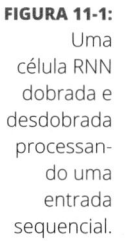

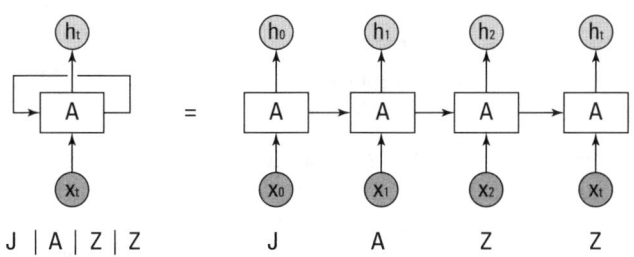

FIGURA 11-1: Uma célula RNN dobrada e desdobrada processando uma entrada sequencial.

A Figura 11-1 mostra uma célula recursiva à esquerda e a expande, à direita, como uma série de unidades que recebem as letras da palavra *jazz*. Primeiro *j*, depois as demais letras. Ao longo desse processo, a RNN emite uma saída e modifica seus parâmetros internos. Com essa modificação, a unidade aprende com os dados recebidos e com a memória dos dados anteriores. A soma desse aprendizado corresponde ao estado da célula RNN.

LEMBRE-SE

Os capítulos anteriores discorrem apenas sobre os pesos das redes neurais. Mas também é preciso conhecer o termo *estado* para compreender as RNNs. Os pesos viabilizam o processamento de uma entrada em uma saída na RNN, mas o *estado* contém os rastros das informações captadas pela rede até o momento e, portanto, determina seu funcionamento. O estado é um tipo de memória de curto prazo reconfigurada após a conclusão de uma sequência. Ao assimilar pedaços de uma sequência, a célula RNN executa as seguintes etapas:

1. Processa os pedaços e muda o estado a cada entrada.
2. Emite uma saída.
3. Depois de ver a última saída, a RNN aprende os melhores pesos para mapear a entrada e definir a saída correta usando a retropropagação.

Reconhecendo e traduzindo a fala humana

A capacidade de reconhecer e traduzir falas em vários idiomas ganha cada vez mais importância à medida que as economias se globalizam. A tradução é uma área na qual a IA tem uma excelente vantagem sobre os humanos — de fato, artigos como `https://www.digitalistmag.com/digital-economy/2018/07/06/artificial-intelligence-is-changing-translation-industry-but-will-it-work-06178661` e `https://www.forbes.com/sites/bernardmarr/2018/08/24/will-machine-learning-ai-make-human-translators-an-endangered-species/#535ec9703902` estão começando a questionar por quanto tempo o tradutor humano ainda será viável.

Evidentemente, o aprendizado profundo facilita o processo de tradução. Na arquitetura neural, há algumas opções:

- » Manter todas as saídas geradas pela célula RNN.
- » Manter a última saída da célula RNN.

A última saída é a total da RNN, produzida após a conclusão do exame da sequência. Mas as saídas anteriores preveem outra sequência ou empilham mais células RNN sobre a atual, se, por exemplo, trabalhar com CNNs (redes neurais convolucionais). Ao empilhar RNNs verticalmente, a rede aprende padrões de sequência complexos e gera previsões com mais eficiência.

Também é possível empilhar RNNs horizontalmente em uma camada. Quando várias RNNs aprendem com uma sequência, extraem mais informações dos dados. As RNNs se parecem com as CNNs, em que cada camada identifica detalhes e padrões na imagem por meio de profundidades de convoluções. No caso de múltiplas RNNs, uma camada capta nuances diferentes da sequência que está sendo examinada.

As grades de RNNs, horizontais e verticais, otimizam o desempenho preditivo. No entanto, definir o uso da saída determina os resultados da arquitetura de aprendizado profundo baseada nas RNNs. É essencial fixar o número de elementos que serão usados como entradas e o comprimento da sequência de saída. A rede de aprendizado profundo sincroniza as saídas da RNN e produz o resultado esperado.

Há algumas possibilidades quando usamos várias RNNs, como indicado na Figura 11-2:

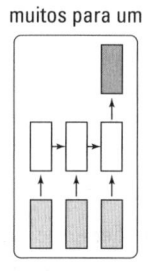

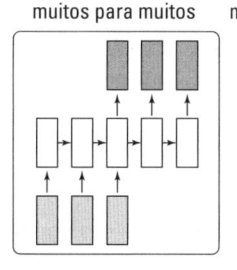

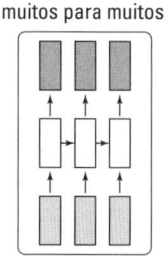

FIGURA 11-2: Diferentes configurações de entrada/saída nas RNNs.

um para um   um para muitos   muitos para um   muitos para muitos   muitos para muitos

> » **Um para um:** Ocorre quando há uma entrada para a qual deve haver uma saída. Até aqui, os exemplos citados neste livro adotaram esta abordagem. Cada caso abrange um determinado número de variáveis informativas e apresenta uma estimativa, como um número ou uma probabilidade.
>
> » **Um para muitos:** Ocorre quando há uma entrada para a qual deve haver uma sequência de saídas como resultado. As redes neurais de legendas automáticas usam esta abordagem: uma imagem é inserida e produz uma frase que descreve seu conteúdo.
>
> » **Muitos para um:** É o exemplo clássico de RNNs. Por exemplo, inserir uma sequência textual para obter um só resultado como saída. Essa abordagem serve para produzir uma estimativa de análise de sentimento ou outra classificação de texto.
>
> » **Muitos para muitos:** Aqui, uma sequência é inserida como entrada para obter uma sequência como saída. Esta é a arquitetura principal de muitos aplicativos incríveis de IA baseados em aprendizado profundo e a abordagem da tradução automática (uma rede que, por exemplo, traduz frases automaticamente do inglês para o alemão), dos chatbots (uma rede neural que responde perguntas e conversa com seres humanos) e da classificação de sequências (o recurso que classifica cada uma das imagens de um vídeo).

Tradução automática é a capacidade de uma máquina traduzir frases corretamente de um idioma para outro. Essa tecnologia vem sendo desenvolvida por cientistas há muito tempo, especialmente para fins militares. Leia um artigo de Vasily Zubarev sobre a fascinante história dos cientistas norte-americanos e russos e suas tentativas de tradução automática em http://vas3k.com/blog/machine_translation/. Mas o grande avanço ocorreu apenas com o lançamento do Google Neural Machine Translation (GNMT), uma iniciativa descrita no blog do Google AI: https://ai.googleblog.com/2016/09/a-neural-network-for-machine.html. O GNMT utiliza uma série de RNNs (e o paradigma de muitos para muitos) para ler uma sequência de palavras em um idioma (a camada de codificador) e retornar os resultados em outra camada RNN (a camada de decodificador), que a transforma na saída traduzida.

A tradução automática neural exige duas camadas porque as regras gramaticais e a sintaxe são específicas de cada idioma. Como uma RNN não compreende dois sistemas linguísticos ao mesmo tempo, é necessário um par de codificadores e decodificadores para lidar com os dois idiomas. O sistema não é perfeito, mas traz um avanço incrível em relação às soluções anteriores, descritas no artigo de Vasily Zubarev, e elimina muitos erros na ordem das palavras, erros lexicais (a palavra escolhida na tradução) e erros gramaticais (a forma como as palavras são usadas).

Além disso, o desempenho depende do conjunto de treinamento, das diferenças entre os idiomas e das suas características específicas. Por exemplo, devido à sintaxe do japonês, o governo do país está investindo em um tradutor de voz em tempo real para usar nas Olimpíadas de Tóquio em 2020 e impulsionar o turismo por meio do desenvolvimento de uma solução avançada de rede neural (para mais informações, leia `https://www.japantimes.co.jp/news/2015/03/31/reference/translation-tech-gets-olympic-push/`).

LEMBRE-SE As RNNs possibilitam as respostas do seu assistente de voz e do seu tradutor automático. Como a RNN é uma operação recorrente de multiplicação e soma, as redes de aprendizado profundo não entendem nenhum significado; elas só processam palavras e frases com base no que aprenderam durante o treinamento.

Inserindo a legenda correta nas fotos

Outra possível aplicação das RNNs e da abordagem de muitos para muitos é a *geração de legendas*, que consiste em inserir uma imagem em uma rede neural e receber uma descrição em texto que explica o que está acontecendo nela. Ao contrário dos chatbots e tradutores automáticos, cujas saídas são consumidas por humanos, a geração de legendas é baseada em robótica e não se limita a produzir descrições de imagens e vídeos. A geração de legendas ajuda pessoas com deficiência visual a reconhecerem locais e objetos por meio de dispositivos como o Horus (`https://horus.tech/horus/?l=en_us`) e construir uma ponte entre imagens e bases de dados de conhecimento (baseadas em texto) voltada para robôs — que, assim, compreendem melhor o entorno. Comece com conjuntos de dados específicos, como o Pascal Sentence Dataset (leia mais em `http://vision.cs.uiuc.edu/pascal-sentences/`); o Flickr 30K (`http://shannon.cs.illinois.edu/DenotationGraph/`), formado por imagens do Flickr classificadas por crowdsourcing; ou o conjunto de dados do MS Coco (`http://cocodataset.org`). Em todos eles, cada imagem contém uma ou mais frases que explicam o conteúdo. Por exemplo, na amostra número 5947 do conjunto de dados do MS Coco (`http://cocodataset.org/#explore?id=5947`), há quatro aviões que receberiam, corretamente, as seguintes legendas:

- » Quatro aviões no céu em um dia nublado.
- » Quatro aviões monomotores no ar em um dia de céu encoberto.
- » Um grupo de quatro aviões voando em formação.
- » Um grupo de aviões voando pelo céu.
- » Uma frota de aviões voando pelo céu.

Uma rede neural bem treinada deve produzir frases análogas para fotos similares. Em 2014, o Google publicou um artigo inédito com a solução desse problema, que chamou de *rede Show and Tell* ou *Neural Image Caption* (NIC), e atualizou o texto um ano depois (leia o artigo em https://arxiv.org/pdf/1411.4555.pdf).

De lá para cá, o Google abriu o código da NIC e a disponibilizou como parte do framework TensorFlow. Essa rede neural é formada por uma CNN pré-treinada (como o Google LeNet, vencedora da competição ImageNet em 2014; leia a seção "Descrevendo a arquitetura LeNet" do Capítulo 10 para saber mais) que processa imagens de forma semelhante à transferência de aprendizado. Uma imagem é transformada em uma sequência de valores que representam os elementos de alto nível detectados pela CNN. Durante o treinamento, a imagem incorporada passa para uma camada de RNNs que memorizam as características dela no seu estado interno. A CNN compara os resultados produzidos pelas RNNs com todas as possíveis descrições da imagem de treinamento, e um erro é computado. Esse erro se retropropaga até a RNN para ajustar os pesos dela e ajudá-la a aprender a legendar corretamente as imagens. Depois de repetir esse processo várias vezes com diferentes imagens, a rede já vê novas imagens e indica as respectivas descrições.

Explicando a Memória Longa de Curto Prazo

A memória de curto prazo nas RNNs parece resolver todos os possíveis problemas do aprendizado profundo. Mas essas redes também têm suas falhas. O problema delas resulta da sua principal característica: a recursão da mesma informação ao longo do tempo. A mesma informação, ao passar várias vezes pelas mesmas células, torna-se progressivamente atenuada até desaparecer, se os pesos forem muito pequenos. Esse é o *problema da dissipação do gradiente* e ocorre quando um sinal de correção de erro retropropagado desaparece ao passar por uma rede neural. Por isso, não há como empilhar muitas camadas de RNNs e atualizá-las é difícil.

As RNNs apresentam problemas ainda mais complexos. Na retropropagação, o gradiente (uma correção) processa a correção de erros que as redes produzem em suas previsões. Antes da previsão, as camadas distribuem o gradiente para as camadas de entrada e atualizam os pesos. As camadas afetadas por uma pequena atualização de gradiente param de aprender.

De fato, os sinais retropropagados internamente das RNNs tendem a desaparecer após algumas recursões, de modo que a rede neural atualiza e aprende com mais eficiência as sequências mais recentes. A rede esquece os primeiros sinais e não os relaciona com as entradas mais recentes. Portanto, a RNN tem certa facilidade para perder a eficácia e não é aplicável a problemas que exigem memória.

Em uma camada RNN, a retropropagação opera através da camada em direção às outras camadas, e internamente, dentro de cada célula RNN, ajustando sua memória. Infelizmente, seja qual for a força do sinal, depois de um tempo o gradiente diminui e desaparece.

A memória curta e a dissipação do gradiente dificultam o aprendizado de sequências mais longas pelas RNNs. Aplicações como a legendagem de imagens e a tradução automática precisam de uma boa memória para todas as partes da sequência. Consequentemente, a maioria dos aplicativos precisa de uma alternativa, e as RNNs básicas foram substituídas por diferentes células recorrentes.

Definindo as diferenças de memória

Dois cientistas estudaram a dissipação do gradiente nas RNNs e, em 1997, publicaram um artigo importante com uma solução para o problema. Sepp Hochreiter, um cientista da computação com uma ampla atuação nas áreas de aprendizado de máquina, aprendizado profundo e bioinformática, e Jürgen Schmidhuber, pioneiro no campo da inteligência artificial, divulgaram o estudo sobre o tema no periódico *Neural Computation* da MIT Press (http://www.bioinf.at/publications/older/2604.pdf). O artigo apresentou um novo conceito de células recorrentes que agora estrutura todos os incríveis aplicativos de aprendizado profundo que usam sequências. Rejeitado no início por ser muito inovador (à frente do seu tempo), esse novo conceito de célula, conhecido como LSTM (sigla que indica *memória longa de curto prazo*), hoje é usado em mais de 4 bilhões de operações neurais por dia, segundo o site pessoal de Schmidhuber (http://people.idsia.ch/~juergen/). A LSTM é a abordagem padrão para tradução automática e chatbots.

Google, Apple, Facebook, Microsoft e Amazon já desenvolveram produtos baseados na tecnologia LSTM, desenvolvida por Hochreiter e Schmidhuber. Assistentes de voz e tradutores automáticos funcionariam de maneira diferente se a LSTM não tivesse sido inventada.

A ideia central da LSTM é fazer com que a RNN diferencie o estado entre curto e longo prazo. O estado é a memória da célula, e a LSTM se divide em diferentes canais:

>> **Curto prazo:** Os dados de entrada se misturam diretamente com os dados que chegam na sequência.

>> **Longo prazo:** Seleciona na memória de curto prazo só os elementos que devem ser retidos por um longo período.

Além disso, o canal da memória de longo prazo ajusta menos parâmetros. A memória de longo prazo só realiza algumas somas e multiplicações com os elementos que chegam da memória de curto prazo, formando uma via de informação quase direta. (A dissipação do gradiente não impede o fluxo de informações.)

Um passeio pela arquitetura LSTM

As LSTMs são organizadas em torno de *portões*, mecanismos internos que utilizam somas, multiplicações e uma função de ativação para regular o fluxo de informações na célula LSTM. Ao regular o fluxo, o portão pode manter, incrementar ou descartar as informações que chegam de uma sequência na memória de curto e de longo prazo. Esse fluxo lembra um circuito elétrico. A Figura 11-3 mostra a estrutura interna de uma LSTM.

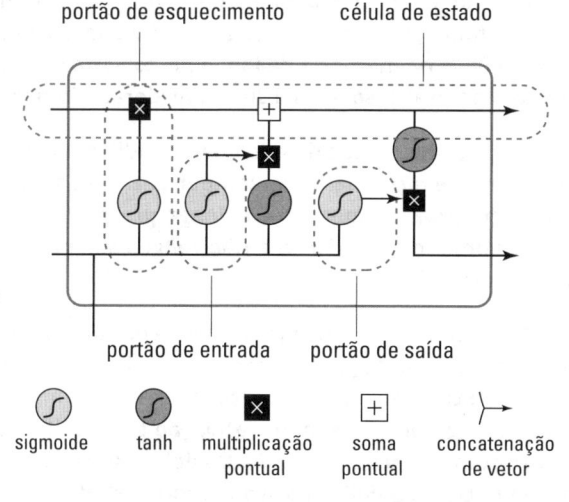

FIGURA 11-3: A estrutura interna de uma LSTM, com os dois fluxos de memória e os portões.

As diferentes raízes e portões parecem um pouco complicados no começo, mas as etapas a seguir facilitam sua compreensão:

1. **A memória de curto prazo vinda do estado anterior (ou de valores aleatórios) encontra a parte da sequência inserida no momento. Elas então se misturam, criando uma primeira derivação.**

2. **O sinal da memória de curto prazo, transportando o sinal de saída e o sinal de entrada mais recente, sai em direção à memória de longo prazo passando pelo *portão de esquecimento*, que ignora determinados**

dados. (Tecnicamente, a ramificação fica nos pontos em que o sinal é duplicado.)

3. O portão do esquecimento define as informações de curto prazo que serão descartadas antes da transmissão para a memória de longo prazo. Uma ativação sigmoide cancela os sinais inúteis e incrementa os que parecem importantes o suficiente para serem armazenados e memorizados.

4. A informação que passa pelo portão de esquecimento chega ao canal da memória de longo prazo transportando as informações dos estados anteriores.

5. Os valores da memória de longo prazo e a saída do portão de esquecimento são multiplicados ao mesmo tempo.

6. A memória de curto prazo que não passou pelo portão de esquecimento é duplicada novamente e recebe outro ramo; ou seja, uma parte vai até o portão de saída e a outra fica voltada para o portão de entrada.

7. No portão de entrada, os dados da memória de curto prazo passam separadamente por uma função sigmoide e uma função tanh. As saídas dessas duas funções são multiplicadas e adicionadas à memória de longo prazo. O efeito na memória de longo prazo varia com a sigmoide, que esquece ou lembra, caso o sinal seja considerado importante.

8. Depois que as saídas do portão de entrada são adicionadas, a memória de longo prazo não é alterada. Formada por entradas selecionadas da memória de curto prazo, a memória de longo prazo retém as informações por mais tempo na sequência e não reage caso haja uma lacuna temporal entre elas.

9. A memória de longo prazo transmite informações diretamente para o próximo estado e é enviada para o portão de saída, para onde a memória de curto prazo também vai. Esse último portão normaliza os dados da memória de longo prazo usando a ativação tanh e filtra a memória de curto prazo com a função sigmoide. Os dois resultados são multiplicados um pelo outro e enviados para o próximo estado.

DICA

As LSTMs usam as ativações sigmoide e tanh em seus portões. Aqui, devemos lembrar que a função tanh normaliza a entrada para um valor entre −1 e 1, e a função sigmoide reduz a entrada para um valor entre 0 e 1. Portanto, se uma função de ativação tanh mantém a entrada em uma faixa de valores viáveis, a sigmoide desativa a entrada, porque reduz os sinais mais fracos para zero, eliminando-os. Ou seja, a função sigmoide viabiliza a lembrança (aumentando o sinal) e o esquecimento (amortecendo o sinal).

Descobrindo variantes interessantes

A LSTM tem algumas variantes, identificadas por números e letras adicionais, como LSTM4, LSTM4a, LSTM5, LSTM5a e LSMT6, que indicam sua arquitetura modificada e a preservação dos principais conceitos da solução. Uma modificação popular e expressiva nessas variantes são as *conexões peephole*, pipelines de dados que permitem que todas ou parte das camadas do portão acessem a memória de longo prazo (o estado da célula, nas RNNs). Ao permitir a visualização da memória de longo prazo, a RNN toma decisões de curto prazo com base em padrões previamente vistos e consolidados na execução. No Keras, a implementação regular da LSTM por meio do comando `keras.layers.LSTM` (`keras.layers.CuDNNLST` é a versão da GPU) atende a maioria das aplicações. Para testar as variantes peephole, explore a implementação do TensorFlow (veja mais em `https://www.tensorflow.org/api_docs/python/tf/nn/rnn_cell/LSTMCell`), que oferece mais opções no nível da arquitetura da célula LSTM.

Há outra variante mais radical. As unidades recorrentes bloqueadas (gated recurrent units — GRUs) foram apresentadas no artigo disponível em `https://arxiv.org/pdf/1406.1078.pdf`. As GRUs funcionam como uma simplificação da arquitetura LSTM. Na verdade, elas operam por meio de portões de informação cujos parâmetros são aprendidos como na LSTM. No geral, o fluxo de informações em uma célula GRU corresponde a uma rota linear, porque a GRU usa apenas uma memória de trabalho (equivalente à memória de longo prazo da LSTM). Essa memória de trabalho é atualizada por meio de um *portão de atualização*, com base nas informações que chegam à rede. As informações atualizadas são somadas novamente à memória de trabalho original no *portão de redefinição*, que tem esse nome porque seleciona as informações da memória de trabalho para reter uma memória dos dados liberados para a próxima etapa da sequência. Confira um esquema simples do fluxo na Figura 11-4.

Ao contrário da LSTM, as GRUs têm um portão de redefinição que para as informações que devem ser esquecidas e um portão de atualização que retém os sinais úteis. As GRUs têm uma só memória, em vez de uma longa e outra curta.

É possível usar as camadas GRU e LSTM em suas redes sem alterar muito o código. Importe a camada por meio de `keras.layers.GRU` (ou `keras.layers.CuDNNGRU` para a versão específica da GPU, associada à biblioteca NVIDIA CuDNN; veja mais detalhes em `https://developer.nvidia.com/cudnn`) e interaja com ela como uma camada LSTM. Para especificar as unidades de parâmetro, defina o número de unidades GRU de uma camada. Trocar a LSTM pela GRU oferece estas vantagens e outras:

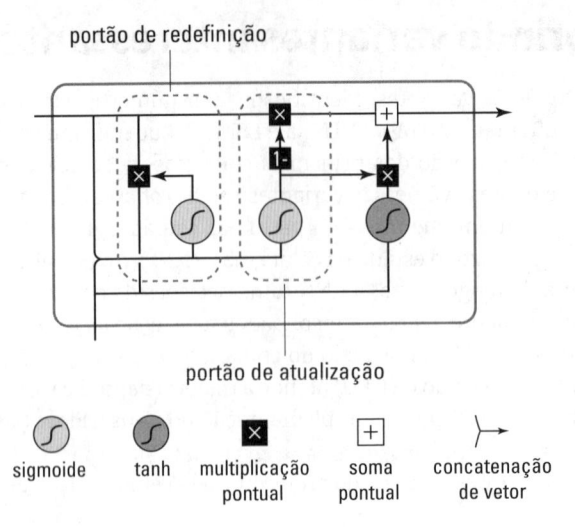

FIGURA 11-4:
A estrutura interna de uma GRU, com um só fluxo de memória e dois portões.

portão de redefinição

portão de atualização

sigmoide — tanh — multiplicação pontual — soma pontual — concatenação de vetor

> » As GRUs processam os sinais como as LSTMs e evitam bastante o problema da dissipação de gradiente, mas não diferenciam a memória longa da curta, porque só utilizam uma memória de trabalho — um estado processado repetidas vezes em uma célula GRU.
>
> » As GRUs são menos complexas do que as LSTMs, mas também são menos eficientes para lembrar sinais anteriores; portanto, as LSTMs têm uma vantagem no processamento de sequências mais longas.
>
> » O treino das GRUs é mais rápido do que o das LSTMs (elas têm menos parâmetros para serem ajustados).
>
> » As GRUs têm um desempenho melhor do que o das LSTMs quando há menos dados de treinamento porque são menos propensas a sobreajustar as informações recebidas.

Obtendo a atenção necessária

Ao ler sobre a aplicação das camadas LSTM e GRU a problemas linguísticos, é comum encontrar a definição do *mecanismo de atenção* como a forma mais eficaz de resolver problemas complexos, como:

> » Fazer perguntas e obter respostas de uma rede neural.
> » Classificar frases.
> » Traduzir um texto de um idioma para outro.

O mecanismo de atenção é tido com uma solução de ponta para problemas complexos e, apesar de não estar nas camadas disponíveis nos pacotes TensorFlow e Keras atualmente, não é difícil encontrar ou desenvolver uma implementação de código aberto.

DICA

Antes de criar um mecanismo de atenção, confira a implementação de código aberto desenvolvida pelo engenheiro pesquisador Philippe Rémy, disponível em `https://github.com/philipperemy/keras-attention-mechanism`.

Apresentadas no artigo "Neural machine translation by jointly learning to align and translate" [Tradução de máquina neural aprendendo em conjunto a alinhar e traduzir, em tradução livre], escrito por Dzmitry Bahdanau, Kyunghyun Cho e Yoshua Bengio e publicado em 2014 (`https://arxiv.org/abs/1409.0473v7`), as camadas de atenção que implementam o mecanismo de atenção são vetores de pesos que expressam a importância de um elemento em um conjunto processado por uma rede neural profunda. Geralmente, esse conjunto contém uma sequência processada por RNNs ou uma imagem. De fato, uma camada de atenção resolve dois tipos de problemas:

» No processamento de sequências longas, palavras relacionadas às vezes aparecem distantes umas das outras. Por exemplo, muitas vezes, é difícil lidar com pronomes porque as RNNs não conseguem relacioná-los a elementos anteriores da sequência. Uma camada de atenção destaca os elementos essenciais de uma frase antes de a RNN iniciar o processamento da sequência.

» No processamento de imagens grandes, muitos objetos que aparecem na imagem distraem a rede neural, que neste caso não aprenderá a classificá-los corretamente. Um exemplo: uma rede desenvolvida para reconhecer pontos de referência em fotos de lazer. Uma camada de atenção detecta a parte da foto que a rede neural deve processar e sugere que a RNN ignore elementos irrelevantes, como uma pessoa, cão ou carro, presentes na imagem.

LEMBRE-SE

Em uma rede neural, a camada de atenção geralmente é colocada após uma camada recorrente, como uma LSTM ou GRU. Em 2017, pesquisadores do Google criaram um mecanismo autônomo de atenção que funciona sem camadas recorrentes anteriores e cujo desempenho é muito melhor do que as soluções anteriores. Eles chamaram essa arquitetura de *Transformer*.

3 Interagindo com o Aprendizado Profundo

NESTA PARTE...

Aprenda a classificar imagens.

Trabalhe com as CNNs.

Conheça o processamento de linguagem.

Gere artes visuais e música.

Saiba mais sobre o aprendizado por reforço.

> **NESTE CAPÍTULO**
>
> » Destacando os principais avanços dos desafios de reconhecimento de imagem
>
> » Definindo a importância do aumento de imagem
>
> » Usando o German Traffic Sign Benchmark
>
> » Criando uma CNN para classificar sinais de trânsito

Capítulo **12**

Classificando Imagens

Entender a dinâmica das camadas convolucionais, como vimos no Capítulo 10, é apenas o começo. A teoria só explica o funcionamento, mas não descreve com exatidão o sucesso das soluções das redes neurais profundas no reconhecimento de imagens. Grande parte desses avanços, especialmente nos aplicativos de IA, decorre do acesso a dados adequados para treinar e testar as redes de imagens, da sua aplicação a diferentes problemas (devido à transferência de aprendizado) e da sofisticação da tecnologia, que passou a responder perguntas complexas sobre o conteúdo das imagens.

Neste capítulo, detalhamos a classificação de objetos e os desafios de detecção, e sua contribuição para o recente renascimento do aprendizado profundo. Competições como as baseadas no conjunto de dados ImageNet não só fornecem os dados mais adequados para treinar redes reutilizáveis para diferentes propósitos (graças à transferência de aprendizado, que vimos no Capítulo 10), como também incentivam os pesquisadores a encontrarem soluções novas e mais inteligentes para aumentar a capacidade da rede neural de entender as imagens. A normalização de resposta local e os módulos de início são soluções complexas demais para este livro, mas é preciso saber o quanto elas são revolucionárias. Todas foram introduzidas por redes neurais que venceram a competição ImageNet: AlexNet (em 2012), GoogleLeNet (em 2014) e ResNet (em 2015).

Com base no German Traffic Sign Benchmark fornecido pelo Institute für NeuroInformatik da Ruhr-Universität Bochum, sediado na Alemanha, este capítulo termina com um exemplo de como usar um conjunto de dados de imagens. Com esses dados, criaremos uma CNN para reconhecer sinais de trânsito usando o aumento e a ponderação de imagens para equilibrar a frequência de diferentes classes nos exemplos.

LEMBRE-SE Você não precisa digitar o código-fonte deste capítulo. De fato, é muito mais fácil usar a fonte disponível para download. O código-fonte utilizado aqui está no arquivo `DL4D_12_German_Traffic_Sign_Benchmark.ipynb`. (Leia a Introdução para saber mais sobre como encontrar esse arquivo.)

Conhecendo os Desafios da Classificação de Imagens

As camadas CNN de reconhecimento de imagens foram criadas por Yann LeCun e uma equipe de pesquisadores. A AT&T implementou o LeNet5 (a rede neural para números manuscritos abordada no Capítulo 10) nos leitores de cheques dos caixas eletrônicos. No entanto, essa invenção não evitou a chegada de outro inverno da IA na década de 1990, quando muitos pesquisadores e investidores novamente se convenceram de que os computadores não conseguiriam nenhum avanço em manter conversas significativas com humanos, traduzir frases entre diferentes idiomas, compreender imagens e raciocinar como pessoas.

De fato, os sistemas especialistas já haviam abalado a confiança do público. Os *sistemas especialistas* são uma série de regras automáticas definidas por humanos para que os computadores executem determinadas operações. Mas o inverno da IA atrasou o desenvolvimento das redes neurais em prol de vários algoritmos de aprendizado de máquina. Na época, os computadores não tinham a capacidade necessária e havia certos limites, como o problema da dissipação do gradiente. (O Capítulo 9 aborda esse tema e outras limitações que impediam as arquiteturas neurais profundas.) Os dados também não eram complexos o bastante; por isso, uma CNN complexa e revolucionária como a LeNet5, operando com a tecnologia e as limitações da época, não podia mostrar seu verdadeiro poder.

Apenas um pequeno grupo de pesquisadores, como Geoffrey Hinton, Yann LeCun, Jürgen Schmidhuber e Yoshua Bengio, continuou desenvolvendo as tecnologias de redes neurais que acabariam com o inverno da IA. Em 2006, Fei-Fei Li, professora de ciência da computação na Universidade de Illinois Urbana-Champaign (e agora professora associada em Stanford e diretora do Stanford Artificial Intelligence Lab e do Stanford Vision Lab) começou a fornecer conjuntos de dados mais realistas para testar os algoritmos com mais eficiência. Ela passou a acumular um número incrível de imagens que representavam diversas classes de objetos. Leia mais sobre essa iniciativa na seção "Analisando arquiteturas eficientes", do Capítulo 10. As classes propostas abrangem diferentes tipos de objetos, tanto naturais (como 120 raças de cães) quanto feitos por humanos (como meios de transporte). Explore-as em http://image-net.org/challenges/LSVRC/2014/browse-synsets. Quando usaram esse imenso conjunto de dados de imagens no treinamento, os pesquisadores notaram que os algoritmos passaram a funcionar melhor (ainda não existia nada como o ImageNet na época) e começaram a testar novas ideias e arquiteturas de redes neurais otimizadas.

Analisando o ImageNet e o MS COCO

O impacto e a importância da competição ImageNet (também conhecida como ImageNet Large Scale Visual Recognition Challenge ou ILSVRC; http://image-net.org/challenges/LSVRC/) para o desenvolvimento de soluções de aprendizado profundo voltadas para o reconhecimento de imagens são expressos em três pontos principais:

» **Viabilizou o renascimento das redes neurais profundas:** A arquitetura CNNet da AlexNet (desenvolvida por Alex Krizhevsky, Ilya Sutskever e Geoffrey Hinton) venceu o desafio ILSVRC em 2012 por uma grande margem em relação às outras soluções.

» **Incentivou muitas equipes de pesquisadores a desenvolverem soluções mais sofisticadas:** O ILSVRC viabilizou a otimização do desempenho das CNNs. VGG16, VGsG19, ResNet50, Inception V3, Xception e NASNet são redes neurais testadas em imagens ImageNet e disponibilizadas no pacote Keras (https://keras.io/applications/). Cada arquitetura contém uma melhoria em relação às anteriores e introduz inovações fundamentais no aprendizado profundo.

» **Possibilitou a transferência de aprendizado:** A competição ImageNet permitiu a disponibilização do conjunto de pesos aplicável. O 1,2 milhão de imagens de treinamento do ImageNet distribuídas em mais de 1.000 classes ajudou a criar redes convolucionais cujas camadas superiores se aplicam a outros problemas.

De uns tempos para cá, alguns pesquisadores começaram a suspeitar de que as arquiteturas neurais mais recentes estão sobreajustando o conjunto de dados do ImageNet. Afinal, o mesmo conjunto de testes vem sendo usado há muitos anos para selecionar as melhores redes, segundo os pesquisadores Benjamin Recht, Rebecca Roelofs, Ludwig Schmidt e Vaishaal Shankar, no artigo disponível em https://arxiv.org/pdf/1806.00451.pdf.

LEMBRE-SE

Os pesquisadores da equipe do Google Brain (Simon Kornblith, Jonathon Shlens e Quoc V. Le) descobriram uma relação entre a precisão do ImageNet e o desempenho da transferência de aprendizado da mesma rede para outros conjuntos de dados. Eles divulgaram os resultados neste artigo: `https://arxiv.org/pdf/1805.08974.pdf`. Curiosamente, também apontaram que, se for sobreajustada no ImageNet, a rede terá problemas de generalização. Portanto, é recomendável testar a transferência de aprendizado com base na rede mais recente e de melhor desempenho disponível no ImageNet, mas não parar por aí. Algumas redes com desempenho mais baixo às vezes são mais eficientes para o problema.

Outras críticas ao uso do ImageNet apontam que as imagens mais comuns contêm mais objetos, que não são visualizados claramente se estiverem parcialmente obstruídos por outros objetos ou misturados com o fundo. Se usar uma rede pré-treinada do ImageNet em um contexto cotidiano (para criar um aplicativo ou um robô), o desempenho dela não será satisfatório. Portanto, desde o fim da competição ImageNet (sob a justificativa de que seria impossível incrementar o desempenho operando com o mesmo conjunto de dados), os pesquisadores têm usado cada vez mais conjuntos de dados públicos e alternativos para desafiar as CNNs e melhorar a eficiência do reconhecimento de imagens. Estas são as alternativas até agora:

» **PASCAL VOC (Visual Object Classes)** `http://host.robots.ox.ac.uk/pascal/VOC/`: Desenvolvido pela Universidade de Oxford, este conjunto de dados define um padrão de treinamento de rede neural para rotular vários objetos em uma imagem, o padrão PASCAL VOC xml. A competição associada a esse conjunto de dados foi interrompida em 2012.

» **SUN** `https://groups.csail.mit.edu/vision/SUN/`: Criado pelo Instituto de Tecnologia de Massachusetts (MIT), este conjunto de dados fornece referências para determinar o desempenho da CNN. Não há nenhuma competição associada a ele.

» **MS COCO** `http://cocodataset.org/`: Elaborado pela Microsoft Corporation, este conjunto de dados está associado a uma série de competições ativas.

O conjunto de dados Microsoft Common Objects in the Context (MS COCO) oferece menos imagens de treinamento para o modelo em comparação com o ImageNet, mas cada imagem dele contém vários objetos. Além disso, todos os objetos aparecem em posições (não encenadas) e ambientes realistas (geralmente ao ar livre e em locais públicos, como estradas e ruas). Para distinguir os objetos, o conjunto de dados fornece os contornos em coordenadas de pixel e rótulos no padrão PASCAL VOC XML, sendo que cada objeto é definido não apenas por uma classe, mas também pelas coordenadas nas imagens (um retângulo mostra onde encontrá-lo). Esse retângulo é chamado de *caixa delimitadora*; ela é formada por quatro pixels, bem simples se comparada com os muitos pixels necessários para definir um objeto com base nos contornos.

Recentemente, o ImageNet passou a incluir vários objetos detectáveis e suas caixas delimitadoras em, pelo menos, 1 milhão de imagens.

Aprendendo a mágica do aumento de dados

Mesmo que se tenha acesso a grandes quantidades de dados (como os do ImageNet ou do MS COCO) para o modelo de aprendizado profundo, eles não são suficientes se houver uma grande variedade de parâmetros nas arquiteturas neurais mais complexas. De fato, mesmo com técnicas como o abandono (que explicamos na seção "Não, não me abandone!", do Capítulo 9), o sobreajuste ainda é possível. O *sobreajuste* acontece quando a rede memoriza os dados de entrada e não aprende padrões de dados de utilidade geral. Além do abandono, outras técnicas evitam o sobreajuste na rede, como o LASSO, o Ridge e o ElasticNet. Mas nada é tão eficaz para otimizar os recursos preditivos da rede neural quanto incluir mais exemplos no cronograma de treinamento.

Originalmente, o LASSO, o Ridge e o ElasticNet eram formas de restringir os pesos de um modelo de regressão linear, um algoritmo estatístico que computa estimativas de regressão. Em uma rede neural, eles funcionam de maneira semelhante, reduzindo a soma total dos pesos para o valor mais baixo possível, sem prejudicar a exatidão das previsões. O LASSO reduz muitos pesos para zero, selecionando assim os melhores pesos. Já o Ridge tende a amortecer todos os pesos, impedindo que os maiores pesos gerem sobreajuste. Finalmente, o ElasticNet é uma mistura das abordagens do LASSO e do Ridge, combinando as estratégias de seleção e amortecimento.

O aumento de imagens oferece uma solução para o problema do baixo número de exemplos para alimentar uma rede neural e criar artificialmente novas imagens a partir das disponíveis. O *aumento de imagens* é uma série de operações de processamento realizadas separadamente ou em conjunto com o objetivo de produzir uma imagem diferente da inicial. O resultado ajuda a rede neural a aprender a tarefa de reconhecimento com mais eficiência.

Se as imagens de treinamento estiverem muito claras ou desfocadas, o processamento modificará as imagens existentes e criará versões mais escuras e nítidas. Essas novas versões terão as características que a rede neural deve focar e não priorizarão a qualidade da imagem. Além disso, girar, cortar e dobrar a imagem, como indicado na Figura 12-1, é eficaz, pois essas operações forçam a rede a aprender recursos de imagem úteis sem se ater à aparência do objeto.

Os procedimentos mais comuns para o aumento de imagens, como indicado na Figura 12-1, são:

- **Inverter:** Inverter a imagem no próprio eixo testa a capacidade do algoritmo de encontrá-la sem se ater à perspectiva. O sentido geral da imagem deve ser preservado quando ela é invertida. Alguns algoritmos não encontram objetos virados de cabeça para baixo ou espelhados, especialmente quando o original contém palavras e outros sinais específicos.
- **Rotação:** Girar a imagem testa o algoritmo em determinados ângulos, simulando diferentes perspectivas ou visuais calibrados de forma imprecisa.
- **Recorte aleatório:** Recortar a imagem força o algoritmo a se concentrar em um componente dela. Cortar uma área e expandi-la para o mesmo tamanho da imagem padrão testa o reconhecimento de elementos parcialmente ocultos na imagem.
- **Mudança de cor:** Alterar as nuances das cores da imagem generaliza o exemplo porque as cores mudam ou são gravadas de forma diferente no mundo real.
- **Adição de ruído:** Adicionar um ruído aleatório testa a capacidade do algoritmo de detectar um objeto quando a qualidade dele não é perfeita.
- **Perda de informação:** A exclusão aleatória de partes da imagem simula uma obstrução visual e orienta a rede neural a se basear nas características gerais da imagem e não nos detalhes (eliminados aleatoriamente).
- **Alteração de contraste:** A alteração da luminosidade reduz a sensibilidade da rede neural à luz (do dia ou artificial).

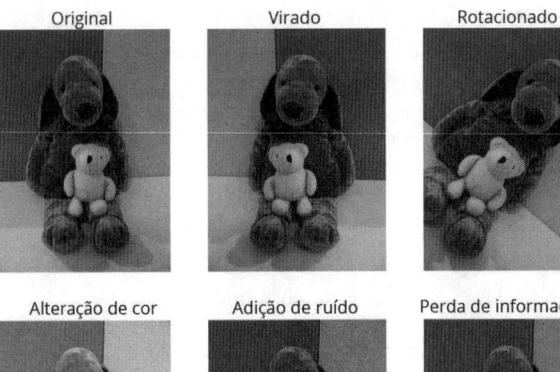

FIGURA 12-1: Formas mais comuns de aumento de imagens.

DICA Não é preciso ser especialista em processamento de imagens para utilizar essa técnica eficiente. O Keras contém uma forma de incorporar facilmente o aumento de imagens em todos os treinamentos por meio da função ImageDataGenerator (https://faroit.github.io/keras-docs/1.2.2/preprocessing/image/).

O objetivo principal do ImageDataGenerator é gerar lotes de entradas para alimentar a rede neural. Ou seja, você pode obter dados como partes de um array NumPy usando o método .flow. Além disso, não é preciso armazenar todos os dados de treinamento na memória, pois o método .flow_from_directory os extrai diretamente do disco. Ao extrair os lotes de imagens, o ImageDataGenerator as transforma com o redimensionamento (as imagens são formadas por números inteiros, de 0 a 255, mas as redes neurais funcionam melhor com floats que variam de 0 a 1) ou outras operações, como:

» **Padronização:** Coloca todos os dados na mesma escala, definindo a média como zero e o desvio-padrão como um (como na padronização estatística), com base na média e no desvio-padrão de todo o conjunto de dados (*com foco nos elementos*) ou de cada imagem (*com foco na amostra*).

» **Branqueamento ZCA:** Exclui todas as informações redundantes da imagem, mantendo a semelhança com o original.

» **Rotação aleatória, deslocamentos aleatórios e inversões aleatórias:** Gira, desloca e inverte a imagem para que os objetos apareçam em posições diferentes da original.

» **Reorganização de dimensões:** Faz combinações entre as dimensões dos dados das imagens. Por exemplo, converte imagens BGR (um antigo formato colorido, popular entre os fabricantes de câmeras) no padrão RGB.

Ao usar o ImageDataGenerator para processar lotes de imagens, o tamanho da memória do sistema não é um fator limitador, mas o tamanho do armazenamento (do disco rígido, se for o caso) e pela velocidade de transferência. É possível até mesmo obter os dados necessários na internet, se a conexão for rápida o suficiente.

DICA Obtenha aumentos de imagens ainda mais eficientes em um pacote como o albumentations (https://github.com/albu/albumentations), criado por Alexander Buslaev, Alex Parinov, Vladimir I. Iglovikov e Evegene Khvedchenya com base na experiência que acumularam em muitos desafios de detecção de imagens. O pacote contém uma incrível variedade de ferramentas de processamento de imagens, específicas para cada tarefa e tipo de rede neural em questão.

Distinguindo Sinais de Trânsito

Depois de ler sobre os fundamentos teóricos e as características das CNNs, tente construir uma. O TensorFlow e o Keras desenvolvem um classificador de imagens para um problema delimitado e específico. Problemas específicos não exigem o aprendizado de uma grande variedade de recursos de imagem para realizar uma tarefa com sucesso. Portanto, resolva-os facilmente com arquiteturas simples, como o LeNet5 (a CNN que revolucionou o reconhecimento neural de imagens, como vimos no Capítulo 10) ou outra similar. Este exemplo executa uma tarefa interessante e realista usando o German Traffic Sign Recognition Benchmark (GTSRB), disponível na página do Institute für NeuroInformatik da Ruhr-Universität Bochum: `http://benchmark.ini.rub.de/?section=gtsrb`.

LEMBRE-SE

Ler sinais de trânsito é uma tarefa desafiadora devido às diferenças na aparência dos ambientes reais. O GTSRB oferece uma referência para a avaliação dos algoritmos de aprendizado de máquina aplicados a essa tarefa. Leia sobre a construção desse banco de dados no artigo de J. Stallkampand disponível em `https://www.ini.rub.de/upload/file/1470692859_c57fac98ca9d02ac701c/stallkampetal_gtsrb_nn_si2012.pdf`.

O conjunto de dados GTSRB contém mais de 50 mil imagens organizadas em 42 classes (sinais de trânsito), viabilizando a criação de um problema de classificação multiclasse. Em um problema de classificação multiclasse, é indicada a probabilidade de a imagem estar em uma classe e admite-se a maior probabilidade como a resposta correta. O sinal "Atenção: Canteiro de Obras" fará com que o algoritmo de classificação gere altas probabilidades para todos os sinais de atenção. (A probabilidade mais alta deve corresponder à classe em questão.) Desfoque, resolução de imagem, iluminação diferente e condições de perspectiva são desafios para o computador (bem como para humanos), como vemos em alguns dos exemplos extraídos do conjunto de dados na Figura 12-2.

FIGURA 12-2: Alguns exemplos do German Traffic Sign Recognition Benchmark.

Preparando os dados de imagens

O exemplo começa com a configuração do modelo, a definição do otimizador, o pré-processamento das imagens e a criação das convoluções, do agrupamento e das camadas densas, como indicado no código a seguir. (Leia o Capítulo 4 para saber mais sobre a operação do TensorFlow e do Keras.)

```
import numpy as np
import zipfile
import pprint
from skimage.transform import resize
from skimage.io import imread
import matplotlib.pyplot as plt
% matplotlib inline

import warnings
warnings.filterwarnings("ignore")

from keras.models import Sequential
from keras.optimizers import Adam
from keras.preprocessing.image import ImageDataGenerator
from keras.utils import to_categorical
from keras.layers import Conv2D, MaxPooling2D
from keras.layers import (Flatten, Dense, Dropout)
```

DICA

O conjunto de dados contém mais de 50 mil imagens, e a rede neural associada é capaz de atingir um nível de precisão quase humano no reconhecimento de sinais de trânsito. Como o aplicativo exige muitos cálculos computacionais, executar esse código no seu computador demora bastante, dependendo das configurações dele. Da mesma forma, o Colab também demora, dependendo dos recursos disponibilizados pelo Google, como o acesso a um GPU, que vimos no Capítulo 4. Ao cronometrar esse tempo de execução inicial na configuração em questão, determina-se qual é o ambiente mais rápido para processar grandes conjuntos de dados, a máquina local ou o Colab. O melhor ambiente é o que produz os resultados mais consistentes e confiáveis. Se não tiver uma conexão estável com a internet, o Colab será uma opção ineficiente.

Aqui, o exemplo recupera o conjunto de dados GTSRB da sua localização na internet (o site do INI Benchmark, na Ruhr-Universität Bochum, como vimos anteriormente). O trecho a seguir faz o download para o mesmo diretório do código Python. O processo de download demora um pouco; então, agora é o momento ideal para mais uma xícara de chá.

```
import urllib.request
url = "http://benchmark.ini.rub.de/Dataset/\
GTSRB_Final_Training_Images.zip"
filename = "./GTSRB_Final_Training_Images.zip"
urllib.request.urlretrieve(url, filename)
```

Após recuperar o conjunto de dados da internet em um arquivo .zip, o código define um tamanho de imagem. (Como todas as imagens são redimensionadas como quadradas, o tamanho representa seus lados em pixels.) O código também define a parte dos dados que será destinada a testes, excluindo certas imagens do treinamento para determinar de forma mais confiável como a rede neural funciona.

Um loop pelos arquivos armazenados no arquivo .zip recupera e redimensiona as imagens individualmente, armazena os rótulos das classes e anexa as imagens a duas listas: uma para o treinamento e outra para testes. A classificação usa uma função hash, que traduz o nome da imagem em um número e, com base nele, decide onde colocar a imagem.

```
IMG_SIZE = 32
TEST_SIZE = 0.2
X, Xt, y, yt = list(), list(), list(), list()

archive = zipfile.ZipFile(
                './GTSRB_Final_Training_Images.zip', 'r')
file_paths = [file for file in archive.namelist()
              if '.ppm' in file]

for filename in file_paths:
    img = imread(archive.open(filename))
    img = resize(img,
                 output_shape=(IMG_SIZE, IMG_SIZE),
                 mode='reflect')
    img_class = int(filename.split('/')[-2])

    if (hash(filename) % 1000) / 1000 > TEST_SIZE:
        X.append(img)
        y.append(img_class)
    else:
        Xt.append(img)
        yt.append(img_class)

archive.close()
```

Após concluir o serviço, o código informa a consistência dos exemplos de treinamento e de teste.

```
test_ratio = len(Xt) / len(file_paths)
print("Train size:{} test size:{} ({:0.3f})".format(len(X),
            len(Xt),
            test_ratio))
```

O treinamento tem mais de 30 mil imagens; o teste, quase 8 mil (20% do total):

```
Train size:31344 test size:7865 (0.201)
```

Os resultados variam um pouco em relação aos valores indicados. Outra execução informou um tamanho de treinamento de 31.415 e um de teste de 7.794. As redes neurais aprendem problemas multiclasse com mais eficiência quando as classes são numericamente semelhantes; do contrário, tendem a priorizar as classes mais numerosas. O código a seguir verifica a distribuição de classes:

```
classes, dist = np.unique(y+yt, return_counts=True)
NUM_CLASSES = len(classes)
print ("No classes:{}".format(NUM_CLASSES))

plt.bar(classes, dist, align='center', alpha=0.5)
plt.show()
```

A Figura 12-3 indica um desequilíbrio entre as classes. Alguns sinais de trânsito aparecem com mais frequência do que outros (se os sinais de parada forem mais comuns do que os de travessia de animais).

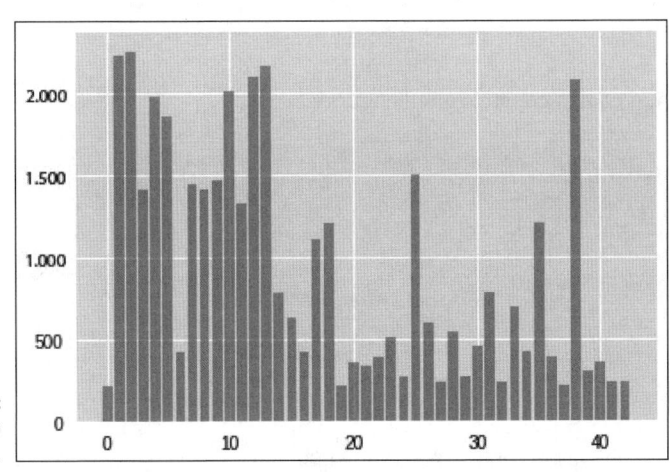

FIGURA 12-3: Distribuição de classes.

Como solução, o código calcula um *peso*, uma proporção baseada nas frequências das classes e utilizada pela rede neural para aumentar o sinal recebido de exemplos mais raros e descartar os mais frequentes:

```
class_weight = {c:dist[c]/np.sum(dist) for c in classes}
```

Executando uma tarefa de classificação

Depois de configurar os pesos, o código define o gerador de imagens, que recupera as imagens em lotes (amostras de tamanho predefinido) para realizar o treinamento e a validação, normaliza os valores e aplica o aumento para evitar o sobreajuste, deslocando e girando levemente as imagens. O código a seguir aplica o aumento apenas no gerador de imagens do treinamento e não no gerador de validação, pois só as imagens originais devem ser testadas.

```
batch_size = 256
tgen=ImageDataGenerator(rescale=1./255,
                        rotation_range=5,
                        width_shift_range=0.10,
                        height_shift_range=0.10)

train_gen = tgen.flow(np.array(X),
                      to_categorical(y),
                      batch_size=batch_size)

vgen=ImageDataGenerator(rescale=1./255)

val_gen = vgen.flow(np.array(Xt),
                    to_categorical(yt),
                    batch_size=batch_size)
```

Enfim, o código constrói a rede neural:

```
def small_cnn():
    model = Sequential()
    model.add(Conv2D(32, (5, 5), padding='same',
                     input_shape=(IMG_SIZE, IMG_SIZE, 3),
                     activation='relu'))
    model.add(Conv2D(64, (5, 5), activation='relu'))
    model.add(Flatten())
    model.add(Dense(768, activation='relu'))
    model.add(Dropout(0.4))
    model.add(Dense(NUM_CLASSES, activation='softmax'))
```

```
    return model

model = small_cnn()
model.compile(loss='categorical_crossentropy',
              optimizer=Adam(),
              metrics=['accuracy'])
```

A rede neural tem duas convoluções, uma com 32 canais e outra com 64, ambas com um kernel de tamanho (5,5). Depois das convoluções, há uma camada densa de 768 nós. O abandono (eliminando 40% dos nós) regulariza essa camada, e o softmax a ativa (logo, a soma das probabilidades de saída de todas as classes corresponderá a 100%).

O CUSTO DE UMA SAÍDA REALISTA

Como vimos neste livro, o treinamento do aprendizado profundo demora um tempo considerável para ser concluído. Sempre que há uma função de ajuste no código, como a `model.fit_generator`, provavelmente se pede ao sistema para rodar o treinamento. O código do exemplo sempre tende a produzir uma saída realista — ou seja, um valor que um cientista consideraria aceitável no mundo real.

Infelizmente, uma saída realista demanda muito tempo. Nem todos têm acesso à tecnologia de ponta ou a um GPU no Colab. Em alguns casos, o exemplo deste capítulo demora muito para ser treinado. Testar o código no Colab demorou pouco mais de 16 horas sem uma GPU. O mesmo código exige menos de uma hora quando o Colab fornece uma GPU (o Capítulo 4 explica essa questão). Da mesma forma, com um sistema baseado apenas em um CPU, um Xeon de 16 núcleos demorou 4 horas e 23 minutos para concluir o treinamento, enquanto um processador Intel i7 com 8 núcleos, pouco mais de 9 horas.

Uma forma de contornar esse problema é alterar o número de épocas de treinamento do modelo. A configuração `epochs=100` usada no exemplo deste capítulo gera uma saída com precisão um pouco superior a 99%. No entanto, se o prazo for um fator a ser considerado, é recomendável definir menos épocas na execução deste exemplo para reduzir o tempo de espera até a conclusão.

Outra forma de evitar esse problema é usar o suporte GPU na máquina local. Mas, neste caso, é preciso ter um adaptador de vídeo com o tipo certo de chip. Como a configuração é complexa e você provavelmente não tem o GPU certo, este livro aborda só o método do CPU. No entanto, para instalar o componente correto, siga as orientações iniciais do Capítulo 4 e adicione o suporte CUDA. Há mais informações no artigo disponível em https://towardsdatascience.com/tensorflow-gpu-installation-made-easy-use-conda-instead-of-pip-52e5249374bc.

Quanto à otimização, é necessário minimizar a perda da entropia cruzada categórica. O código determina o sucesso com base na *precisão*, a porcentagem de respostas corretas do algoritmo. (A classe do sinal de trânsito com a maior probabilidade prevista é a resposta.)

```
history = model.fit_generator(train_gen,
                steps_per_epoch=len(X) // batch_size,
                validation_data=val_gen,
                validation_steps=len(Xt) // batch_size,
                class_weight=class_weight,
                epochs=100,
                verbose=2)
```

Quando o `fit_generator` é aplicado no modelo, os lotes de imagens começam a ser extraídos, normalizados e aumentados aleatoriamente para a fase de treinamento. Depois de extrair todas as imagens de treinamento, o código vê uma *época* (uma iteração de treinamento que executa uma passagem completa do conjunto de dados) e calcula uma pontuação de validação nas imagens de validação. Com a leitura de 100 épocas, o treinamento e o modelo são concluídos.

DICA Se nenhum aumento for o aplicado, o modelo será treinado com apenas 30 épocas e obterá um desempenho comparável à habilidade de um motorista em reconhecer diferentes tipos de sinais de trânsito (com cerca de 98,8% de precisão). Quanto mais agressivo for o aumento, mais épocas serão necessárias para que o modelo atinja o potencial máximo e uma maior precisão. Nesse ponto, o código traça um gráfico mostrando o comportamento da precisão do treinamento e da validação durante essa fase:

```
print("Best validation accuracy: {:0.3f}"
      .format(np.max(history.history['val_acc'])))

plt.plot(history.history['acc'])
plt.plot(history.history['val_acc'])
plt.ylabel('accuracy'); plt.xlabel('epochs')
plt.legend(['train', 'test'], loc='lower right')
plt.show()
```

O código informará a melhor precisão registrada na validação e representará as curvas de precisão obtidas nos dados de treinamento e validação durante as épocas de aprendizado crescentes, como indicado na Figura 12-4. As duas precisões são quase iguais ao final do treinamento, mas a validação é sempre melhor que o treinamento. Isso ocorre porque as imagens de validação são "mais fáceis" de reconhecer do que as imagens de treinamento, nas quais nenhum aumento é aplicado.

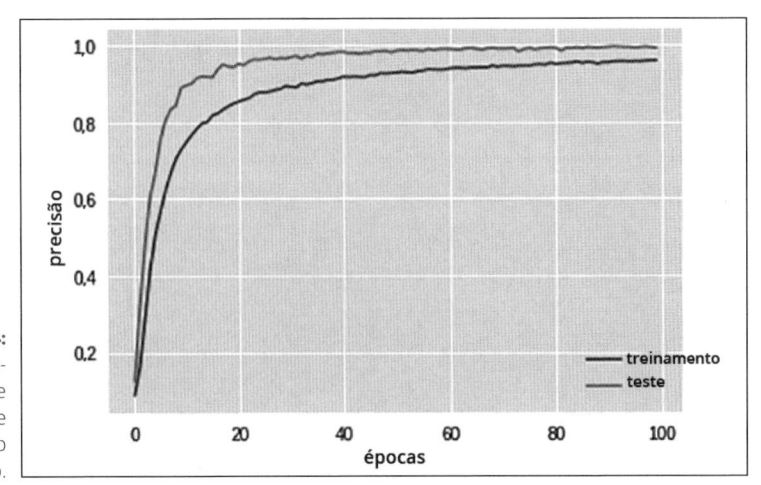

FIGURA 12-4: Comparação entre os erros de treinamento e validação.

Como o código inicializa a rede neural de várias formas, ao final da otimização do treinamento, haverá diferentes resultados. No entanto, ao final das 100 épocas definidas no código, a precisão de validação deve ser superior a 99% (as execuções da amostra atingiram até 99,5% no Colab).

LEMBRE-SE

Há uma diferença entre o desempenho obtido nos dados de treinamento (geralmente menor) e no subconjunto de validação, pois os dados de treinamento são mais complexos e variáveis do que os de validação, devido aos aumentos de imagens definidos pelo código.

PAPO DE ESPECIALISTA

Considere esse resultado como excelente com base nas referências de última geração indicadas no artigo em `https://arxiv.org/pdf/1511.02992.pdf`. O texto lista valores facilmente obtidos para fins de problemas limitados de reconhecimento de imagens com dados limpos e ferramentas acessíveis, como o TensorFlow e o Keras.

NESTE CAPÍTULO

» Compreendendo a importância da detecção de objetos

» Diferenciando detecção, localização e segmentação

» Testando a detecção do RetinaNet com uma implementação do GitHub

» Identificando os pontos fracos das CNNs a serem explorados

Capítulo 13
Aprendendo CNNs Avançadas

O desempenho das soluções de aprendizado profundo no reconhecimento de imagens é tão impressionante e humano que elas já estruturam aplicativos em desenvolvimento ou disponíveis, como carros autônomos e monitoramento por vídeo. Os dispositivos de vigilância já realizam tarefas como o monitoramento automático de imagens por satélite e a detecção facial, localização e contagem de pessoas. No entanto, não é possível desenvolver um aplicativo complexo quando a rede rotula uma imagem com apenas uma previsão. Mesmo um simples detector de cães ou gatos não é eficiente quando as fotos analisadas contêm vários cães e gatos. O mundo real é confuso e complexo. Exceto em casos limitados e controlados, as imagens obtidas não se parecem com as do laboratório, com objetos singulares e nítidos.

A necessidade de processar imagens complexas viabilizou a criação de variantes das redes neurais convolucionais (CNNs). Elas contêm recursos sofisticados que ainda estão sendo desenvolvidos, como a detecção e a localização de múltiplos objetos que processam vários itens ao mesmo tempo. A localização indica onde os objetos estão na imagem, e a segmentação aponta os contornos com precisão. Esses novos recursos operam com arquiteturas neurais complexas e um nível mais avançado de processamento de imagens do que as CNNs básicas, que vimos nos capítulos anteriores. Este capítulo apresenta os fundamentos dessas soluções e suas principais abordagens e arquiteturas, e testa uma das implementações mais eficientes para a detecção de objetos.

Ao final, o capítulo aborda uma fraqueza previsível dessa tecnologia incrível. Alguém mal-intencionado pode programar as CNNs para informar detecções falsas ou ignorar objetos por meio de técnicas específicas de manipulação de imagens. Essa descoberta intrigante abre novas possibilidades de pesquisa e mostra que o desempenho do aprendizado profundo também deve levar em conta a segurança privada e pública.

Distinguindo as Tarefas de Classificação

As CNNs são o fundamento do reconhecimento de imagens baseado no aprendizado profundo, mas operam apenas com uma forma básica de classificação: ao receber uma imagem, elas determinam se o conteúdo dela se associa a uma classe específica aprendida nos exemplos anteriores. Logo, quando uma rede neural profunda é treinada para reconhecer cães e gatos, recebe uma foto e gera uma saída informando se ela contém um cão ou um gato. Se a última camada for uma softmax, a rede gerará a probabilidade de a foto conter um cachorro ou um gato (as duas classes que foi treinada para reconhecer) e a soma da saída será 100%. Quando a última camada for ativada por uma sigmoide, as pontuações serão interpretadas como probabilidades de conteúdo associadas a cada classe. A soma das pontuações nem sempre é igual a 100%. Nos dois casos, a classificação falha nas seguintes situações:

- » O objeto principal não corresponde ao que a rede foi treinada para reconhecer, como a foto de um guaxinim. Neste caso, a rede emitirá uma resposta incorreta informando cachorro ou gato.
- » O objeto principal está parcialmente obstruído. O gato está escondido na foto recebida, e a rede não consegue localizá-lo.
- » A foto contém muitos objetos detectáveis, como outros animais além de cães e gatos. Neste caso, a saída da rede informará só uma classe em vez de considerar todos os objetos.

A Figura 13-1 mostra a imagem 47780 (http://cocodataset.org/#explore?id=47780), extraída do conjunto de dados MS Coco (licenciado segundo a Creative Commons Attribution 4.0). A série de três saídas indica como a CNN detectou, localizou e segmentou os objetos que aparecem na imagem (um gatinho e um cachorro em um gramado). Uma CNN simples não reproduz os exemplos da Figura 13-1 porque a arquitetura informará que a imagem inteira está associada a uma determinada classe. Para superar essa limitação, os pesquisadores ampliam os recursos básicos das CNNs com as seguintes habilidades:

FIGURA 13-1: Exemplo de detecção, localização e segmentação com uma imagem do conjunto Coco.

Detecção múltipla | Localização por caixa de delimitação | Segmentação semântica

» **Detecção:** Determina se um objeto está presente em uma imagem. A detecção é diferente da classificação porque abrange apenas parte da imagem, ou seja, a rede detecta vários objetos, do mesmo tipo e de tipos diferentes. A capacidade de detectar objetos em imagens parciais é chamada de *detecção de instâncias.*

» **Localização:** Define exatamente onde um objeto detectado aparece em uma imagem. Há diferentes tipos de localização. Dependendo da granularidade, ela distingue a parte da imagem que contém o objeto detectado.

» **Segmentação:** Classifica os objetos quanto à posição em pixels. A segmentação é uma forma extrema de localização. Este tipo de modelo neural atribui cada pixel da imagem a uma classe ou entidade. A rede marca todos os pixels em uma imagem com relação a cães e os distingue usando diferentes rótulos (*segmentação de instâncias*).

Executando a localização

A localização talvez seja a extensão mais fácil de ser obtida de uma CNN comum. Para isso, treine um modelo de regressão junto com um de classificação baseado no aprendizado profundo. O *modelo de regressão* prevê. A localização do objeto em uma imagem é determinada pelas coordenadas dos pixels nos canto; ou seja, é possível treinar uma rede neural para gerar medidas a fim de determinar o ponto em que o objeto classificado aparece na imagem usando uma caixa delimitadora. Normalmente, a caixa delimitadora se baseia nas coordenadas x e y do canto inferior esquerdo e na largura e na altura da área em torno do objeto.

Classificando múltiplos objetos

Uma CNN só detecta (prevê a classe) e localiza (dá as coordenadas) um objeto em uma imagem. Se houver vários objetos na imagem, localize cada objeto por meio de duas antigas soluções de processamento:

» **Janela deslizante:** Analisa apenas uma parte (a *região de interesse*) da imagem por vez. Quando a região de interesse é pequena o suficiente, provavelmente só contém um objeto. Uma pequena região de interesse permite que a CNN classifique corretamente o objeto. Esta técnica é chamada de *janela deslizante* porque o software usa uma janela para limitar a visibilidade a uma área específica (como uma janela em uma casa) e a move lentamente ao redor da imagem. O procedimento é eficaz, mas detecta a mesma imagem várias vezes. Além disso, alguns objetos não são detectados devido ao tamanho da janela utilizada para analisar as imagens.

» **Pirâmides de imagens:** Resolve o problema da janela de tamanho fixo ao gerar uma série de resoluções cada vez menores da imagem. Portanto, uma pequena janela deslizante transforma os objetos na imagem, pois uma das reduções caberá perfeitamente nela.

Essas técnicas são computacionalmente intensivas. Para aplicá-las, redimensione a imagem várias vezes e divida-a em partes. Em seguida, processe cada parte com a CNN de classificação. O número de operações é tão grande que impossibilita a renderização da saída em tempo real.

A janela deslizante e a pirâmide de imagens inspiraram os pesquisadores a descobrirem outras abordagens conceitualmente semelhantes e menos computacionalmente intensivas. A primeira é a *detecção em um estágio*. Ela divide as imagens em grades, e a rede neural faz uma previsão para cada célula da grade, indicando a classe do objeto contido nelas. A previsão é bem complexa, pois depende da resolução da grade (quanto maior for a resolução, mais complexa e mais lenta será a rede). Essa técnica é muito rápida, atingindo quase a mesma velocidade que uma CNN simples de classificação. Os resultados devem ser processados para reunir as células que representam o mesmo objeto, o que aumenta as imprecisões. As arquiteturas neurais baseadas nessa abordagem são o Single-Shot Detector (SSD), o You Only Look Once (YOLO) e o RetinaNet. Os detectores de um estágio são muito rápidos, mas não muito precisos.

A segunda abordagem é a *detecção em dois estágios*. Ela usa uma segunda rede neural para refinar as previsões da primeira. O primeiro estágio é a rede de propostas, que gera as previsões em uma grade. O segundo estágio ajusta essas propostas e gera a detecção e a localização final dos objetos. O R-CNN, o Fast R-CNN e o Faster R-CNN são modelos de detecção em dois estágios, muito mais lentos que os equivalentes de um estágio, porém mais precisos nas previsões.

Anotando múltiplos objetos em imagens

Ao treinar modelos de aprendizado profundo para detectar múltiplos objetos, providencie mais informações do que na classificação simples. Para cada objeto, é necessário informar uma classificação e as coordenadas na imagem por meio do processo de anotação, diferentemente da rotulagem usada na classificação simples de imagens.

Mesmo na classificação simples, rotular imagens em um conjunto de dados é uma tarefa difícil. Para cada imagem, a rede deve indicar a classificação correta para as fases de treinamento e teste. Na rotulagem, a rede define o rótulo correto para cada foto, mas nem todos percebem a imagem da mesma maneira. Os criadores do conjunto de dados ImageNet usaram a classificação fornecida por vários usuários da plataforma de crowdsourcing Amazon Mechanical Turk. (O ImageNet recorreu tanto ao serviço da Amazon que, em 2012, era o cliente acadêmico mais importante da empresa.)

Da mesma forma, recorre-se ao trabalho de várias pessoas ao anotar uma imagem usando caixas delimitadoras. Na anotação, além de cada objeto ser rotulado em uma imagem, a caixa que melhor envolve o objeto também deve ser determinada. Essas duas tarefas deixam a anotação bem mais complexa e propensa a produzir resultados equivocados do que a rotulagem. Realizar anotações corretamente exige o trabalho de mais pessoas e um consenso em torno da exatidão da anotação.

Alguns softwares de código aberto são úteis para a anotação na detecção de imagens (bem como na segmentação de imagens, que veremos na seção a seguir). Três ferramentas são bastante eficazes:

- » LabelImg, criado por TzuTa Lin (`https://github.com/tzutalin/labelImg`), com um tutorial disponível em `https://www.youtube.com/watch?v=p0nR2YsCY_U`).
- » O LabelMe (`https://github.com/wkentaro/labelme`) é uma ferramenta muito eficiente para a segmentação de imagens com serviço online.
- » FastAnnotationTool, baseado na biblioteca de visão computacional OpenCV (`https://github.com/christopher5106/FastAnnotationTool`). O pacote não tem uma manutenção tão boa, mas ainda é viável.

Segmentando imagens

A segmentação semântica prevê uma classe para cada pixel na imagem, uma perspectiva diferente da rotulagem e da anotação. Essa técnica também é conhecida como *previsão densa*, porque faz previsões para todos os pixels da imagem. A tarefa não distingue especificamente os diferentes objetos na previsão. A segmentação semântica mostra todos os pixels da classe gato, mas não dispõe de informações sobre o que o gato (ou os gatos) faz na foto. Obtém-se facilmente todos os objetos em uma imagem segmentada por *pós-processamento*, pois, depois de executar a previsão, é possível determinar as áreas em pixels dos objetos e distinguir entre as diferentes instâncias, se houver várias áreas na mesma previsão de classe.

Várias arquiteturas de aprendizado profundo segmentam imagens. As redes totalmente convolucionais (fully convolutional networks — FCNs) e as U-NETs estão entre as mais eficazes. As FCNs são construídas para a primeira parte (*codificador*), o mesmo que ocorre nas CNNs. Após a série inicial de camadas convolucionais, as FCNs terminam com outra série de CNNs, que operam de maneira inversa, como o *decodificador*. O decodificador recria o tamanho original da imagem de entrada e gera a classificação em pixels de cada pixel na imagem. Assim, a FCN realiza a segmentação semântica da imagem. As FCNs são computacionalmente intensivas demais para a maioria das aplicações em tempo real. Além disso, elas exigem grandes conjuntos de treinamento para aprender bem as tarefas; caso contrário, os resultados da segmentação costumam ser grosseiros.

LEMBRE-SE É comum encontrar no ImageNet a parte do codificador da FCN pré-treinada, que acelera o treinamento e melhora o desempenho do aprendizado.

As U-NETs são uma evolução da FCN e foram criadas por Olaf Ronneberger, Philipp Fischer e Thomas Brox, em 2015, para tarefas médicas (veja `https://lmb.informatik.uni-freiburg.de/people/ronneber/u-net/`). As U-NETs têm algumas vantagens em relação às FCNs. As partes de codificação (*contração*) e de decodificação (*expansão*) são perfeitamente simétricas. Além disso, nas U-NETs, há conexões de atalho entre as camadas do codificador e do decodificador. Esses atalhos permitem que os detalhes dos objetos sejam transmitidos facilmente das partes de codificação para as de decodificação da U-NET, gerando uma segmentação precisa e refinada.

DICA Construir um modelo de segmentação do zero é difícil, mas isso não é necessário. Use algumas arquiteturas U-NET pré-treinadas para começar a operar esse tipo de rede neural com o *model zoo* de segmentação (esse termo descreve uma coleção de modelos pré-treinados disponíveis em muitos frameworks; para mais detalhes, acesse `https://modelzoo.co/`), um pacote criado por Pavel Yakubovskiy disponível em vários modelos de segmentação. Para obter instruções de instalação, o código-fonte e muitos exemplos de uso, acesse `https://github.com/qubvel/segmentation_models`. Os comandos do pacote se integram perfeitamente ao Keras.

Percebendo Objetos nos Ambientes

A integração de recursos de visão no sistema de detecção de um carro autônomo melhora a confiança e a segurança do dispositivo. Um algoritmo de segmentação ajuda o carro a diferenciar pistas e calçadas, bem como outros obstáculos detectáveis. O veículo, às vezes, até adota um sistema completo, como o da NVIDIA, que controla a direção, a aceleração e a frenagem de forma reativa, com base nas entradas visuais. (A NVIDIA é uma importante desenvolvedora no campo do aprendizado profundo, como vimos nos Capítulos 4, 9 e 11. Para saber mais sobre as iniciativas da NVIDIA para carros autônomos, acesse https://www.nvidia.com/en-us/self-driving-cars/.) Na estrada, um sistema visual detecta objetos relevantes para o dispositivo, como sinais de trânsito e semáforos, e acompanha visualmente as trajetórias dos outros carros. Em todos os casos, uma rede de aprendizado profundo pode ser a solução.

A seção "Distinguindo as Tarefas de Classificação" explica como a detecção de objetos otimiza a classificação de objetos específicos das CNNs, abordando as arquiteturas e os modelos mais recentes das duas principais abordagens: a detecção em um estágio (detecção única) e a detecção em dois estágios (proposta de regiões). Já esta seção indica como funciona um sistema de detecção em um estágio e como ele orienta um veículo autônomo.

Programar um sistema de detecção como esse do zero seria uma tarefa difícil e exigiria um livro inteiro. Felizmente, os projetos de código aberto no GitHub, como o Keras-RetinaNet (https://github.com/fizyr/keras-retinanet), estão disponíveis. O Keras-RetinaNet é a implementação Keras do modelo RetinaNet, estabelecido por Tsung-Yi Lin, Priya Goyal, Ross Girshick, Kaiming He e Piotr Dollár no artigo "Focal Loss for Dense Object Detection" [Perda de Foco para Detecção de Objetos Densos, em tradução livre], publicado em agosto de 2017 em https://arxiv.org/abs/1708.02002.

DICA Isaac Newton disse certa vez: "Se vi mais longe, foi porque me apoiei sobre os ombros de gigantes." Da mesma forma, usar arquiteturas neurais disponíveis e redes pré-treinadas adiantará seu trabalho. Há muitos modelos no GitHub (www.github.com), como o repositório de modelos do TensorFlow (https://github.com/tensorflow/models).

Descobrindo como o RetinaNet funciona

O RetinaNet é um modelo sofisticado e interessante de detecção de objetos que pretende ser tão rápido quanto os outros modelos de detecção em um estágio e tão preciso quanto as previsões dos sistemas de detecção em dois estágios, como o Faster R-CNN (o modelo mais eficiente). Devido à sua arquitetura, o RetinaNet alcança os objetivos, utilizando técnicas semelhantes às da arquitetura U-NET, que vimos na segmentação semântica. O RetinaNet integra o grupo de modelos Feature Pyramid Networks (FPN).

O desempenho do RetinaNet é fruto do trabalho de seus criadores, Tsung-Yi Lin, Priya Goyal, Ross Girshick, Kaiming He e Piotr Dollár; eles observaram que os modelos de detecção em um estágio nem sempre detectam precisamente os objetos porque são distraídos por muitos elementos presentes nas imagens de treinamento. O artigo do grupo, em `https://arxiv.org/pdf/1708.02002.pdf`, explica as técnicas utilizadas pelo RetinaNet. O problema está no fato de as imagens terem poucos objetos de interesse a serem detectados. Na verdade, as redes de detecção em um estágio são treinadas para prever a classe de cada célula em uma imagem dividida por uma grade fixa, na qual a maioria das células não contém objetos de interesse.

LEMBRE-SE

Na segmentação semântica, os alvos da classificação são pixels isolados. Na detecção em um estágio, os alvos são blocos de pixels contíguos, uma tarefa semelhante à segmentação semântica, mas com um nível diferente de granularidade.

Quando temos predominância de exemplos nulos nas imagens e uma abordagem de treinamento que analisa todas as células disponíveis como exemplo, a rede fica mais propensa a prever que não há nada em uma célula processada do que a informar uma previsão de classe correta. As redes neurais sempre seguem o caminho mais eficiente para aprender; neste caso, é mais fácil prever o fundo do que os outros elementos. Nessa situação, conhecida como *aprendizado desbalanceado*, muitos objetos não são detectados quando a rede neural adota uma abordagem de detecção única.

No aprendizado de máquina, fazer previsões com duas classes numericamente diferentes (a classe majoritária e a classe minoritária) corresponde a um problema de classificação desbalanceada. A maioria dos algoritmos não funciona corretamente com classes desbalanceadas porque tende a preferir a classe majoritária. Há algumas soluções para esse problema:

- » **Amostragem:** Seleciona alguns exemplos e descarta outros.
- » **Redução da amostra:** Reduz o efeito da classe majoritária ao optar por usar apenas uma parte dela, equilibrando as previsões entre as classes. Em muitos casos, esta é a abordagem mais fácil.
- » **Aumento da amostra:** Incrementa o efeito da classe minoritária ao replicar várias vezes os exemplos até que esta classe tenha o mesmo número de exemplos da majoritária.

Os criadores do RetinaNet seguem um caminho diferente, como descrevem no artigo "Focal Loss for Dense Object Detection", mencionado anteriormente nesta seção. Descartando os exemplos da classe majoritária (mais fáceis de classificar), eles priorizam as células cuja classificação é mais difícil. Como resultado, a função de custo da rede se concentra mais em adaptar os pesos para reconhecer os objetos de fundo. Esta é a solução para a *perda focal*: uma forma inteligente de executar a detecção em um estágio com maior precisão e mais rapidez (um requisito das aplicações em tempo real, como a detecção de obstáculos ou objetos por carros autônomos e o processamento de grandes quantidades de imagens nos sistemas de vigilância por vídeo).

Usando o código do Keras-RetinaNet

Disponibilizado como software livre nos termos da licença Apache License 2.0, o Keras-RetinaNet é um projeto financiado pela Fitz, uma empresa holandesa de robótica, e desenvolvido por muitos colaboradores (os principais colaboradores são Hans Gaiser e Maarten de Vries). É uma implementação da rede neural RetinaNet, escrita em Python usando o Keras (https://github.com/fizyr/keras-retinanet/). O Keras-RetinaNet é adotado com sucesso em muitos projetos — o mais notável e impressionante deles é o modelo vencedor do Desafio de Inovação da OTAN, uma competição de detecção de carros em imagens aéreas. (Leia um relato sobre a equipe vencedora em: https://medium.com/data-from-the-trenches/object-detection-with-deep-learning-on-aerial-imagery-2465078db8a9.)

O código da rede de detecção de objetos é complexo demais para ser explicado em tão poucas páginas, mas é possível usar redes existentes para configurar soluções de aprendizado profundo; portanto, esta seção explica como baixar e usar o Keras-RetinaNet em seu computador. Antes de iniciar o processo, verifique se a configuração do computador está em conformidade com as orientações do Capítulo 4 e considere as vantagens associadas às opções de execução descritas no box "O custo de uma saída realista", no Capítulo 12.

Inicialmente, faça o upload dos pacotes necessários e comece a baixar a versão zipada do repositório do GitHub. O exemplo usa a versão 0.5.0 do Keras-RetinaNet, a mais recente no momento da produção deste livro.

```
import os
import zipfile
import urllib.request
import warnings
warnings.filterwarnings("ignore")
url = "https://github.com/fizyr/\
keras-retinanet/archive/0.5.0.zip"
urllib.request.urlretrieve(url, './'+url.split('/')[-1])
```

Após o download, o código do exemplo extrai automaticamente o arquivo compactado com os seguintes comandos:

```
zip_ref = zipfile.ZipFile('./0.5.0.zip', 'r')
for name in zip_ref.namelist():
  zip_ref.extract(name, './')
zip_ref.close()
```

A execução cria um novo diretório chamado `keras-retinanet-0.5.0`, no qual fica o código que configura a rede neural. Em seguida, o código executa a compilação e a instalação do pacote por meio do comando `pip`:

```
os.chdir('./keras-retinanet-0.5.0')
!python setup.py build_ext --inplace
!pip install .
```

Os comandos anteriores recuperaram o código que constrói a arquitetura da rede. O exemplo agora precisa dos pesos pré-treinados e voltados para o conjunto de dados do MS Coco e a CNNet, a rede neural com a qual a Microsoft venceu a competição ImageNet em 2015.

```
os.chdir('../')
url = "https://github.com/fizyr/\
        keras-retinanet/releases/download/0.5.0/\
        resnet50_coco_best_v2.1.0.h5"
urllib.request.urlretrieve(url, './'+url.split('/')[-1])
```

Fazer o download de todos os pesos demora um pouco; então, agora é um bom momento para mais uma xícara de café. Depois de concluir essa etapa, o exemplo importa todos os comandos necessários e inicializa o modelo RetinaNet usando os pesos pré-treinados que recuperou da internet. Essa etapa também define um dicionário para converter os resultados da rede numérica em classes compreensíveis. A seleção de classes é útil para o detector de um carro autônomo ou de outra solução que precise entender imagens captadas em uma estrada ou interseção.

```
import os
import numpy as np
from collections import defaultdict
import keras
from keras_retinanet import models
from keras_retinanet.utils.image import (read_image_bgr,
        preprocess_image, resize_image)
from keras_retinanet.utils.visualization import (draw_box,
        draw_caption)
```

```
from keras_retinanet.utils.colors import label_color
import matplotlib.pyplot as plt
%matplotlib inline

model_path = os.path.join('.',
        'resnet50_coco_best_v2.1.0.h5')

model = models.load_model(model_path,
        backbone_name='resnet50')

labels_to_names = defaultdict(lambda: 'object',
        {0: 'person', 1: 'bicycle', 2: 'car',
        3: 'motorcycle', 4: 'airplane', 5: 'bus',
        6: 'train', 7: 'truck', 8: 'boat',
        9: 'traffic light', 10: 'fire hydrant',
        11: 'stop sign', 12: 'parking meter',
        25: 'umbrella'})
```

Para conferir a eficiência do exemplo, é preciso testar o modelo RetinaNet com uma amostra de imagem. O exemplo se baseia em uma imagem gratuita da Wikimedia que representa uma interseção em que há pessoas que esperam para atravessar a estrada, alguns veículos parados, semáforos e sinais de trânsito.

```
url = "https://upload.wikimedia.org/wikipedia/commons/\
thumb/f/f8/Woman_with_blue_parasol_at_intersection.png/\
640px-Woman_with_blue_parasol_at_intersection.png"
urllib.request.urlretrieve(url, './'+url.split('/')[-1])
```

Depois de concluir o download da imagem, é hora de testar a rede neural. No trecho a seguir, o código lê a imagem do disco e troca o azul pelo vermelho nos canais da imagem (isso porque a imagem é carregada no formato BGR, mas o RetinaNet trabalha com imagens RGB). Finalmente, o código pré-processa e redimensiona a imagem. Todas essas etapas são realizadas com as funções indicadas e não exigem configurações específicas.

O modelo exibirá as caixas delimitadoras detectadas, o nível de confiança (o valor da probabilidade de detecção efetiva da rede) e um rótulo de código que será convertido em texto com base no dicionário de rótulos definido anteriormente. O loop filtra as caixas impressas na imagem com base no exemplo. O código adota um limite de confiança de 0.5, indicando que o exemplo manterá toda detecção cuja confiança seja de, no mínimo, 50%. Um limite de confiança mais baixo resulta em mais detecções, especialmente de objetos que parecem pequenos na imagem, mas também aumenta o número de erros (algumas sombras são detectadas como objetos).

DICA De acordo com os objetivos no RetinaNet, opte por um limite de confiança mais baixo. Quando o limite de confiança é reduzido, a proporção das estimativas exatas (com quase 100% de confiança) também diminui. Essa proporção é chamada de *precisão* da detecção; ao determiná-la, defina o nível de confiança que melhor atenda aos objetivos.

```
image = read_image_bgr('640px-Woman_with_blue_parasol_at_
    intersection.png')
draw = image.copy()
draw[:,:,0], draw[:,:,2] = image[:,:,2], image[:,:,0]

image = preprocess_image(image)
image, scale = resize_image(image)

boxes, scores, labels = model.predict_on_batch(np.expand_
    dims(image, axis=0))
boxes /= scale

for box, score, label in zip(boxes[0], scores[0], labels[0]):
    if score > 0.5:
        color = label_color(label)
        b = box.astype(int)
        draw_box(draw, b, color=color)
        caption = "{} {:.3f}".format(labels_to_names[label],
    score)
        draw_caption(draw, b, caption.upper())

plt.figure(figsize=(12, 6))
plt.axis('off')
plt.imshow(draw)
plt.show()
```

Executar o código demora um pouco na primeira vez, mas, depois de alguns cálculos, a saída indicada na Figura 13-2 é obtida.

A rede detecta com eficiência vários objetos; alguns, extremamente pequenos (como uma pessoa no fundo), outros, parcialmente visíveis (como a parte frontal de um carro à direita). Cada objeto detectado é envolvido por uma caixa delimitadora, viabilizando muitas aplicações.

FIGURA 13-2: Detecção de objetos com o Keras-RetinaNet.

A rede consegue detectar se um guarda-chuva, ou outro objeto, está sendo usado por uma pessoa. Ao processar os resultados, interprete duas caixas delimitadoras sobrepostas como sendo um guarda-chuva e uma pessoa; se a primeira caixa está sobre a segunda, a pessoa está segurando o guarda-chuva. Essa técnica é conhecida como *detecção de relacionamento visual*. Da mesma forma, com base na disposição dos objetos detectados e nas posições relativas, treina-se uma segunda rede de aprendizado profundo para inferir uma descrição geral da cena.

Superando Ataques Adversariais a Aplicações de Aprendizado Profundo

Cada vez mais, o aprendizado profundo viabiliza muitas aplicações voltadas para carros autônomos, como a detecção e a interpretação de sinais de trânsito e luzes; a detecção de estrada e faixas; a detecção de pedestres e outros veículos; o controle do carro por direção e frenagem automáticas em uma cadeia do tipo end-to-end; e assim por diante. Nesse cenário, surgem dúvidas sobre a segurança desses dispositivos. Mas esta não é a única atividade cotidiana que está passando por uma revolução devido aos aplicativos de aprendizado profundo. Outras aplicações vêm sendo disponibilizadas ao público em geral, como o reconhecimento facial para fins de segurança. (Leia sobre o uso desse procedimento em caixas eletrônicos na China em `https://www.telegraph.co.uk/news/worldnews/asia/china/11643314/China-unveils-worlds-first-facial-recognition-ATM.html`.) Outro exemplo é o reconhecimento de fala nos sistemas controlados por voz (voice controllable systems — VCSs), disponibilizados por várias empresas, como Apple, Amazon, Microsoft e Google, em uma grande variedade de aplicativos, como Siri, Alexa e Google Home.

Alguns desses aplicativos de aprendizado profundo acarretam prejuízos financeiros e até fatalidades se não fornecerem a resposta correta. Mas, por incrível que pareça, há hackers que intencionalmente fraudam redes neurais profundas para obter previsões erradas por meio de técnicas específicas, conhecidas como exemplos adversariais.

Um *exemplo adversarial* é um bloco de dados deliberadamente concebido para ser processado por uma rede neural como entrada em um treinamento ou teste. O hacker modifica essas dados para forçar o algoritmo a falhar na tarefa em questão. O exemplo adversarial contém modificações pequenas, sutis e imperceptíveis para humanos. Essas mudanças, embora sejam ineficazes para as pessoas, são bastante eficientes em prejudicar a utilidade de uma rede neural. Muitas vezes, esses exemplos maliciosos visam causar uma falha previsível na rede a fim de criar uma vantagem ilegal para o hacker. Confira a seguir alguns dos usos nocivos dos exemplos adversariais (a lista completa é infinita):

» Provocar um acidente com um carro autônomo.
» Fraudar um seguro ao inserir fotos falsas como verdadeiras em sistemas automáticos.
» Burlar um sistema de reconhecimento facial para ter acesso a uma conta bancária ou a dados pessoais em um dispositivo móvel.

LEMBRE-SE O Capítulo 16 aborda as redes geradoras adversariais (generative adversarial networks — GANs) e o treinamento adversarial, cujo propósito é completamente diferente dos exemplos adversariais. Essas técnicas buscam treinar uma rede neural profunda para gerar novos exemplos de todos os tipos.

Enganando pixels

Abordados pela primeira vez no artigo em https://arxiv.org/pdf/1312.6199.pdf, os exemplos adversariais têm chamado muita atenção nos últimos anos; avanços incríveis (e chocantes) no campo vêm incentivando muitos pesquisadores a desenvolverem formas mais rápidas e eficazes de criar esses exemplos, superando as orientações indicadas no estudo original.

UM BOLINHO NÃO É UM CHIHUAHUA

Às vezes, a classificação de imagens por aprendizado profundo não fornece a resposta certa porque a imagem de referência é essencialmente ambígua ou confusa para os observadores. De fato, algumas imagens são tão dúbias que chegam até a confundir avaliadores humanos, como os memes Chihuahua versus Muffin (veja `https://imgur.com/QWQiBYU`) e Labradoodle versus Fried Chicken (veja `https://imgur.com/5EnWOJU`). Uma rede neural se equivoca ao interpretar imagens confusas se a arquitetura não for adequada à tarefa e caso o treinamento não tenha sido baseado em exemplos exaustivos. Mariya Yao, colunista especializada em IA, comparou diferentes APIs de visão computacional em `https://medium.freecodecamp.org/chihuahua-or-muffin-my-search-for-the-best-computer-vision-api-cbda4d6b425d` e descobriu que até produtos de visão desenvolvidos se equivocam com imagens ambíguas.

Recentemente, novos estudos têm desafiado as redes neurais profundas com perspectivas inesperadas para objetos conhecidos. No artigo em `https://arxiv.org/pdf/1811.11553.pdf`, os autores apontam que uma simples ambiguidade engana excelentes classificadores de imagem e detectores de objetos treinados em conjuntos imensos de dados de imagens. Geralmente, os objetos são aprendidos pelas redes neurais a partir de fotos tiradas em *poses canônicas* (ou seja, em situações comuns). Logo, ao se deparar com um objeto em uma pose incomum ou fora do ambiente normal, algumas redes neurais não conseguem categorizá-lo. Um ônibus escolar deve circular por uma via, mas, se ele for invertido e colocado no meio de uma estrada, a rede neural o entende como um caminhão de lixo, um saco de pancadas ou um removedor de neve. Um argumento provável é que o erro de classificação ocorre por causa do viés de aprendizado (quando a rede neural só aprende imagens em poses canônicas). No entanto, isso indica que, no momento, não se deve confiar nessas tecnologias em todos os contextos, especialmente, como destacam os autores, em aplicações de carros autônomos, pois os objetos tendem a aparecer de repente na estrada em novas poses ou circunstâncias.

LEMBRE-SE Os exemplos adversariais ainda são utilizados apenas em laboratórios de pesquisa. Por isso, há muitos artigos científicos citados nesses parágrafos com referência a vários tipos de exemplos. No entanto, não minimize os exemplos adversariais como algum tipo de diversão acadêmica, pois eles têm um grande potencial para causar danos.

Na base de todas essas abordagens está a ideia de que combinar uma informação numérica, ou perturbação, com uma imagem leva a rede neural a se comportar de maneira diferente das expectativas, mas de forma controlada. Ao criar um exemplo adversarial, o ruído deliberadamente concebido (com a aparência de números aleatórios) é adicionado a uma imagem existente; isso basta para enganar a maioria das CNNs (porque, muitas vezes, o truque funciona com diferentes arquiteturas treinadas com os mesmos dados). Geralmente, essas perturbações são descobertas com o acesso ao modelo (à arquitetura e aos pesos). Em seguida, explore o algoritmo de retropropagação para descobrir sistematicamente o melhor conjunto de informações numéricas a ser adicionado à imagem para transformar uma classe prevista em outra.

DICA

O efeito de perturbação é criado alterando-se um único pixel na imagem. Os pesquisadores obtiveram exemplos adversariais que funcionam perfeitamente com essa abordagem, como descrito por um grupo da Universidade de Kyushu no artigo em: `https://arxiv.org/pdf/1710.08864.pdf`.

Hackeando com adesivos e outros artefatos

Na maioria dos casos, os exemplos adversariais são experimentos que verificam a robustez da visão e demonstram todas as capacidades, porque são produzidos pela modificação direta de entradas de dados e de imagens testadas durante a fase de treinamento. No entanto, muitas aplicações baseadas em aprendizado profundo operam no mundo real, e as técnicas de laboratório não impedem ataques maliciosos, que não precisam ter acesso ao modelo neural subjacente para serem eficazes. Alguns exemplos têm a forma de um adesivo ou de um som inaudível que a rede neural não consegue processar.

O artigo disponível em `https://arxiv.org/pdf/1607.02533.pdf` demonstra que vários ataques são possíveis em ambientes não laboratoriais. Basta imprimir os exemplos adversariais e mostrá-los à câmera que alimenta a rede neural (como a câmera de um celular). Essa abordagem indica que a eficácia de um exemplo adversarial não depende estritamente de uma entrada numérica em uma rede neural. O truque está no conjunto de formas, cores e contraste da imagem, e não é preciso ter acesso direto ao modelo neural para determinar o melhor conjunto. Neste vídeo (`https://www.youtube.com/watch?v=zQ_uMenoBCk`) gravado pelos autores, que enganaram a demo da câmera do TensorFlow, um aplicativo para dispositivos móveis que classifica imagens em tempo real, uma rede confunde a imagem de uma máquina de lavar com um cofre ou um alto-falante.

Outros pesquisadores, da Universidade Carnegie Mellon, descobriram uma forma de enganar um sistema de detecção facial e fazê-lo acreditar que uma pessoa é uma celebridade ao criarem armações de óculos que influenciam a forma como uma rede neural profunda reconhece as instâncias. Com a disseminação dos sistemas de segurança automatizados, a capacidade de burlar um aparato com itens tão simples quanto óculos representa uma grande ameaça. O artigo em `https://www.cs.cmu.edu/~sbhagava/papers/face-rec-ccs16.pdf` descreve como os acessórios viabilizam fraudes de reconhecimento pessoal e simulação de identidade.

Finalmente, outro uso terrível e real de um exemplo adversarial é descrito no artigo em `https://arxiv.org/pdf/1707.08945.pdf`. Adesivos simples, em preto e branco, quando colocados em um sinal de parada, prejudicam a forma como um veículo autônomo compreende o sinal, apontando equivocadamente uma conversão. Ao usar adesivos mais coloridos (e mais visíveis), como os descritos no artigo em `https://arxiv.org/pdf/1712.09665.pdf`, é possível direcionar as previsões de uma rede neural para um determinado ponto, fazendo com que ela ignore tudo, menos o adesivo e as informações equivocadas. Como abordado no artigo, para que uma rede neural preveja que uma banana é outra coisa, basta colocar o adesivo malicioso adequado perto dela.

Talvez você esteja se perguntando se existe alguma defesa contra os exemplos adversariais ou se, mais cedo ou mais tarde, eles destruirão a confiança do público nas aplicações de aprendizado profundo, especialmente no campo dos veículos autônomos. Com estudos intensivos sobre formas de enganar as redes neurais, os pesquisadores também desenvolvem formas de protegê-las contra usos indevidos. Primeiro, as redes neurais são capazes de realizar qualquer função. Se forem suficientemente complexas, determinam por si mesmas como descartar exemplos adversariais depois de terem aprendido com outros exemplos. Segundo, novas técnicas, como restringir os valores em uma rede neural e reduzir o tamanho dela após o treinamento (a *destilação*, que anteriormente viabilizava a rede em dispositivos com pouca memória), foram testadas com sucesso no combate a muitos tipos de ataques adversariais.

> **NESTE CAPÍTULO**
>
> » Descobrindo o processamento de linguagem natural
> » Transformando palavras em números no aprendizado profundo
> » Mapeando palavras e seus sentidos com incorporação de palavras
> » Criando um sistema de análise de sentimentos com RNNs

Capítulo 14
Processando a Linguagem

O computador não entende a linguagem; só a processa para fins específicos. Além disso, ele só a processa se for altamente formal e precisa, como uma linguagem de programação. Regras rígidas de sintaxe e gramática permitem que um computador transforme um programa escrito por um desenvolvedor em uma linguagem de computador, como o Python, na linguagem de máquina, que determina quais tarefas executará. A linguagem humana não é, de modo algum, semelhante à do computador. Ela muitas vezes não tem uma estrutura precisa e é cheia de erros, contradições e ambiguidades, mas funciona bem para os seres humanos, com certo esforço por parte do ouvinte, para servir à sociedade humana e ao progresso do conhecimento.

Programar um computador para processar linguagem humana é, portanto, uma tarefa difícil, que só se tornou possível agora, com processamento de linguagem natural (PLN), redes neurais recorrentes (RNNs) de aprendizado profundo e *incorporação de palavras*, a técnica de modelagem de linguagem e aprendizado de recursos no PLN que mapeia o vocabulário para vetores de números reais usando produtos como Word2vec, GloVe e fastText. Ela também é usada em redes pré-programadas, como o BERT de código aberto do Google.

Neste capítulo, começamos com o básico para entender a PLN e sua utilidade na criação de modelos de aprendizado profundo voltados a problemas de linguagem. O capítulo explica a incorporação de palavras, como as redes pré-tratadas revolucionarão o aprendizado profundo e como os computadores se comunicam por chatbots. E fecha com um exemplo de modelo de aprendizado profundo aplicado à análise de sentimentos que descobre opiniões em textos.

LEMBRE-SE

Não é preciso digitar o código-fonte deste capítulo. É muito mais fácil usar a fonte para download. O código-fonte deste capítulo está nos arquivos `DL4D_14_Processing_Language.ipynb` e `DL4D_14_Movie_Sentiment.ipynb` (veja a Introdução para saber como encontrar esses arquivos de código-fonte).

Fazendo Acontecer

Para simplificar, pense na linguagem como uma sequência de palavras feitas de letras (e sinais de pontuação, símbolos, emojis e assim por diante). O aprendizado profundo processa melhor a linguagem usando camadas de RNNs, como LSTM ou GRU (veja o Capítulo 11). No entanto, saber usar as RNNs não ensina a usar sequências como entradas; é preciso determinar o tipo de sequência. Na verdade, as redes de aprendizado profundo aceitam apenas valores de entrada numéricos. Os computadores codificam sequências de letras que são números, de acordo com um protocolo, como Unicode Transformation Format-8 bit (UTF-8). O UTF-8 é a codificação mais usada. (Leia a matéria sobre codificações em `https://www.alexreisner.com/code/character-encoding`.)

LEMBRE-SE

O aprendizado profundo também processa dados textuais com redes neurais de convolução (CNNs) em vez de RNNs, representando sequências como matrizes (similares ao processamento de imagens). O Keras suporta camadas CNN, como o `Conv1D` (`https://keras.io/layers/convolutional/`), que opera em recursos ordenados — sequências de palavras ou outros sinais. As saídas da convolução 1D geralmente são seguidas de uma camada `MaxPooling1D`, que as resume. As CNNs aplicadas às sequências encontram um limite na indiferença à sua ordem global (elas tendem a identificar padrões locais.) Por isso, são mais usadas no processamento sequencial junto com as RNNs, não como substitutas.

O processamento de linguagem natural (PLN) é uma série de procedimentos que melhoram o processamento de palavras e frases para análise estatística, algoritmos de aprendizado de máquina e aprendizado profundo. O PLN deve suas raízes à linguística computacional, que impulsionou sistemas baseados em regras de IA, como sistemas especializados que tomam decisões com base na tradução computacional do conhecimento humano, experiência e modo de pensar. O PLN traduz informações textuais, não estruturadas, em dados estruturados, para que os sistemas especializados as manipulem e avaliem. O aprendizado profundo leva vantagem hoje, e esses sistemas se limitam a aplicações específicas, nas quais a interpretação e o controle dos processos de decisão são primordiais (aplicações médicas e decisão de comportamentos de direção de alguns carros autônomos). No entanto, o pipeline do PLN ainda é bastante relevante para muitos aplicativos de aprendizado profundo.

Compreendendo como tokenização

Em um pipeline de PLN, o primeiro passo é obter o texto bruto, em geral armazenado na memória ou acessado a partir do disco. Quando os dados forem muito grandes para caber na memória, mantenha um indicativo no disco (como nome do diretório e do arquivo). No exemplo a seguir, há três documentos (representados por variáveis de sequência de caracteres) armazenados em uma lista (o contêiner do documento é o *corpus*, na linguística computacional):

```
import numpy as np

texts = ["My dog gets along with cats",
         "That cat is vicious",
         "My dog is happy when it is lunch"]
```

Após obter o texto, processe-o. Ao processar cada frase, são extraídos os recursos relevantes (geralmente, cria-se uma matriz de *saco de palavras*) e vão para o modelo de aprendizado, como um algoritmo. Durante o processamento do texto, há diferentes transformações para o manipular (sendo a tokenização a única transformação obrigatória):

- » **Normalização:** Remove a capitalização.
- » **Limpeza:** Remove elementos não textuais, como pontuação e números.
- » **Tokenização:** Segmenta uma frase em palavras.
- » **Pausa na remoção de palavras:** Remove palavras comuns e pouco informativas, indiferentes ao sentido da frase, como os artigos the [o, a, os, as] e a [um, uma]. Remove negações que *não* interferem na interpretação.
- » **Derivação:** Reduz uma palavra ao radical (sua forma sem afixos flexionais, como explica o artigo: `https://www.thoughtco.com/stem-word-forms-1692141`). O algoritmo stemmer faz isso com base em regras.
- » **Lematização:** Coloca uma palavra em sua forma de dicionário (o lema). É uma alternativa à derivação, mas é mais complexa, porque não usa um algoritmo, mas um dicionário, para converter cada palavra ao lema.
- » **Pós-tagueamento:** Marca cada palavra com seu papel gramatical na frase (como marcar uma palavra como verbo ou como substantivo).
- » **N-gramas:** Associa cada palavra a um número (o n, em n-grama) das seguintes palavras e as trata como um conjunto único. Geralmente, *bi-gramas* (dois elementos adjacentes, ou tokens) e *tri-gramas* (três elementos adjacentes, ou tokens) funcionam melhor para fins de análise.

Para realizar essas transformações, use um pacote especializado do Python, como o NLTK (http://www.nltk.org/api/nltk.html) ou Scikit-learn (veja o tutorial em https://scikit-learn.org/stable/tutorial/text_analytics/working_with_text_data.html). Ao trabalhar com aprendizado profundo e um grande número de exemplos, só as transformações básicas são necessárias: normalização, limpeza e tokenização. As camadas de aprendizado profundo determinam quais informações serão extraídas e processadas. Ao trabalhar com alguns exemplos, ofereça o máximo possível de processamento de PLN para que a rede consiga definir o que fazer, apesar da pouca orientação concedida pelos poucos exemplos.

> **DICA**
> O Keras tem uma função, `keras.preprocessing.text.Tokenizer`, que normaliza (com o parâmetro redutor True), limpa (o parâmetro filters contém uma string dos caracteres a serem removidos, normalmente estes: '!"#$%&()*+,-./:;<=>?@[\]^_`{|}~ ') e tokeniza.

Colocando tudo no saco

Após processar o texto, extraia os recursos relevantes, o que significa transformar o texto restante em informação numérica para a rede neural processar. Isso é comumente feito com a abordagem saco de palavras, obtida por codificação de frequência ou binária do texto. Este processo equivale a transformar cada palavra em uma coluna de matriz tão ampla quanto o número de palavras que será representado. O exemplo a seguir mostra como alcançá-lo e o que ele implica. O exemplo usa a lista `texts` instanciada anteriormente no capítulo. Como primeiro passo, prepare a normalização básica e a tokenização com alguns comandos do Python para determinar o tamanho do vocabulário de palavras para o processamento:

```
unique_words = set(word.lower() for phrase in texts for
                   word in phrase.split(" "))
print(f"There are {len(unique_words)} unique words")
```

O código relata 14 palavras. Carregue agora a função `Tokenizer` do Keras e a configure para processar o texto, dado o tamanho de vocabulário esperado:

```
from keras.preprocessing.text import Tokenizer
vocabulary_size = len(unique_words) + 1
tokenizer = Tokenizer(num_words=vocabulary_size)
```

> **DICA**
> Usar um `vocabulary_size` muito pequeno exclui palavras importantes do processo de aprendizado. Um muito grande consome inutilmente a memória do computador. É preciso abastecer o `Tokenizer` com uma estimativa correta do número de palavras distintas contidas na lista de textos. E sempre adicione

1 ao `vocabulary_size` para fornecer uma palavra extra para o início de uma frase (um termo que ajuda a rede de aprendizado profundo). Neste ponto, o `Tokenizer` mapeia as palavras presentes nos textos para índices, que são valores numéricos representando as palavras no texto:

```
tokenizer.fit_on_texts(texts)
print(tokenizer.index_word)
```

O índice resultante é:

```
{1: 'is', 2: 'my', 3: 'dog', 4: 'gets', 5: 'along',
 6: 'with', 7: 'cats', 8: 'that', 9: 'cat', 10: 'vicious',
 11: 'happy', 12: 'when', 13: 'it', 14: 'lunch'}
```

Os índices representam o número da coluna com as informações das palavras:

```
print(tokenizer.texts_to_matrix(texts))
```

A matriz resultante é:

```
[[0. 0. 1. 1. 1. 1. 1. 1. 0. 0. 0. 0. 0. 0. 0.]
 [0. 1. 0. 0. 0. 0. 0. 1. 1. 1. 0. 0. 0. 0. 0.]
 [0. 1. 1. 1. 0. 0. 0. 0. 0. 0. 1. 1. 1. 1.]]
```

A matriz consiste em 15 colunas (14 palavras mais o início do indicador de frase) e três linhas, representando os três textos processados. Essa é a matriz de texto a ser processada por uma rede neural superficial (as RNNs requerem um formato diferente, como discutido adiante), que é sempre dimensionada como `vocabulary_size` pelo número de textos.

Os números dentro da matriz representam quantas vezes uma palavra aparece na frase. Porém não é a única representação possível. Aqui estão outras:

- » **Codificação de frequência:** Conta quantas vezes as palavras aparecem na frase.
- » **Codificação única [one hot] ou binária:** Observa a presença de uma palavra em uma frase, não importando quantas vezes apareça.
- » **Frequência de documento de frequência inversa (TF-IDF) score:** Codifica uma medida com base em quantas vezes uma palavra aparece em um documento, em relação ao número total de palavras na matriz. (Palavras com pontuações altas são distintas; com pontuações baixas, menos informativas.)

A transformação TF-IDF do Keras pode ser usada diretamente. O `Tokenizer` oferece o método `texts_to_matrix`, que, por padrão, codifica o texto e o transforma em uma matriz na qual as colunas são as palavras, as linhas são os textos e os valores são a frequência das palavras dentro de um texto. Se aplicar a transformação especificando `mode='tfidf'`, ela usará TF-IDF, em vez de frequências de palavras, para preencher os valores da matriz:

```
print(np.round(tokenizer.texts_to_matrix(texts,
                                mode='tfidf'), 1))
```

Repare que, ao usar uma representação matricial, o senso de ordenação de palavras é perdido, com binário, frequência ou o TF-IDF mais sofisticado. Durante o processamento, as palavras se espalham em colunas diferentes, e a rede neural não consegue adivinhar a ordem delas na frase. O nome saco de palavras deriva dessa bagunça. Essa abordagem é usada com muitos algoritmos de aprendizado de máquina, geralmente com resultados que variam de bons a ideais, aplicáveis a uma rede neural usando camadas de arquitetura densas. Transformações de palavras codificadas em `n-grams` (discutidas no parágrafo anterior como uma transformação de processamento de PLN) fornecem mais algumas informações, mas, novamente, as palavras não se relacionam.

As RNNs acompanham sequências, por isso ainda usam uma codificação simples, mas não codificam a frase inteira; em vez disso, codificam cada token (palavra, caractere ou até mesmo um grupo de caracteres) de forma isolada. Por isso, elas esperam uma sequência de índices representando a frase:

```
print(tokenizer.texts_to_sequences(texts))
```

À medida que cada frase passa para uma entrada de rede neural como uma sequência de números de índice, o número é transformado em um vetor one hot codificado, que então é alimentado nas camadas da RNN, um por vez, facilitando o aprendizado. Veja a transformação da primeira frase na matriz:

```
[[0. 0. 1. 0. 0. 0. 0. 0. 0. 0. 0. 0. 0. 0. 0.]
 [0. 0. 0. 1. 0. 0. 0. 0. 0. 0. 0. 0. 0. 0. 0.]
 [0. 0. 0. 0. 1. 0. 0. 0. 0. 0. 0. 0. 0. 0. 0.]
 [0. 0. 0. 0. 0. 1. 0. 0. 0. 0. 0. 0. 0. 0. 0.]
 [0. 0. 0. 0. 0. 0. 1. 0. 0. 0. 0. 0. 0. 0. 0.]
 [0. 0. 0. 0. 0. 0. 0. 1. 0. 0. 0. 0. 0. 0. 0.]]
```

Nessa representação, temos uma matriz para cada parte do texto, que representa cada texto como palavras distintas usando colunas, mas agora as linhas representam a ordem em que as palavras aparecem. (A primeira linha é a primeira palavra; a segunda, a segunda palavra e assim por diante.)

Memorizando Sequências Relevantes

Trabalhar com TF-IDF e n-gramas (de letras ou palavras) permite criar modelos de linguagem com poucos exemplos. Frases de codificação, como sequências de codificações únicas de uma única palavra, ajudam a usar bem as RNNs. Porém uma forma de processar dados textuais com maior velocidade (e criar poderosos modelos de aprendizado profundo) é usando a incorporação.

A incorporação tem uma longa história. O conceito surgiu na análise multivariada estatística, sob o nome de análise de correspondência multivariada. Desde os anos 1970, Jean-Paul Benzécri, estatístico e linguista francês, com outros pesquisadores da Escola Francesa de Análise de Dados, descobriu como mapear um conjunto limitado de palavras em espaços de baixa dimensão (geralmente, representações 2D, como um mapa topográfico). Esse processo transforma palavras em números e projeções significativas, uma descoberta que trouxe muitas aplicações à linguística e às ciências sociais, e abriu caminho para os recentes avanços no processamento de linguagem com aprendizado profundo.

Entendendo a semântica

As redes neurais são incrivelmente rápidas no processamento de dados e encontram os pesos certos para alcançar as melhores previsões, assim como todas as camadas de aprendizado profundo discutidas até agora: de CNNs a RNNs. Essas redes têm limites de eficácia baseados nos dados que precisam processar, como a normalização para permitir que uma rede funcione adequadamente ou forçar a faixa de valores de entrada entre 0 e +1 ou −1 a +1 para reduzir o problema ao atualizar os pesos da rede.

LEMBRE-SE A normalização é feita internamente à rede usando funções de ativação, como tanh, que comprimem valores para aparecerem no intervalo de −1 a +1 (https://tex.stackexchange.com/questions/176101/plotting-the-graph-of-hyperbolic-tangent), ou usando camadas especializadas, como Batch Normalization (https://keras.io/layers/normalization/), que aplicam uma transformação estatística nos valores transferidos de uma camada para outra.

Outro tipo de dados problemáticos que uma rede neural acha difícil de manipular são os esparsos, que acontecem quando seus valores consistem principalmente de zero, que é exatamente o que acontece quando se processam dados textuais usando frequência ou codificação binária, mesmo que você não use o TF-IDF. Ao trabalhar com dados esparsos, a rede neural não só tem dificuldades para encontrar uma boa solução (como tecnicamente explicado nestas respostas do Quora: https://www.quora.com/Why-are-deep-neural-networks-so-bad-with-sparse-data), como também é preciso ter um grande número de pesos para a camada de entrada, pois as matrizes esparsas geralmente são bastante amplas (têm muitas colunas).

Problemas de dados esparsos motivaram o uso da *incorporação de palavras*, uma maneira de transformar uma matriz esparsa em uma densa. A incorporação reduz o número de colunas na matriz de centenas de milhares para algumas centenas. Além disso, não admite valores zero dentro da matriz. O processo de incorporação de palavras não é feito aleatoriamente, mas é criado para que as palavras obtenham valores semelhantes quando tiverem o mesmo significado ou forem encontradas nos mesmos tópicos. Ou seja, é um mapeamento complexo; cada coluna incorporada é um mapa de especialidade (ou uma escala, se preferir) e as palavras similares ou relacionadas se reúnem.

DICA

A incorporação de palavras não é a única técnica avançada que se usa para criar soluções de aprendizado profundo com texto não estruturado. Recentemente, surgiu uma série de redes pré-configuradas que tornam ainda mais fácil modelar problemas de linguagem. Um dos mais promissores é o codificador bidirecional de representações de transformadores (BERT), do Google. Veja uma postagem do blog Google AI descrevendo a técnica: `https://ai.googleblog.com/2018/11/open-sourcing-bert-state-of-art-pre.html`.

Como alternativa, há uma incorporação que transforma o nome de diferentes alimentos em colunas de valores numéricos, que é uma matriz de palavras incorporadas. Nessa matriz, as palavras que mostram frutas têm uma pontuação semelhante em uma coluna específica. Na mesma coluna, os vegetais obtêm valores diferentes, mas não muito longe das frutas. Finalmente, o valor dos nomes dos pratos de carne fica distante dos de frutas e legumes. Uma incorporação realiza esse trabalho convertendo palavras em valores em uma matriz. Os valores são semelhantes quando as palavras são sinônimas ou se referem a um conceito semelhante. (Isso se chama *semelhança semântica* e se refere ao significado das palavras.)

LEMBRE-SE

Como o mesmo significado semântico ocorre entre idiomas, é possível usar incorporações cuidadosamente construídas para traduzir de um idioma para outro: uma palavra em um idioma terá as mesmas pontuações incorporadas que a mesma em outro. Os pesquisadores do laboratório Facebook AI Research (FAIR) descobriram uma maneira de sincronizar diferentes incorporações e aproveitá-las para formular aplicativos multilíngues baseados em aprendizado profundo (leia mais em `https://code.fb.com/ml-applications/under-the-hood-multilingual-embeddings/`).

Um aspecto importante a ter em mente ao trabalhar com a incorporação de palavras é que ela é um produto dos dados e, portanto, retrata o conteúdo dos dados usados para criá-los. Como a incorporação de palavras exige grandes quantidades de exemplos de texto para a geração adequada, o conteúdo dos textos inseridos nas integrações durante o treinamento é frequentemente recuperado automaticamente da web e não totalmente examinado. O uso de entrada não verificada leva a vieses de incorporação de palavras. Por exemplo, talvez surpreenda saber que essas incorporações criam associações impróprias entre palavras. Você deve estar ciente de tal risco e testar seu aplicativo com cuidado, porque a consequência é adicionar os mesmos vieses injustos aos aplicativos de aprendizado profundo criados.

Por enquanto, as incorporações mais populares geralmente usadas para aplicações de aprendizado profundo são:

» **Word2vec:** Criado por uma equipe de pesquisadores liderada por Tomáš Mikolov, no Google (leia o artigo original sobre o método patenteado em https://arxiv.org/pdf/1301.3781.pdf), baseia-se em duas camadas de redes neurais superficiais que tentam aprender a prever uma palavra conhecendo as que a precedem e a seguem. O Word2vec tem duas versões: uma similar ao modelo saco de palavras (CBOW), menos sensível à ordem das palavras; e outra baseada em n-gramas (skip-grama contínuo), que é mais sensível. O Word2vec aprende a prever uma palavra dado seu contexto usando a *hipótese distribucional*, o que significa que palavras semelhantes aparecem em contextos semelhantes. Ao aprender quais palavras devem aparecer em diferentes contextos, o Word2vec os internaliza. Ambas as versões são adequadas para a maioria das aplicações, mas a versão skip-gram é realmente melhor para representar palavras pouco frequentes.

» **GloVe (Global Vectors):** Desenvolvida como um projeto de código aberto na Universidade de Stanford (https://nlp.stanford.edu/projects/glove/), a abordagem do GloVe é semelhante aos métodos linguísticos estatísticos. Ela pega a estatística de co-ocorrência palavra-palavra de um corpus e reduz a matriz esparsa resultante a uma densa por meio da *fatoração de matriz*, um método algébrico amplamente usado em estatística multivariada.

» **fastText:** Criado pelo laboratório AI Research (FAIR), do Facebook, o fastText (https://fasttext.cc/) é uma incorporação de palavras, disponível em vários idiomas, que funciona com subsequências de palavras em vez de palavras únicas. Ele divide uma palavra em muitos pedaços de letras e as incorpora. Esta técnica tem implicações interessantes, pois o fastText oferece uma melhor representação de palavras raras (que geralmente são compostas de subsequências que não são raras) e determina como projetar palavras com erros ortográficos. A capacidade de lidar com erros ortográficos, e outros, propicia um uso efetivo da incorporação com texto proveniente de redes sociais, e-mails e outras fontes nas quais as pessoas normalmente não usam um corretor ortográfico.

EXPLICANDO POR QUE (REI – HOMEM) + MULHER = RAINHA

A incorporação traduz uma palavra em uma série de números que representam sua posição na própria incorporação. Essa série de números é o vetor da palavra. Geralmente, é composta de cerca de 300 vetores (o número que o Google usou no modelo treinado para os dados de notícias), e as redes neurais a usam para processar informações textuais de maneira melhor e mais eficaz. De fato, palavras com significado similar ou que são usadas em contextos similares têm vetores similares; portanto, as redes neurais as identificam facilmente. Além disso, as redes neurais trabalham com analogias por meio da manipulação de vetores, o que significa que os resultados podem surpreender, como:

- rei – homem + mulher = rainha
- paris – frança + polônia = varsóvia

Parece mágica, mas é matemática simples. A figura a seguir mostra como as coisas funcionam, representando dois vetores Word2vec.

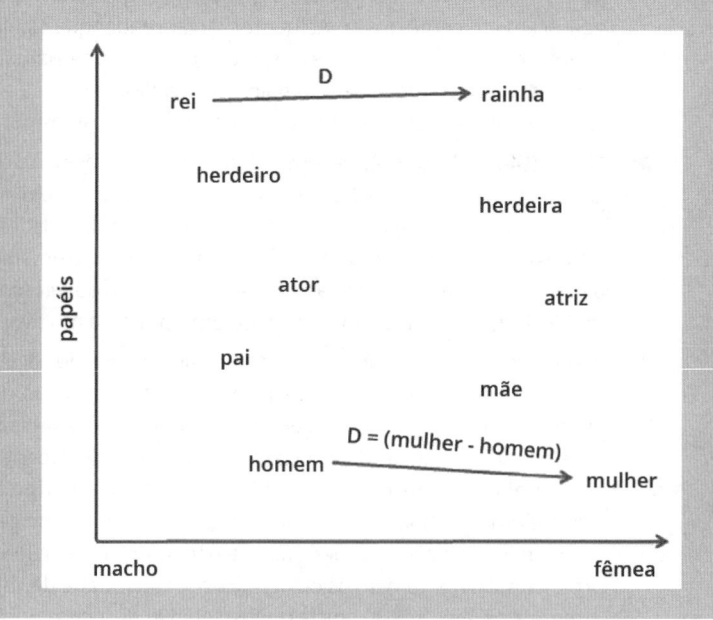

Cada vetor no Word2vec representa uma semântica diferente, como tipo de comida, característica de uma pessoa, nacionalidade ou gênero. Há muitas semânticas não predefinidas; o treinamento de incorporação os criou automaticamente com base nos exemplos apresentados. A figura mostra dois vetores do Word2vec: um representando a qualidade de uma pessoa; outro, o gênero. O primeiro vetor define os papéis, começando com o rei e a rainha, com pontuações mais altas, passando pelo ator e pela atriz, e finalmente terminando com o homem e a mulher, com pontuações mais baixas. Se adicionar esse vetor ao de gênero, verá que as variantes masculina e feminina são separadas por diferentes pontuações. Ao subtrair o homem e adicionar a mulher ao rei, você simplesmente afasta as coordenadas do rei e muda o vetor de gênero até alcançar a posição de rainha. Esse simples truque de coordenadas, que não implica qualquer compreensão de palavras pelo Word2vec, é possível porque todos os vetores de uma palavra são incorporados, representando o significado da linguagem, e você pode mudar significativamente de uma coordenada para outra à medida que muda conceitos no raciocínio.

Encosta no Meu Ombro e Chora

A análise computacional de sentimentos deriva de um texto escrito usando a atitude do escritor (seja positivo, negativo ou neutro) em relação ao tópico do texto. Esse tipo de análise é útil para pessoas que trabalham com marketing e comunicação porque as ajuda a entender o que clientes e consumidores pensam de um produto ou serviço e, assim, agir de maneira apropriada (tentando recuperar clientes insatisfeitos ou optando por uma estratégia de vendas diferente). Todo mundo realiza análise de sentimentos. Por exemplo, ao ler um texto, as pessoas naturalmente tentam determinar o sentimento que moveu a pessoa que o escreveu. No entanto, quando o número de textos para ler e entender é muito grande e o texto se acumula constantemente, como em redes sociais e e-mails de clientes, é importante automatizar a tarefa.

O próximo exemplo é um teste de RNNs usando Keras e TensorFlow, que constrói um algoritmo de análise de sentimento capaz de classificar as atitudes expressas em uma revisão de filme. Os dados são uma amostra do conjunto de dados do IMDb, que contém 50 mil avaliações (divididas ao meio entre conjuntos de treinamento e testes) de filmes acompanhadas por um rótulo que expressa o sentimento da avaliação (0 = negativo, 1 = positivo). O IMDb (`https://www.imdb.com/`) é um grande banco de dados digital que contém informações sobre filmes, séries e videogames. Originalmente mantido por uma base de fãs, agora é administrado por uma subsidiária da Amazon. Nele, as pessoas encontram as informações necessárias sobre seus programas favoritos, bem como publicam comentários ou escrevem resenhas para outros visitantes lerem.

O Keras possui uma compactação para download de dados do IMDb. Você prepara, embaralha e os organiza em um conjunto de treinamento e em um de teste. Esse conjunto de dados aparece, entre outros, em https://keras.io/datasets/. Em particular, os dados textuais do IMDb do Keras são livres de pontuação, normalizados em minúsculas e transformados em valores numéricos. Cada palavra é codificada em um número que classifica sua frequência. As palavras mais frequentes têm números baixos; as menos, mais altos.

Como ponto inicial, o código importa a função imdb do Keras e a utiliza para recuperar os dados da internet (cerca de um download de 17,5 MB). Os parâmetros que o exemplo usa englobam apenas as primeiras 10 mil palavras, e o Keras embaralha os dados usando uma semente aleatória específica. (Conhecer a semente torna possível reproduzir o embaralhamento conforme necessário.) A função retorna dois conjuntos de treinamento e de teste, ambos compostos de sequências de texto e do resultado do sentimento.

```
from keras.datasets import imdb

top_words = 10000
((x_train, y_train),
 (x_test, y_test)) = imdb.load_data(num_words=top_words,
                                    seed=21)
```

Concluindo o código anterior, verifique o número de exemplos com este código:

```
print("Training examples: %i" % len(x_train))
print("Test examples: %i" % len(x_test))
```

Após indagar sobre o número de casos disponíveis para uso na fase de treinamento e de teste da rede neural, o código gera uma resposta de 25 mil exemplos para cada fase. (Esse conjunto de dados é relativamente pequeno para um problema de linguagem; claramente, ele se destina, principalmente, a demonstrações.) Além disso, o código determina se o conjunto de dados é balanceado, o que significa que tem um número quase igual de exemplos positivos e negativos.

```
import numpy as np
print(np.unique(y_train, return_counts=True))
```

O resultado, array([12500, 12500]), confirma que o conjunto de dados é dividido igualmente entre resultados positivos e negativos. Tal equilíbrio entre as classes de resposta se deve exclusivamente à natureza demonstrativa do conjunto de dados. No mundo real, você raramente encontra conjuntos balanceados. A próxima etapa cria alguns dicionários Python que transformam o código usado no conjunto de dados e nas palavras reais. De fato, o conjunto de dados deste exemplo é pré-processado e fornece sequências de números representando as palavras, não as próprias palavras. (Os algoritmos LSTM e GRU que você encontra no Keras demandam sequências de números como números.)

```
word_to_id = {w:i+3 for w,i in imdb.get_word_index().items()}
id_to_word = {0:'<PAD>', 1:'<START>', 2:'<UNK>'}
id_to_word.update({i+3:w for w,i in imdb.get_word_index().
   items()})
def convert_to_text(sequence):
    return ' '.join([id_to_word[s] for s in sequence if
   s>=3])

print(convert_to_text(x_train[8]))
```

O trecho de código anterior define dois dicionários de conversão (de palavras para códigos numéricos e vice-versa) e uma função que traduz os exemplos em texto legível. Como exemplo, o código imprime o nono exemplo: "Este filme foi um completo desastre..." A partir desse trecho, prevê-se facilmente que o sentimento do filme não é positivo. Palavras como "completo desastre" transmitem um forte sentimento negativo, e isso torna fácil adivinhá-lo.

DICA Nesse exemplo, as sequências numéricas são transformadas de volta em palavras, mas o oposto é comum. Normalmente, as frases compostas de palavras são transformadas em sequências de inteiros para alimentar uma camada de RNNs. O Keras oferece uma função especializada, o `Tokenizer` (veja https://keras.io/preprocessing/text/#tokenizer), que faz a tarefa. Ele usa os métodos `fit_on_text`, para aprender a mapear palavras como números inteiros a partir de dados de treinamento, e `texts_to_matrix`, para transformar o texto em uma sequência.

No entanto, nem sempre há palavras tão reveladoras em todas as frases. Às vezes, o sentimento é expresso de uma maneira mais sutil ou indireta, e entendê-lo no início do texto não é possível, porque frases e palavras reveladoras aparecem muito mais tarde no discurso. Por esse motivo, também é preciso decidir quanto da frase se deseja analisar. Convencionalmente, você pega uma parte inicial do texto e a usa como representante de toda a revisão. Às vezes, bastam algumas palavras iniciais — por exemplo, as primeiras 50 — para obter o sentido; às vezes, mais. Textos especialmente longos não revelam sua orientação cedo. Portanto, cabe a você entender o tipo de texto com o qual está trabalhando e decidir quantas palavras analisar com o aprendizado profundo. Esse exemplo considera apenas as primeiras 200 palavras, que devem ser suficientes.

DICA Você notou que o código começa a fornecer códigos para palavras que começam com o número 3, deixando os de 0 a 2. Números menores são usados para tags especiais, como sinalizar o início da frase, preenchendo espaços vazios para ter a sequência corrigida em um determinado período e marcando as palavras que são excluídas porque não são frequentes o suficiente. Este exemplo pega apenas as 10 mil palavras mais frequentes. Usar tags para apontar situações iniciais, finais e notáveis é um truque que funciona com as RNNs, especialmente na tradução automática.

```
from keras.preprocessing.sequence import pad_sequences

max_pad = 200
x_train = pad_sequences(x_train,
                        maxlen=max_pad)

x_test = pad_sequences(x_test,
                       maxlen=max_pad)

print(x_train[0])
```

Com a função `pad_sequences` do Keras, com `max_pad` definido como 200, o código usa as primeiras 200 palavras de cada revisão. No caso de a revisão conter menos, quantos valores zero forem necessários precedem a sequência para alcançar o número ideal de elementos de sequência. Cortar as sequências em determinado comprimento e preencher os vazios com valores zero se chama *preenchimento de entrada*, uma atividade crucial de processamento ao usar RNNs como algoritmos de aprendizado profundo. O código projeta a arquitetura:

```
from keras.models import Sequential
from keras.layers import Bidirectional, Dense, Dropout
from keras.layers import GlobalMaxPool1D, LSTM
from keras.layers.embeddings import Embedding

embedding_vector_length = 32
model = Sequential()
model.add(Embedding(top_words,
                    embedding_vector_length,
                    input_length=max_pad))

model.add(Bidirectional(LSTM(64, return_sequences=True)))
model.add(GlobalMaxPool1D())
model.add(Dense(16, activation="relu"))
model.add(Dense(1, activation="sigmoid"))

model.compile(loss='binary_crossentropy',
              optimizer='adam',
              metrics=['accuracy'])

print(model.summary())
```

O trecho de código anterior define a forma do modelo do aprendizado profundo, em que usa algumas camadas especializadas para o processamento da linguagem natural no Keras. O exemplo também exigiu um resumo do modelo (`model.summary() command`) para determinar o que acontece com a arquitetura usando diferentes camadas neurais.

A camada `Embedding` transforma as sequências numéricas em uma incorporação densa de palavras, adequada para ser aprendida por uma camada de RNNs, como discutido no parágrafo anterior deste capítulo. O Keras fornece uma camada `Embedding`, que, além de ter necessariamente que ser a primeira da rede, realiza duas tarefas:

» Aplica a incorporação de palavras pré-designadas (como Word2vec ou GloVe) à entrada da sequência. Basta passar a matriz que contém a incorporação para os parâmetros `weights`.

» Cria uma incorporação do zero, com base nas entradas que recebe.

No segundo caso, a `Embedding` precisa saber:

» `input_dim`: O tamanho do vocabulário esperado dos dados.
» `output_dim`: O tamanho do espaço da incorporação que será produzido (as chamadas dimensões).
» `input_length`: O tamanho esperado da sequência.

Após determinar os parâmetros, `Embedding` encontrará os melhores pesos para transformar as sequências em uma matriz densa durante o treinamento. O tamanho da matriz densa é dado pelo comprimento das sequências e pela dimensionalidade da incorporação.

LEMBRE-SE Se usar a camada `Embedding` fornecida pelo Keras, lembre-se de que a função fornece apenas uma matriz de peso do tamanho do vocabulário pela dimensão da incorporação desejada. Ela mapeia as palavras para as colunas da matriz e ajusta os pesos da matriz para os exemplos fornecidos. Essa solução, embora prática para problemas de linguagem fora do padrão, não é análoga à incorporação, já discutida, treinada de maneira diferente com milhões de exemplos.

O exemplo usa a compactação `Bidirectional` — uma camada LSTM de 64 células que transforma uma camada LSTM normal duplicando-a: no primeiro lado, aplica-se a sequência normal de entradas que você fornece; no segundo, passa-se ao reverso da sequência. Essa abordagem é necessária porque às vezes você usa palavras em uma ordem diferente, e a criação de uma camada bidirecional captura qualquer padrão de palavras, independentemente do pedido. A implementação do Keras é direta: você apenas a aplica como uma função na camada que deseja renderizar bidirecionalmente.

O LSTM bidirecional é configurado para retornar sequências (`return_sequences=True`); isto é, para cada célula, retorna o resultado fornecido depois de ver cada elemento da sequência. Os resultados, para cada sequência, são uma matriz de saída de 200x128, em que 200 é o número de elementos de sequência e 128, o de células LSTM na camada. Essa técnica impede que a RNN obtenha o último resultado de cada célula LSTM. As dicas sobre o sentimento do texto aparecem em qualquer lugar na sequência de palavras incorporadas.

Em resumo, é importante não tirar o último resultado de cada célula, mas o melhor. O código, portanto, depende da camada `GlobalMaxPool1D` para verificar cada sequência de resultados fornecida por cada célula LSTM e reter apenas o resultado máximo. Isso garante que o exemplo escolha o sinal mais forte de cada célula LSTM, que é esperançosamente especializado por seu treinamento para escolher alguns sinais significativos.

Depois que os sinais neurais são filtrados, o exemplo tem uma camada de 128 saídas, uma para cada célula LSTM. O código reduz e mistura os sinais usando uma camada densa e sucessiva de 16 neurônios com ativação de ReLU (fazendo com que apenas os sinais positivos passem; leia detalhes na seção "Escolhendo a função de ativação ideal", do Capítulo 8). A arquitetura termina com um nó final usando a ativação sigmoide, que espreme os resultados no intervalo 0-1 e os faz parecer probabilidades. Tendo definido a arquitetura, agora você pode treinar a rede. Três épocas (passando os dados três vezes pela rede para que ela aprenda os padrões) serão suficientes. O código usa lotes de 256 revisões a cada vez, o que permite que a rede veja variedade suficiente de palavras e sentimentos a cada vez antes de atualizar os pesos usando a retropropagação. Por fim, o código enfoca os resultados fornecidos pelos dados de validação (que não fazem parte dos dados de treinamento). Um bom resultado dos dados de validação significa que a rede neural processou a entrada corretamente. O código relata os dados de validação logo após o término de cada período.

```
history = model.fit(x_train, y_train,
                    validation_data=(x_test, y_test),
                    epochs=3, batch_size=256)
```

Obter os resultados demora, mas, se usar uma GPU, ela será concluída no tempo que você leva para tomar uma xícara de café. Nesse ponto, avalie os resultados, novamente, usando os dados de validação. (Os resultados não devem ter surpresas ou diferenças em relação ao que o código relatou durante o treinamento.)

```
loss, metric = model.evaluate(x_test, y_test, verbose=0)
print("Test accuracy: %0.3f" % metric)
```

A precisão final, que é a porcentagem das respostas corretas da rede neural profunda, será de cerca de 85% a 86%. O resultado mudará um pouco a cada vez que o experimento for executado, por causa da aleatoriedade ao construir a rede neural. Isso é perfeitamente normal, considerando o pequeno tamanho dos dados com os quais se está trabalhando. Se começar com os pesos certos, o aprendizado será mais fácil em uma sessão de treinamento tão curta.

No final, sua rede é um analisador de sentimentos que adivinha corretamente o sentimento expresso em uma crítica de filme cerca de 85% das vezes. Com ainda mais dados de treinamento e arquiteturas neurais mais sofisticadas, os resultados são ainda mais impressionantes. No marketing, uma ferramenta semelhante é usada para automatizar muitos processos que exigem leitura de texto e ação. Novamente, é possível acoplar uma rede como essa com uma rede neural que ouve uma voz e a transforma em texto. (Essa é outra aplicação das RNNs, agora alimentando Alexa, Siri, Google Voice e muitos outros assistentes pessoais.) A transição permite que o aplicativo entenda o sentimento, mesmo em expressões vocais, como um telefonema de um cliente.

> **NESTE CAPÍTULO**
>
> » Aprendendo a imitar a criatividade
>
> » Compreendendo que o aprendizado profundo não cria nada
>
> » Desenvolvendo arte baseada em estilos predefinidos
>
> » Compondo música baseada em estilos predefinidos

Capítulo 15
Produzindo Música e Arte Visual

Há diversos debates na internet sobre se os computadores tem a capacidade de ser criativos ao usar o aprendizado profundo. O diálogo induz à essência do que significa ser criativo. Os filósofos, entre outros pensadores, têm debatido o tema incessantemente ao longo da história, sem chegar a uma conclusão sobre o que, precisamente, significa criatividade. Consequentemente, um único capítulo de um livro escrito em apenas alguns meses não resolverá seu problema.

No entanto, para embasar as discussões deste capítulo, definimos *criatividade* como a capacidade de definir novas ideias, padrões, relações etc. A ênfase está no novo: a originalidade, progressividade e imaginação que os humanos propiciam. Não consiste em copiar o estilo de outra pessoa e chamar de autêntico. É claro que essa definição certamente despertará a ira de alguns enquanto é aceita por outros, mas para que o debate aconteça é necessária uma definição. Lembre-se: essa definição não exclui a criatividade de não humanos. Por exemplo, algumas pessoas acreditam em casos de macacos criativos (consulte http://www.bbc.com/future/story/20140723-are-we-the-only-creative-species para obter mais detalhes).

Este capítulo o ajuda a entender como a criatividade e os computadores podem formar uma parceria fascinante. Primeiro, considere que os computadores necessitam da matemática para fazer tudo, e arte e música não são exceções. Um computador transfere padrões existentes de arte ou música para uma rede neural e usa o resultado para gerar algo que pareça novo, mas que, na verdade, se baseie em um padrão existente. Entretanto, além dessa consideração, um humano projetou o algoritmo usado para executar a análise estatística do padrão e, subsequentemente, produziu a nova arte. Em outras palavras, o computador não executou a tarefa sozinho: precisou de um humano para fornecer os meios para a realizar. Além disso, um humano decide que estilo imitar e define que tipo de resultado é esteticamente agradável. Em suma, o computador acaba sendo uma ferramenta nas mãos de um ser humano, excepcionalmente inteligente, para automatizar o processo de criação do que poderia ser considerado novo, mas, na verdade, não é.

Assim como definir o que alguns consideram um computador criativo, este capítulo define também como os computadores imitam um estilo predefinido. Considere que o aprendizado profundo depende da matemática para executar uma tarefa geralmente não associada à matemática. Um artista ou músico não depende de cálculos para criar algo novo, mas pode se basear neles para constatar como outros o fazem. Quando um artista ou músico usa matemática para estudar outro estilo, o processo é chamado de aprendizado, não de criação. Naturalmente, este livro inteiro explica como o aprendizado profundo realiza tarefas de aprendizado, e até mesmo esse processo difere muito do modo como os humanos aprendem.

Aprendendo a Imitar a Arte e a Vida

Você provavelmente já viu interessantes demonstrações de arte da IA, como as mencionadas no artigo em `https://news.artnet.com/art-world/ai-art-comes-to-market-is-it-worth-the-hype-1352011`. A obra inegavelmente possui apelo estético. Na verdade, o artigo menciona que a Christie's, uma das mais famosas casas de leilões do mundo, esperava vender a obra de arte por um valor entre US$7 mil e US$10 mil, mas acabou vendendo por US$432 mil, segundo o *Guardian* (`https://www.theguardian.com/artanddesign/shortcuts/2018/oct/26/call-that-art-can-a-computer-be-a-painter`) e o *New York Times* (`https://www.nytimes.com/2018/10/25/arts/design/ai-art-sold-christies.html`). Portanto, esse tipo de arte não é apenas atraente, mas também lucrativo. Contudo, em todo julgamento crítico que você lê, a questão continua sendo se a arte da IA realmente é arte. As seções a seguir ajudam você a entender que a geração por computadores não se relaciona ao criativo. Isso se traduz em algoritmos surpreendentes que implementam as estatísticas mais recentes.

Transferindo um estilo artístico

Um dos diferenciais da arte é o estilo artístico. Mesmo quando alguém tira uma fotografia e a exibe como arte (http://www.wallartprints.com.au/blog/artistic-photography/), o método pelo qual a fotografia é tirada, processada e, opcionalmente, retocada define um estilo específico. Em muitos casos, dependendo da habilidade do artista, você nem percebe que está vendo uma foto, devido a seus elementos artísticos (https://www.pinterest.com/lorimcneeartist/artistic-photography/?lp=true).

Alguns artistas se tornaram tão famosos por seu estilo único que outras pessoas levam tempo para estudá-los com propriedade e melhorar a própria técnica. Por exemplo, o estilo único de Vincent van Gogh é frequentemente imitado (https://www.artble.com/artists/vincent_van_gogh/more_information/style_and_technique). O estilo de van Gogh — seu uso de cores, métodos, mídia, assunto e uma riqueza de outras considerações — exige estudo dedicado para replicá-lo. Humanos improvisam, então o adjetivo sufixo *esco* aparece frequentemente como descrição de estilo. Um crítico pode dizer que certo artista usa uma metodologia a la van Gogh.

LEMBRE-SE

Ao produzir arte, o computador depende de um estilo artístico predefinido para modificar a aparência de uma imagem-fonte. Em relação a um humano, um computador consegue replicar perfeitamente um estilo específico, com base em suficientes exemplos consistentes. Obviamente, você poderia criar uma espécie de estilo misto usando exemplos de vários períodos da vida do artista. A questão é que o computador não está criando um novo estilo, nem está improvisando. A imagem-fonte também não é nova. Você vê um estilo perfeitamente copiado e uma imagem-fonte perfeitamente copiada ao trabalhar com um computador, e transfere o estilo para a imagem-fonte para criar algo parecido com os dois.

O processo usado para transferir o estilo para a imagem-fonte e produzir uma saída é complexo e gera muita discussão. Por exemplo, considerar onde o código-fonte termina e elementos como o treinamento começam é importante. O artigo em https://www.theverge.com/2018/10/23/18013190/ai-art-portrait-auction-christies-belamy-obvious-robbie-barrat-gans debate uma dessas situações que envolvem o uso de um código existente, mas treinamento diferente da implementação original, e tem pessoas se perguntando sobre questões como atribuição quando a arte é gerada por computador. Lembre-se: toda a discussão se concentra nos seres humanos que criam o código e realizam o treinamento do computador. O computador em si não entra na discussão, pois está apenas processando números.

OUTROS TIPOS DE ARTE PRODUZIDA

Lembre-se de que este livro aborda um tipo característico de arte computacional — o tipo gerado por uma rede de aprendizado profundo. Você pode encontrar todos os tipos de arte produzida por computador que não dependem necessariamente do aprendizado profundo. Um dos exemplos é o fractal (http://www.arthistory.net/fractal-art/), criado a partir de uma equação. O primeiro desses fractais é o conjunto Mandelbrot (http://mathworld.wolfram.com/MandelbrotSet.html), criado em 1980 por Benoit B. Mandelbrot, um matemático polonês. Hoje em dia, alguns fractais são muito bonitos (https://www.creativebloq.com/computer-arts/5-eye-popping-examples-fractal-art-71412376) e até mesmo agregam alguns elementos do mundo real. Mesmo assim, a criatividade pertence não ao computador, que simplesmente processa números, mas ao matemático ou artista que desenvolve o algoritmo usado para gerar o fractal.

Um próximo passo na arte produzida é o Computer Generated Imagery (CGI). Você provavelmente já viu alguns exemplos incríveis de arte do tipo CGI em filmes, mas, hoje em dia, ela aparece praticamente em qualquer lugar (https://www.vice.com/en_us/topic/cgi-art). Algumas pessoas restringem a CGI à arte em 3D e outras a restringem à arte dinâmica em 3D, do tipo usado para videogames e filmes. Não importa que restrições você coloque na arte CGI, o processo é essencialmente o mesmo. Um artista opta por uma série de transformações para produzir efeitos na tela do computador, como a água que parece úmida e o nevoeiro que parece enevoado (https://www.widewalls.ch/cgi-artworks/). A CGI também é usada na produção de modelos de edifícios baseados em projetos, como desenhos arquitetônicos (https://archicgi.com/3d-modeling-things-youve-got-know/ e https://oceancgi.com/). Esses modelos ajudam você a visualizar como ficará o produto final, muito antes de o primeiro tijolo ser assentado. Entretanto, no final, o que você vê é a criatividade de um artista, arquiteto, matemático ou outro indivíduo, em dizer ao computador para realizar vários tipos de cálculos que transformam o design em algo real. O computador não entende nada disso.

Reduzindo o problema a estatísticas

Na verdade, os computadores não conseguem ver nada. Alguém pega uma imagem digital de um objeto do mundo real ou cria um desenho fantasioso como o da Figura 15-1, e cada pixel dessa imagem aparece como ênuplos de números que representam os valores vermelho, azul e verde de cada pixel, como mostrado na Figura 15-2. É com esses números, por sua vez, que o computador interage usando um algoritmo. O computador não entende que os números formam um ênuplo — isso é uma convenção humana. Tudo o que sabe é que o algoritmo define as operações que devem ocorrer na série de números. Em suma, a arte se torna uma questão de manipular números usando uma variedade de métodos, incluindo estatísticas.

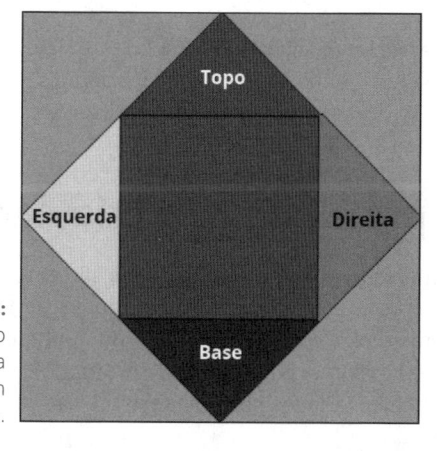

FIGURA 15-1: Um humano vê a forma de um desenho.

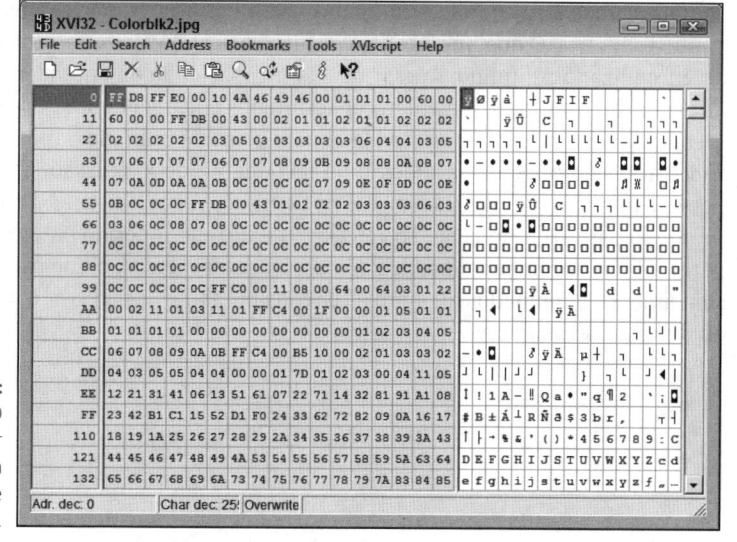

FIGURA 15-2: O computador vê uma série de números.

CAPÍTULO 15 **Produzindo Música e Arte Visual** 273

O aprendizado profundo depende de vários algoritmos para manipular os pixels em um desenho-fonte de diversas maneiras para mostrar o estilo específico que você deseja usar. Na verdade, é possível encontrar uma variedade impressionante de algoritmos, pois todos parecem ter uma ideia diferente de como forçar um computador a criar tipos específicos de arte. A questão é que todos esses métodos dependem de algoritmos que trabalham com uma série de números para executar a tarefa: o computador nunca segura o pincel para, de fato, produzir algo novo. Dois métodos parecem direcionar as estratégias atuais:

- » **Redes neurais convolucionais (CNNs):** Veja o Capítulo 10 para obter um resumo. Veja também a seção "Gerando uma nova obra com base em um artista único", mais adiante neste capítulo, que contém a perspectiva do artista.
- » **Redes generativas adversárias (GANs):** Veja o Capítulo 16 para obter um resumo; veja também a seção "Sonhando com as redes neurais", adiante neste capítulo, que também contém a perspectiva do artista.

O aprendizado profundo não cria nada

Na arte produzida pelo aprendizado profundo, as imagens são emprestadas, o computador não as entende e precisa de algoritmos para modificar as imagens. O aprendizado profundo nem sequer escolhe o método de aprender sobre as imagens — um humano o faz. Em suma, o aprendizado profundo é um método interessante de manipular imagens criadas por outra pessoa usando um estilo que outra pessoa também criou.

Se o aprendizado profundo é ou não capaz de criar algo não é a melhor pergunta a ser feita. O que importa é se os humanos apreciam o resultado da saída do aprendizado profundo. Apesar de sua incapacidade de entender ou criar, o aprendizado profundo pode oferecer resultados surpreendentes. Consequentemente, é melhor deixar a criatividade para os seres humanos, mas o aprendizado profundo pode dar a todos uma ferramenta de expressão, até mesmo a pessoas que não são ligadas à arte. Por exemplo, você pode usar o aprendizado profundo para criar uma versão van Gogh de um ente querido para pendurar na parede. O fato de você ter participado do processo e ter algo que parece profissionalmente desenhado é o ponto a ser considerado — e não se o computador é ou deixa de ser criativo.

Imitando um Artista

O aprendizado profundo ajuda você a imitar um artista. Você pode imitar qualquer um que deseje, pois o computador não entende nada sobre estilo ou desenho. O algoritmo de aprendizado profundo reproduzirá fielmente um estilo com base nas entradas fornecidas. Consequentemente, imitar é uma maneira flexível de produzir uma saída específica, conforme descrito nas seções a seguir.

Gerando uma nova obra com base em um artista único

As **redes neurais convolucionais** (CNNs) possuem diversas utilidades em aplicações do aprendizado profundo. Por exemplo, são usadas em carros autônomos e sistemas de reconhecimento facial. O Capítulo 10 mostra alguns exemplos adicionais de como as CNNs funcionam, mas o principal é que uma CNN executa bem as tarefas de reconhecimento com treinamento suficiente.

Curiosamente, as CNNs funcionam bem no reconhecimento do estilo artístico. Logo, você pode combinar duas obras de arte em uma única. No entanto, essas duas obras fornecem dois tipos diferentes de entrada para a CNN:

» **Conteúdo:** A imagem que define a saída desejada. Por exemplo, se você escolher uma imagem do conteúdo de um gato, a saída será semelhante a um gato. Não será o mesmo gato com o qual começou, mas o conteúdo define a saída desejada em relação ao que um ser humano verá.

» **Estilo:** A imagem que define a modificação desejada. Por exemplo, se você optar por uma pintura de van Gogh, a saída refletirá esse estilo.

DICA Em geral, as CNNs dependem de uma única imagem de conteúdo e de estilo. Usar apenas as duas imagens permite visualizar como conteúdo e estilo funcionam juntos para produzir uma saída específica. O exemplo em `https://medium.com/mlreview/making-ai-art-with-style-transfer-using-keras-8bb5fa44b216` exibe um método para combinar duas imagens dessa maneira.

Claro, você precisa decidir como combinar as imagens. Na verdade, é aqui que as estatísticas de aprendizado profundo entram em cena. Para realizar essa tarefa, é usada uma *transferência de estilo neural*, conforme descrito no artigo "Um Algoritmo Neural de Estilo Artístico", de Leon A. Gatys, Alexander S. Ecker e Matthias Bethge (`https://arxiv.org/pdf/1508.06576.pdf` ou `https://www.robots.ox.ac.uk/~vgg/rg/papers/1508.06576v2.pdf`).

O algoritmo trabalha com os seguintes tipos de imagens: uma *imagem de conteúdo*, que retrata o objeto a ser representado; uma *imagem de estilo*, que aponta o estilo de arte a ser imitado; e uma *imagem de entrada*, que será transformada. A imagem de entrada geralmente é aleatória ou a mesma que a de conteúdo. Transferir o estilo implica preservar o conteúdo (isto é, se você começar com a foto de um cachorro, o resultado ainda representará um cachorro). No entanto, a imagem de entrada, que foi transformada, está mais próxima da imagem de estilo na apresentação. O algoritmo usado definirá duas medidas de perda:

» **Perda de conteúdo:** Determina o quanto da imagem original a CNN usa para gerar a saída. Uma perda maior significa que a saída refletirá melhor o estilo escolhido. No entanto, é possível chegar a um ponto em que a perda é tão grande que não é mais possível ver o conteúdo.

» **Perda de estilo:** Determina a maneira pela qual o estilo é aplicado ao conteúdo. Um nível mais alto de perda significa que o conteúdo retém mais do estilo original. A perda de estilo deve ser baixa o suficiente para que se obtenha uma nova obra de arte que mostre o estilo desejado.

Ter apenas duas imagens não permite um treinamento extensivo, portanto usa-se uma rede de aprendizado profundo pré-treinada, como a VGG-19 (vencedora do desafio ImageNet de 2014 criado pelo Grupo de Geometria Visual, VGG, na Universidade de Oxford). A rede de aprendizado profundo pré-treinada já sabe como processar uma imagem em características de imagem de diferentes complexidades. O algoritmo para transferência de estilo neural escolhe a CNN de uma VGG-19, excluindo as camadas finais, que são totalmente conectadas. Desta forma, a rede atua como um filtro de processamento de imagens. Quando você envia uma imagem, a VGG-19 a transforma em uma representação de rede neural, que pode ser completamente diferente da original. No entanto, quando usa apenas as camadas superiores da rede como filtros de imagem, a rede transforma a imagem resultante, mas não a altera completamente.

Aproveitando essas propriedades das redes neurais transformadoras, o estilo de transferência neural não usa todas as circunvoluções na VGG-19. Em vez disso, ele os monitora usando as duas medidas de perda para garantir que, apesar das alterações aplicadas à imagem, a rede mantenha o conteúdo e aplique o estilo. Dessa forma, quando você passa a imagem de entrada pela VGG-19 várias vezes, seus pesos se ajustam para realizar a dupla tarefa de preservação de conteúdo e aprendizado de estilo. Depois de algumas iterações, que na verdade exigem muitos cálculos e atualizações de peso, a rede transforma sua imagem de entrada na imagem e estilo de arte previstos.

> **DICA** Com frequência, a saída de uma CNN é chamada de *pastiche*. É uma palavra chique que costuma significar uma peça artística composta de elementos emprestados, como motivos ou técnicas, de outros artistas. Dada a natureza da arte do aprendizado profundo, o termo é apropriado.

Combinando estilos para criar arte nova

Se você realmente quiser ser chique, pode criar um pastiche baseado em várias imagens de estilo. Por exemplo, você poderia treinar a CNN usando várias obras de Monet para que o pastiche se pareça mais com uma peça dele, em geral. Claro, os estilos de vários pintores impressionistas podem facilmente ser combinados para criar uma obra de arte única que transmita o estilo impressionista como um todo. O método para realizar essa tarefa varia, mas o artigo em `https://ai.googleblog.com/2016/10/supercharging-style-transfer.html` mostra ideias para realizar a tarefa.

Sonhando com as redes neurais

Usar uma CNN é um processo essencialmente manual no que diz respeito à escolha das funções de perda. O sucesso ou fracasso de uma CNN depende da configuração humana dos diversos valores. Uma GAN adota uma abordagem diferente. Ela depende de duas redes interativas profundas para ajustar automaticamente os valores e fornecer uma saída melhor. Essas duas redes profundas têm estes nomes:

> » **Geradoras:** Criam uma imagem com base nas entradas que você fornece. A imagem precisa manter o conteúdo original, mas com o nível apropriado de estilo para produzir um pastiche que seja difícil de se distinguir de um original.
>
> » **Discriminatórias:** Determinam se a saída do gerador é autêntica o suficiente para passar como original. Caso contrário, o discriminador fornece um feedback, informando ao gerador o que há de errado com o pastiche.

Para que essa configuração funcione, treine dois modelos: um para a geradora e outro para a discriminadora. Os dois agem em conjunto: a geradora cria novas amostras e a discriminadora informa ao gerador o que há de errado com cada amostra. O processo vai e volta entre a geradora e a discriminadora até que o pastiche atinja um nível específico de perfeição. No Capítulo 16, você encontra uma explicação ainda mais detalhada sobre como as GANs funcionam.

DICA

Essa abordagem é vantajosa por fornecer maior nível de automação e probabilidade de bons resultados do que usar uma CNN. A desvantagem é que também requer um tempo considerável para ser implementada e os requisitos de processamento são muito maiores. Consequentemente, usar a abordagem da CNN geralmente é melhor para alcançar um resultado que seja bom o suficiente. Você pode ver um exemplo da abordagem de GAN em `https://towardsdatascience.com/gan-by-example-using-keras-on-tensorflow-backend-1a6d515a60d0`.

Compondo música com uma rede

Este capítulo foca principalmente a arte visual, pois é mais fácil perceber as mudanças sutis que ocorrem. No entanto, as mesmas técnicas também funcionam com música. Você pode usar CNNs e GANs para compor com base em um estilo específico. Computadores não enxergam a arte, tampouco ouvem música. Os tons musicais tornam-se números que o computador manipula, da mesma forma que manipula os números associados aos pixels. O computador não percebe diferença.

No entanto, o aprendizado profundo detecta a diferença. Sim, os algoritmos para música e arte visual são os mesmos, mas as configurações usadas são diferentes e o treinamento é único. Além disso, algumas fontes dizem que o treinamento para música é muito mais difícil do que para a arte visual (veja `https://motherboard.vice.com/en_us/article/qvq54v/why-is-ai-generated-music-still-so-bad` para obter mais detalhes). Claro, parte da dificuldade decorre das diferenças entre os humanos que ouvem a música. Como grupo, os humanos têm dificuldades em definir músicas esteticamente agradáveis, e até mesmo pessoas que gostam de um estilo ou de artistas em particular raramente gostam de tudo que é proveniente deles.

Sob alguns aspectos, as ferramentas usadas para compor usando IA são mais formalizadas e desenvolvidas do que as usadas para a arte visual. Isso não significa que as ferramentas de composição musical sempre produzem ótimos resultados, mas que você pode facilmente comprar um pacote para executar tarefas de composição. Aqui estão as duas ofertas mais populares da atualidade:

- » **Amper:** https://www.ampermusic.com/.
- » **Jukedeck:** https://www.jukedeck.com/.

LEMBRE-SE

A composição musical da IA é diferente da produção de arte visual porque as ferramentas de música existem há muito mais tempo, de acordo com o artigo em https://www.theverge.com/2018/8/31/17777008/artificial-intelligence-taryn-southern-amper-music. O falecido compositor e intérprete David Bowie usou um aplicativo antigo chamado Verbasizer (https://motherboard.vice.com/en_us/article/xygxpn/the-verbasizer-was-david-bowies-1995-lyric-writing-mac-app) em 1995, para ajudar em seu trabalho. A ideia principal aqui é que essa ferramenta ajudou, e não produziu, o trabalho. O ser humano é o talento. A IA serve como ferramenta criativa para produzir música melhor. Consequentemente, é atribuída à música uma sensação colaborativa, em vez de destinar o palco principal à IA.

NESTE CAPÍTULO

» Mostrando como as redes neurais produzem dados confiáveis

» Criando uma GAN que gera números manuscritos

» Apresentando os aplicativos de imagem e música em que as GANs brilham

Capítulo **16**
Construindo Redes Generativas Adversárias

O aprendizado profundo se tornou uma tecnologia popular, e novas pesquisas produzem descobertas cada vez mais impressionantes o tempo todo. Elas se aceleram ainda mais durante a conferência NeurIPS (https://neurips.cc/), que é palco do universo do aprendizado profundo. A conferência anual acontece em um local diferente em todo o mundo (antes da publicação deste livro, foi em Montreal, no Canadá).

A conferência disponibiliza novas tecnologias para as pessoas verem, mas algumas áreas ganham toda a atenção. Entre a impressionante variedade de aplicativos e novas tecnologias de aprendizado profundo recentemente apresentadas, estas merecem destaque: processamento de linguagem natural (especialmente para os envios pré-tratados, como o BERT, discutido no Capítulo 14); aprendizado por reforço (tema do próximo capítulo); e as redes generativas adversárias (GANs). As GANs são irreverentes. Yann LeCun, agora diretor da IA do Facebook, as define como "a ideia mais interessante nos últimos dez anos".

Este capítulo descreve o que são as GANs e demonstra como elas são capazes de gerar novos dados, especialmente imagens, de dados preexistentes. Também completa a visão geral das GANs construindo uma rede usando o Keras e o TensorFlow. Depois de ver uma GAN em ação, este capítulo discute os desenvolvimentos e realizações mais interessantes das GANs.

> **LEMBRE-SE** Economize tempo e erros decorrentes de digitar o código manualmente. A fonte para download deste capítulo está no arquivo `DL4D_16_MNIST_GAN.ipynb` (A Introdução informa onde fazer o download do código-fonte para este livro.)

Pedindo a Cabeça das Redes

Em 2014, no departamento de informática e pesquisa da Universidade de Montreal, Ian Goodfellow e outros pesquisadores (entre eles, Yoshua Bengio, um dos mais notáveis cientistas do Canadá que trabalham com redes neurais artificiais e aprendizado profundo) publicaram o primeiro artigo sobre as GANs, disponível em `https://arxiv.org/pdf/1406.2661v1.pdf` e em `https://papers.nips.cc/paper/5423-generative-adversarial-nets.pdf`. Nos meses seguintes, o material atraiu atenção e foi considerado inovador por propor uma combinação de aprendizado profundo e teoria dos jogos. A ideia se difundiu por causa de sua acessibilidade em termos de arquitetura de rede neural: é possível treinar uma GAN com um computador padrão. (A técnica funciona melhor se houver muito poder computacional investido.)

Diferentemente de outras redes neurais de aprendizado profundo que classificam imagens ou sequências, a especialidade das GANs é a capacidade de gerar dados inspirando-se nos do treinamento. Essa capacidade se torna particularmente impressionante quando lidamos com dados de imagem, porque GANs bem treinadas criam obras de arte que vão a leilão (como a obra de arte vendida na Christie's por quase meio milhão de dólares, mencionada no Capítulo 15: `https://www.dezeen.com/2018/10/29/christies-ai-artwork-obvious-portrait-edmond-de-belamy-design/`). Esse feito é ainda mais incrível porque os resultados anteriores obtidos com outras técnicas matemáticas e estatísticas estavam longe de ser fiéis ou até úteis.

Disparando a largada

O nome da rede é adversária porque a ideia subjacente crucial é a competição entre duas redes, que concorrem como adversárias. Ian Goodfellow, o principal autor do artigo original sobre as GANs, usou uma metáfora simples para descrever seu funcionamento. Goodfellow descreveu o processo como um desafio infindo entre um falsificador e um detetive: o falsificador tem que criar uma obra de arte falsa copiando a verdadeira, então começa a pintar qualquer coisa. Depois que o falsificador conclui a pintura falsa, o detetive a examina e decide se o falsificador criou uma verdadeira obra de arte ou simplesmente uma farsa. Se o detetive vê uma farsa, o falsificador é alertado de que algo está errado com o trabalho (mas não sobre onde está a falha). Quando o falsificador mostra que a arte é real, apesar do feedback negativo do detetive, o detetive recebe a notificação do erro e altera a técnica de detecção, para evitar falhas durante a próxima tentativa. Como o falsificador continua tentando enganar o detetive, tanto o falsificador quanto o detetive se especializam em suas respectivas funções. Com o tempo, a qualidade da arte produzida pelo falsificador se torna extremamente alta e ela fica quase indistinguível da arte real, exceto por alguém com um olhar especializado.

A Figura 16-1 ilustra a história das GANs como um esquema simples, no qual as entradas e as arquiteturas neurais interagem em um circuito fechado de feedbacks recíprocos. A rede generativa desempenha o papel do falsificador e uma rede discriminadora, o do detetive. As GANs usam o termo *discriminador* por causa da similaridade com os objetivos dos circuitos eletrônicos que aceitam ou rejeitam sinais com base em suas características. O discriminador da GAN aceita (erroneamente) ou recusa (corretamente) o trabalho criado pelo gerador. O aspecto interessante dessa arquitetura é que o gerador não acessa nenhum exemplo de treinamento. Somente o discriminador acessa tais dados. Ele recebe entradas aleatórias (ruído) para fornecer um ponto de partida aleatório a cada vez, o que o força a produzir resultados diferentes.

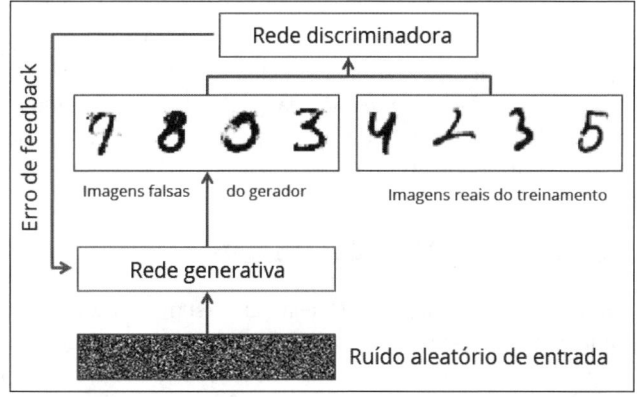

FIGURA 16-1: Como uma GAN funciona.

Parece que o gerador leva toda a glória (afinal, gera o produto de dados). No entanto, a verdadeira potência da arquitetura é o discriminador. Ele calcula erros que são retropropagados para a própria rede, a fim de aprender a melhor maneira de distinguir entre dados reais e falsos. Os erros também se propagam para o gerador, que se otimiza para fazer com que o discriminador falhe durante a rodada seguinte.

> ## O PROBLEMA DOS DADOS FALSOS
>
> Assim como uma GAN produz obras de arte impressionantes, pode gerar pessoas falsas. Veja em `https://www.thispersondoesnotexist.com/` uma pessoa que não existe. A menos que saiba como avaliar, as imagens são realmente muito convincentes. No entanto, pequenos detalhes as entregam por enquanto:
>
> - O fundo parece embaralhado ou não passa aquela sensação de realismo.
>
> - Aqueles que assistiram ao filme *Matrix* estarão familiarizados com as eventuais falhas que aparecem em algumas imagens.
>
> - A textura do pixel em primeiro plano pode não estar correta. Por exemplo, há padrões moiré (`https://photographylife.com/what-is-moire`) onde não são esperados.
>
> Só um ser humano reconhece esses problemas. Porém eles tendem a desaparecer quando as GANs melhorarem. GANs não simulam só fotos. Elas criam uma identidade humana completamente falsa em um tempo incrivelmente curto, com pouco esforço. As GANs podem ter todos os registros certos em todos os lugares certos. A tecnologia existe hoje para criar identidades humanas falsas, que apareceriam em locais nos quais seria extremamente inconveniente desarraigá-las. Esse é o tipo de problema que se precisa considerar — não robôs assassinos.

LEMBRE-SE As GANs parecem criativas. No entanto, o termo mais correto é generativas: elas aprendem com exemplos como os dados variam e geram novas amostras como se fossem retiradas dos mesmos dados. Uma GAN aprende a imitar uma distribuição de dados determinada; não cria nada. Como afirmado em outros capítulos, o aprendizado profundo não é criativo.

Resultados mais realistas

Mesmo que o conceito de uma GAN seja claro, sua arquitetura, inicialmente, é complicada. Criar um exemplo básico de GAN tornou-se bastante acessível usando o Keras com o TensorFlow, e aprender fazendo é uma boa maneira de explicar detalhes da tecnologia que, de outra forma, permaneceriam abstratos. Algumas partes do processo são complexas, mas, no final, tudo é exatamente como descrito nos parágrafos anteriores com a metáfora de Ian Goodfellow.

Nas páginas a seguir, construímos uma GAN simples que aprende a recriar números escritos à mão de zero a nove depois de aprendê-los a partir do conjunto de dados MNIST. Esse conjunto contém amostras manuscritas digitalizadas, 28x28 pixels, normalizadas (escritas por alunos de ensino médio e por funcionários do American Census Bureau), frequentemente usadas para o treinamento de sistemas de imagens. Esse conjunto de dados está no site da Yann LeCun, em http://yann.lecun.com/exdb/mnist/.

O exemplo começa importando as funções e classes necessárias. A tarefa não exige nada sofisticado, e você já lidou com o código relevante ou pelo menos o estudou:

```
import numpy as np
from keras.datasets import mnist
from keras.models import Sequential, Model
from keras.layers import Input, Dense, Dropout
from keras.layers import BatchNormalization
from keras.layers.advanced_activations import LeakyReLU
from keras.optimizers import Adam
import matplotlib.pyplot as plt
%matplotlib inline
```

Observe que o código baixa o conjunto de dados MNIST usando a função Keras mnist. A imagem distinta de 28x28 pixel se organiza em matriz e expressa valores de pixel de 0 a 255. O código os processa para torná-los úteis para uma rede de aprendizado profundo por meio destas etapas:

1. **Torne-os um vetor, isto é, uma lista de valores, reformulando os dados.**

2. **Converta os valores para o tipo de ponto flutuante usando a precisão de 32 bits adequada para GPUs, pois a versão de 64 bits é aplicável apenas ao processamento da CPU.**

3. **Redimensione os valores no intervalo de 0 a 1.**

> **DICA** A *normalização* é a transformação dos dados de imagem antes do processamento do aprendizado profundo. Há vários tipos de normalização, como redimensionar o intervalo de 0 a 1 a −1 a 1 ou aplicar a normalização estatística subtraindo a média e dividindo pelo desvio-padrão. Geralmente, o reescalonamento de todos os valores no intervalo de 0 a 1 é uma boa solução.

```
def normalize(X):
    X = X.reshape(len(X), 784)
    X = X.astype('float32')/255
    return X

(X_train, Y_train), (X_test, Y_test) = mnist.load_data()
X_train = normalize(X_train)
```

Após preparar o conjunto de dados para a rede neural aprender, prepare a arquitetura da GAN. Primeiro, defina alguns parâmetros, como o tipo de entrada de dados fornecido à GAN para gerar as imagens. Uma boa escolha para esse projeto é usar uma lista de números aleatórios. Pense neles como instruções para a GAN decidir o que representar. Aqui, há pouco controle quanto ao que a GAN faz com os números, mas, em outros modelos, é possível manipular as entradas para conseguir a saída desejada.

Também deve-se configurar o otimizador (Adam, neste caso) e definir a primeira parte da arquitetura, o gerador, que pegará a entrada aleatória e a levará por uma série de quatro camadas densas. O aspecto notável desse processo é que, com exceção da última camada, o LeakyReLU alimenta todas, o que é uma ativação que atenua as entradas negativas. O BatchNormalization controla a distribuição de saídas aplicando a normalização estatística. Essa abordagem evita que um número extremo apareça durante o treinamento.

A última camada, sobretudo, é diferente; ela gera saídas de 0 a 1 com ativação sigmoide. Esta última camada libera a imagem produzida pela GAN, tornando-a parte geradora da arquitetura. Como produz 784 saídas, cujos valores variam de 0 a 1, elas são facilmente reformuladas e redimensionadas em matrizes de 28x28 pixels, com valores de 0 a 255 (uma imagem MNIST).

```
input_dim = 100
np.random.seed(42)
optimizer = Adam(lr=0.0002, beta_1=0.5)

gen = Sequential()
gen.add(Dense(256, input_dim=input_dim))
gen.add(LeakyReLU(alpha=0.2))
gen.add(BatchNormalization())
gen.add(Dense(512))
gen.add(LeakyReLU(alpha=0.2))
gen.add(BatchNormalization())
gen.add(Dense(1024))
gen.add(LeakyReLU(alpha=0.2))
gen.add(BatchNormalization())
gen.add(Dense(784, activation='sigmoid'))
gen.compile(loss='binary_crossentropy',
            optimizer=optimizer)
```

A segunda parte da arquitetura, o discriminador, é estruturalmente semelhante ao gerador. Tem quatro camadas densas, e todas, menos a última, são alimentadas por funções de ativação LeakyReLU. O discriminador não usa BatchNormalization, mas tem Dropout para evitar o sobreajuste, porque essa parte realiza uma tarefa de classificação supervisionada. A saída é um nó único que gera um valor de probabilidade de 0 a 1. O objetivo desta parte da rede neural é diferenciar as imagens falsas produzidas pela parte geradora das imagens reais.

```
dsc = Sequential()
dsc.add(Dense(1024, input_dim=784))
dsc.add(LeakyReLU(alpha=0.2))
dsc.add(Dropout(0.3))
dsc.add(Dense(512))
dsc.add(LeakyReLU(alpha=0.2))
dsc.add(Dropout(0.3))
dsc.add(Dense(256))
dsc.add(LeakyReLU(alpha=0.2))
dsc.add(Dropout(0.3))
dsc.add(Dense(1, activation='sigmoid'))
dsc.compile(loss='binary_crossentropy',
            optimizer=optimizer)
```

Nesse ponto, a parte complicada está pronta; a primeira e a segunda metades da rede estão juntas e atuarão bem. Usando a API funcional Keras (veja detalhes em https://keras.io/getting-started/functional-api-guide/), as arquiteturas mais complexas do que as sequenciais, usadas nesta seção, são configuradas. Em suma, a parte do gerador processa a entrada e envia o resultado para a parte discriminadora. O discriminador age como uma função matemática aplicada a outras funções — ou seja, é um discriminador de funções (gerador de funções [entrada]). Dessa forma, controla-se também a otimização da rede, porque é possível congelar parte dela com a função `make_trainable` com o comando `def make_trainable(dnn, flag)`. (Na verdade, o gerador e o discriminador são treinados para maximizar os diferentes objetivos.)

```
    dnn.trainable = flag
    for l in dnn.layers:
        l.trainable = flag

make_trainable(dsc, False)
inputs = Input(shape=(input_dim, ))
hidden = gen(inputs)
output = dsc(hidden)
gan = Model(inputs, output)
gan.compile(loss='binary_crossentropy',
            optimizer=optimizer)
```

Agora, teste a configuração. Há duas funções úteis e práticas para gerar o ruído de entrada e plotar os resultados do gerador:

```python
def create_noise(n, z):
    return np.random.normal(0, 1, size=(n, z))

def plot_sample(n, z):
    samples = gen.predict(create_noise(n, z))
    plt.figure(figsize=(15,3))
    for i in range(n):
        plt.subplot(1, n, (i+1))
        plt.imshow(samples[i].reshape(28, 28),
                   cmap='gray_r')
        plt.axis('off')
    plt.show()
```

O teste real começa configurando o código para 100 épocas de treinamento e o lote de treinamento para 128 imagens. O código começa a iterar pelo número de épocas e lotes necessários para passar todas as imagens de treinamento para a GAN. Como outros exemplos no livro, este demora para ser executado. Se acessar uma GPU, é melhor executá-la no Google Colab ou em um computador com um cartão de GPU. Quando acessá-la, aguarde meia hora para que ela seja executada no Google Colab. (Sua configuração de GPU local pode ser melhor.) A amostra de exemplo pode ultrapassar várias horas para ser concluída em um sistema de CPU.

```python
epochs = 100
batch_size = 128
batch_no = int(len(X_train) / batch_size)
gen_errors, dsc_errors = (list(), list())

for i in range(0, epochs):
    for j in range(batch_no):

        # Drawing a random sample of the training set
        rand_sample = np.random.randint(0, len(X_train),
            size=batch_size)
        image_batch = X_train[rand_sample]

        # Creating noisy inputs for the generator
        input_noise = create_noise(batch_size, input_dim)

        # Generating fake images from the noisy input
        generated_images = gen.predict(input_noise)
        X = np.concatenate((image_batch,
            generated_images))
        # Creating somehow noisy labels
        y = np.concatenate([[0.9]*batch_size,
```

```
      [0.0]*batch_size])

  # Training discriminator to distinguish fakes from
  # real ones
  make_trainable(dsc, True)
  dsc_loss = dsc.train_on_batch(X, y)
  make_trainable(dsc, False)

  # Trainining generating fakes
  input_noise = create_noise(batch_size, input_dim)
  fakes = np.ones(batch_size)
  for _ in range(4):
    gen_loss = gan.train_on_batch(input_noise,
      fakes)

# Recording the losses
gen_errors.append(gen_loss)
dsc_errors.append(dsc_loss)

# Showing intermediate results
if i % 10 == 0:
  print("Epoch %i" % i)
  plot_sample(10, input_dim)
```

Conforme o código é executado por meio dos muitos cálculos, ele revisa as etapas:

1. Gerar um monte de imagens falsas usando a função geradora de forma isolada. Como essa é uma previsão simples, sem aprendizado envolvido, as imagens de saída serão completamente aleatórias no início.

2. Concatenar as imagens falsas com um lote de imagens reais.

3. Alimentar o discriminador com imagens para descobrir se ele consegue separar as falsas das reais. Essa é uma atividade de treinamento, e ele aprende a separar as imagens de última geração daquelas da fonte verdadeira.

4. Congelar o discriminador depois que terminar de aprender para que o código seja executado junto com o gerador; mas, dessa vez, apenas o gerador aprenderá. Durante esta etapa, o código alimenta algumas entradas aleatórias através do gerador para transformar em imagens e depois passar as falsificações para o discriminador, a fim de determinar se ele acreditará que são imagens reais. Quando o discriminador determinar que essas imagens são produto do gerador, o código usará sua pontuação como um erro para o gerador aprender (o sucesso do discriminador é a falha do gerador).

> **DICA**
>
> O código contém alguns truques para que a GAN sempre produza bons resultados:
>
> » Ao treinar o discriminador, os rótulos verdadeiros precisam de um pouco de incerteza, tornando-o menos severo.
> » Toda vez que o treinar, o gerador deve ser treinado quatro vezes. Isso porque aprender a gerar imagens é, na verdade, um processo mais longo, e o uso dessa abordagem o acelera.

Esses são os dois truques mais eficazes; leia mais sobre eles na página de Soumith Chintala, em https://github.com/soumith/ganhacks. Claramente, o aprendizado profundo ainda é mais uma arte (uma explicável) do que uma ciência. Plotar alguns dos resultados, conforme mostrado no código a seguir, revela que a GAN aprendeu a gerar números manuscritos quase confiáveis, embora não sejam perfeitos. Veja, na Figura 16-2, o que uma GAN faz em um tempo de aprendizado tão curto.

```
# Plotting the final result
plot_sample(10, input_dim)
```

FIGURA 16-2: Alguns resultados da GAN treinada após 100 épocas.

Observe os erros que as duas redes que compõem a GAN produziram durante o treinamento. Use o seguinte código (a Figura 16-3 mostra a saída):

```
# Plotting the errors
plt.figure(figsize=(15, 5))
plt.plot(dsc_errors, label='discriminitive loss')
plt.plot(gen_errors, label='generative loss')
plt.legend()
plt.show()
```

FIGURA 16-3: Os erros de treinamento de uma rede de geradores e discriminadores da GAN.

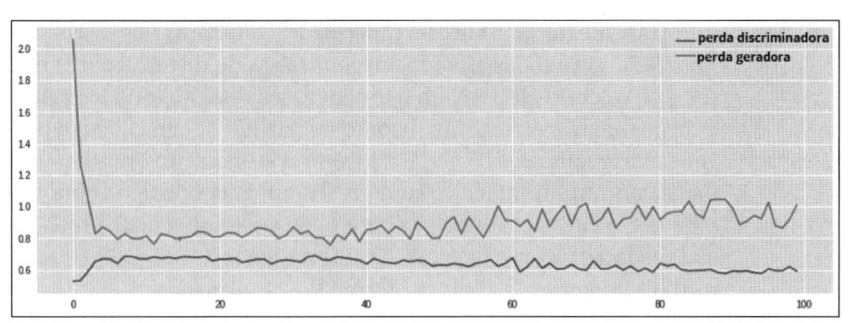

A Figura 16-3 mostra que os erros estão em uma escala diferente porque o erro do discriminador é sempre menor que o do gerador. Além disso, o erro do discriminador tende a diminuir, pois a visualização de mais exemplos o ajuda a separar as imagens falsas das reais, mesmo que o gerador melhore sua capacidade. Quanto ao gerador, os erros são bem reduzidos de início, mas tendem a se acumular novamente, porque o discriminador ganha experiência na detecção. Se executar mais épocas, verá o erro do gerador assumindo uma forma senoidal à medida que aumenta regularmente sua taxa de erros por um tempo (conforme o gerador se torna mais habilidoso) e diminui novamente (depois de descobrir novos truques para enganá-lo). É uma luta sem fim entre as duas partes da rede GAN — que produz imagens mais realistas conforme o treinamento continua.

Uma Área em Crescimento

Após começar com uma implementação simples, semelhante à que acabamos de concluir, os pesquisadores expandiram a ideia da GAN para um grande número de variantes, que tornam as tarefas mais complexas do que simplesmente criar imagens. A lista de GANs e seus aplicativos cresce a cada dia, então é difícil elencá-las. A Avinash Hindupur construiu um "GAN Zoo" rastreando todas as variantes, uma tarefa que se torna mais difícil a cada dia. (As atualizações mais recentes estão em `https://github.com/hindupuravinash/the-gan-zoo`.) Zheng Liu prefere uma abordagem histórica, e fez uma linha do tempo da GAN em `https://github.com/dongb5/GAN-timeline`. Não importa a abordagem usada, é crucial estudar como cada nova ideia brota das anteriores.

Criando fotos realistas de celebridades

A principal função das GANs é criar imagens. A primeira rede GAN que evoluiu a partir do trabalho original de Goodfellow e outros é a DCGAN, baseada em camadas convolucionais. O exemplo deste capítulo produz imagens simples e confiáveis, mas depende do uso de camadas densas, não de CNNs, que funcionam melhor quando se trabalha com dados de imagem.

A DCGAN melhorou muito as capacidades geradoras das GANs originais e logo impressionou a todos criando imagens falsas de rostos, a partir de exemplos de fotos de celebridades. É claro que nem todos os rostos criados pela DCGAN eram realistas, mas o esforço foi o ponto de partida de uma corrida para criar imagens mais realistas. EBGAN-PT, BEGAN e Progressive GAN são todas melhorias que alcançam um maior grau de realismo. Leia o artigo sobre a NVIDIA preparada em GANs progressivas para obter uma ideia mais precisa da qualidade alcançada por essas técnicas de última geração: `https://research.nvidia.com/publication/2017-10_Progressive-Growing-of`.

Outro grande aprimoramento para as GANs é a GAN condicional (CGAN). Embora uma rede que produza imagens realistas de todos os tipos seja interessante, é pouco útil quando não se consegue controlar o tipo de saída recebida. CGANs manipulam a entrada e a rede para sugerir à GAN o que deve produzir. Agora, por exemplo, há redes que produzem imagens de rostos de pessoas que não existem, com base em suas preferências, como cabelo, olhos e outros detalhes, conforme mostrado neste vídeo da NVIDIA: `https://www.youtube.com/watch?v=kSLJriaOumA`.

Detalhes e conversão de imagens

Produzir imagens de maior qualidade e possivelmente controlar a saída gerada abriu o caminho para mais aplicações. Este capítulo não tem espaço para discutir todas, mas a lista a seguir é uma visão geral do que existe hoje:

- » **GAN cíclica:** Funciona como a transferência neural (como discutido no Capítulo 10). Por exemplo, você pode transformar um cavalo em uma zebra ou uma pintura de Monet em uma que pareça de van Gogh. Explore o projeto em `https://github.com/junyanz/CycleGAN`, veja como funciona e considere as transformações aplicáveis às imagens.
- » **GAN de super-resolução (SRGAN):** Transforma imagens desfocadas de baixa resolução em imagens nítidas de alta resolução. A aplicação dessa técnica à fotografia e ao cinema é interessante porque melhora as imagens de baixa qualidade, praticamente sem custo. O artigo que descreve a técnica e os resultados está aqui: `https://arxiv.org/pdf/1609.04802.pdf`.
- » **Geração de imagem guiada de pessoas:** Controla a pose da pessoa representada na imagem criada. O artigo em `https://arxiv.org/pdf/1705.09368.pdf` apresenta usos práticos no setor de moda para gerar mais poses de um modelo, mas o que surpreende é que a mesma abordagem produz vídeos de uma pessoa dançando exatamente igual à outra: `https://www.youtube.com/watch?v=PCBTZh41Ris`

- **Pix2Pix:** Traduz esboços e mapas em imagens reais e vice-versa. Este aplicativo transforma esboços arquitetônicos em uma imagem de um edifício real e converte fotos de satélite em mapas desenhados. O artigo em `https://arxiv.org/pdf/1611.07004.pdf` discute mais possibilidades que a rede Pix2Pix oferece.
- **Editor de imagens:** Conserta ou modifica uma imagem determinando o que está faltando, foi retirado ou transformado: `https://github.com/pathak22/context-encoder`.
- **Envelhecimento de rostos:** Determina como um rosto ficará ao envelhecer. Leia sobre isso em `https://arxiv.org/pdf/1702.01983.pdf`.
- **Midi Net:** Cria músicas no seu estilo favorito, conforme descrito em `https://arxiv.org/pdf/1703.10847.pdf`.

> **NESTE CAPÍTULO**
>
> » Conhecendo o aprendizado por reforço
>
> » Testando com OpenAI Gym
>
> » Descobrindo como a Deep Q-Network (DQN) funciona
>
> » Jogando com AlphaGo, AlphaGo Zero e Alpha Zero

Capítulo **17**

Aprendendo por Reforço

Além do exemplo das GANs, é tentador associar o aprendizado profundo a previsões de aprendizado supervisionado. No entanto, ele também é usado no aprendizado não supervisionado e no aprendizado por reforço (RL). O aprendizado não supervisionado suporta várias técnicas estabelecidas, como autoencodificadores e mapas de auto-organização (SOMs), que este livro não aborda. As técnicas não supervisionadas segmentam os dados em grupos homogêneos e detectam anomalias em suas variáveis.

As técnicas de RL são ainda mais populares que as de aprendizado não supervisionado. Atualmente objeto de muitas pesquisas, o RL consegue soluções mais inteligentes para problemas como estacionar um carro, aprender a dirigir em menos de 20 minutos (como este artigo mostra: https://arxiv.org/abs/1807.00412), controlar uma indústria robô e muito mais. (Este artigo de

Yuxi Li apresenta uma lista completa de aplicativos: `https://medium.com/@yuxili/rl-applications-73ef685c07eb`.) Este capítulo fala sobre algumas dessas técnicas, incluindo o AlphaGo, que pipocou nas mídias após se tornar o primeiro algoritmo a derrotar um jogador profissional humano no Go (um antigo jogo de tabuleiro chinês) em condições niveladas.

Trabalhando com alguns exemplos confere uma experiência prática, como o OpenAI Gym (`https://gym.openai.com/`), um kit de ferramentas completo para usar com o aprendizado profundo, e o keras-rl (`https://github.com/keras-rl/keras-rl`), uma implementação pronta para uso dos algoritmos de RL de última geração, como o Deep Q-Network (DQN), do Google. O DQN é o algoritmo usado para jogar Atari 2600 em nível humano especializado e vencer. O DQN é apenas uma das possíveis aplicações dessa técnica, patenteada pelo Google DeepMind. Após mostrar como construir uma rede de exemplo de aprendizado profundo capaz de jogar bem um jogo simples, o capítulo explora como o AlphaGo funciona e por que sua vitória é um marco tão importante para o aprendizado profundo e a inteligência artificial em geral.

LEMBRE-SE Economize tempo e erros decorrentes de digitar o código manualmente. A fonte para download deste capítulo está no arquivo `DL4D_17_Reinforcement_Learning.ipynb` file. (A Introdução informa onde fazer o download do código-fonte para este livro.)

Jogando com as Redes Neurais

Quando criança, talvez você gostasse de explorar o mundo e de correr riscos para testar suas habilidades sob o olhar vigilante de seus pais. Só mais tarde você substituiu o conhecimento construído de forma empírica pelo adquirido na interação com os outros. Enquanto um algoritmo de aprendizado de máquina supervisionado lembra um aluno aprendendo sobre o mundo a partir das experiências passadas de outra pessoa, descritas em livros (nessa metáfora, experiências são os dados), um algoritmo de RL é como uma criança — uma tábula rasa que acumula o conhecimento tentando fazer algo e testando se esse conhecimento acarreta uma recompensa ou uma penalidade.

O RL confere uma maneira compacta de aprender sem reunir grandes volumes de dados, mas também envolve a interação complexa com o mundo externo. Como o RL começa sem nenhum dado, interagir com o mundo externo e receber feedback define o método que será usado para obter os dados necessários. Essa abordagem funciona com um robô, movendo-se no mundo físico, ou com um bot, vagando pelo mundo digital. Em particular, o RL parece atraente para problemas que não são fáceis de resolver usando-se apenas dados estáticos (recebidos). Exemplos de tais problemas são ensinar um computador a jogar sozinho ou descobrir o melhor resultado possível em situações de incerteza, como a otimização da publicidade online. A publicidade é um dos melhores exemplos porque o aplicativo precisa expor as campanhas certas para o público-alvo certo, mas lhe falta experiência (para dados estáticos ou existentes) porque todas as campanhas são novas.

Apresentando o aprendizado por reforço

No RL, há um agente (um robô, no mundo real, ou um bot, no digital) interagindo com um ambiente cujo mundo é virtual ou de outro tipo que tenha as próprias regras. O agente recebe informações do ambiente (chamado de *estado*) e age sobre ele, às vezes, alterando-o. Mais importante, o agente recebe uma entrada do ambiente, positiva ou negativa, com base na sequência de ações ou inações. A entrada é uma *recompensa* mesmo quando negativa. O objetivo do RL é fazer com que o agente aprenda como se comportar para maximizar a soma total das recompensas recebidas durante sua experiência dentro do ambiente.

É possível determinar a relação entre o agente e o ambiente da Figura 17-1. Observe os índices de tempo. Se considerar o instante presente no tempo como t, o instante anterior é $t - 1$. No tempo $t - 1$, o agente age e recebe um estado e uma recompensa do ambiente. Com base nos conjuntos de valores relativos à ação no tempo t, estado no tempo $t - 1$ e recompensa no tempo t, um algoritmo RL aprende a ação para obter um certo estado de ambiente.

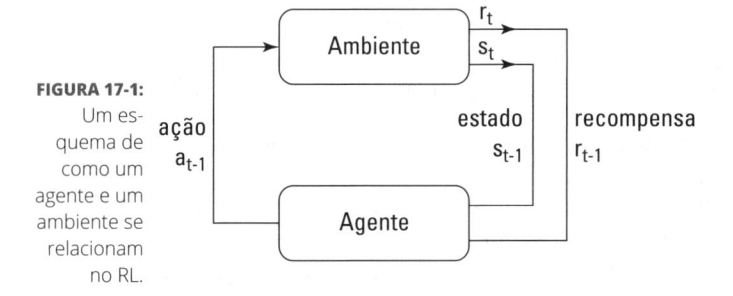

FIGURA 17-1: Um esquema de como um agente e um ambiente se relacionam no RL.

Ian Goodfellow, o cientista de pesquisa de IA por trás da criação de GANs, acredita que uma melhor integração entre RL e aprendizado profundo é prioridade para novos avanços em aprendizado profundo. Uma melhor integração leva a robôs mais inteligentes (veja detalhes em `https://www.forbes.com/sites/quora/2017/07/21/whats-next-for-deep-learning/#36131b871002`). A integração está em alta, mas, até recentemente, o RL era mais ligado a estatísticas e algoritmos do que às redes neurais. Algumas pessoas tentaram fazer os dois operarem juntos mais cedo. No início dos anos 1990, Gerald Tesauro, no centro de pesquisas da IBM, criou uma maneira de um computador aprender a jogar gamão (um dos mais antigos jogos de tabuleiro conhecidos: `http://`

www.bkgm.com/rules.html) e derrotar um campeão mundial (humano). Ele usou muito bem uma rede neural para alimentar um algoritmo de RL, criando um programa de computador que chamou de TD-Gammon. O TD-Gammon despertou grande interesse na aplicação de redes neurais para problemas de RL, então muitas pessoas, depois de Tesauro, tentaram mostrar outros usos possíveis para a técnica, mas todas falharam, e a ideia morreu.

Mais tarde, alguns pesquisadores notaram que o gamão é um jogo baseado, em parte, no acaso. Outros jogos (como o xadrez ou o Go) e problemas do mundo real, que não respondem bem a uma combinação de aprendizado profundo e RL, não dependem da sorte. A falta de um componente de sorte explica apenas parcialmente o problema de fazer com que o aprendizado profundo funcione bem com alguns jogos (por exemplo, o pôquer é um jogo de azar, mas está além do alcance do RL e do aprendizado profundo há algum tempo). Apesar da sacada de que o aprendizado profundo funciona melhor na incerteza, os cientistas ainda tinham conseguido encontrar uma solução que permitisse às redes neurais suportarem o RL em novos problemas até alguns anos depois, quando a equipe de pesquisa do Google comprovou o contrário.

No Google DeepMind, eles adotaram uma técnica de RL bem conhecida, o Q-learning, e fizeram com que funcionasse com o aprendizado profundo, e não com o algoritmo clássico de computação. A nova variante, o Deep Q-Learning, usa tanto convoluções quanto camadas densas regulares para obter a entrada do problema e processá-la. Essa solução não só uniu o aprendizado profundo e o RL, mas também resultou em capacidades sobre-humanas para jogar alguns jogos do Atari 2600 (veja https://www.youtube.com/watch?v=V1eYniJ0Rnk). O algoritmo aprendeu a jogar em um tempo relativamente curto e encontrou estratégias inteligentes usadas pelos jogadores humanos mais habilidosos.

DICA

A equipe do DeepMind também publicou um artigo sobre o tema (https://storage.googleapis.com/deepmind-media/dqn/DQNNaturePaper.pdf). Apesar do tópico altamente técnico, é bastante acessível. Ele ilustra por que o Deep Q-Learning funciona com determinados jogos e não com outros. O problema ocorre quando a rede neural precisa desenvolver estratégias complexas de longo prazo.

Simulando ambientes de jogos

Mesmo que os conjuntos de dados não estejam pré-configurados ao se trabalhar com RL (o que significa que não é preciso coletar e rotular dados), é necessário considerar as interações entre o algoritmo e o mundo externo, o que é um desafio diferente. Por exemplo, para construir um algoritmo de RL que o derrote no xadrez, primeiro se deve construir um jogo de computador de xadrez que incorpore todas as regras do jogo. O algoritmo interagirá com esse conjunto de regras como parte da entrada.

Para permitir que mais pesquisadores e profissionais avancem com esse pré-requisito, a OpenAI (https://openai.com/), uma empresa de pesquisa de IA sem fins lucrativos, desenvolveu o pacote de ginástica de código aberto. (Você pode encontrar o código em https://github.com/openai/gym e o documento descrevendo a solução em https://arxiv.org/pdf/1606.01540.pdf.) O Gym é um kit de ferramentas completo para ajudar todos a desenvolver algoritmos de RL aplicados a problemas básicos e desafiadores, oferecendo ambientes de uso.

LEMBRE-SE

O OpenAI Gym verifica se os algoritmos são de escopo geral, pois todos os ambientes usam a mesma interface de comando. Você apenas muda o nome do ambiente para testar a solução de RL em outra situação.

O pacote também tem um site no qual postar pontuações, comparando seu algoritmo de RL a outras soluções. O pacote gym é facilmente instalável, bem como seus pré-requisitos, em seu computador (o pacote h5py) a partir do shell do Anaconda usando esses comandos (o pip se conectará à internet para obter os pacotes e instalá-los localmente):

```
pip install h5py
pip install gym
conda install -c menpo ffmpeg
```

PAPO DE ESPECIALISTA

Diferentemente de outros exemplos do livro, os deste capítulo não são exibidos no Google Colab por motivos técnicos. Os procedimentos são muito complexos. O código precisa ser executado em seu computador.

Com o Gym, não é mais necessário se preocupar com o ambiente. Há ambientes diferentes disponíveis, alguns apresentando tarefas algorítmicas (como aprender a copiar uma sequência), alguns baseados em texto, alguns relacionados à robótica (como controlar o braço de um robô) e há um número maior baseado nos antigos jogos de arcade Atari, como Space Invaders ou Breakout. Os ambientes disponíveis estão em https://gym.openai.com/envs/. Você começa com um ambiente clássico, conforme descrito na literatura científica do RL, depois, explora as outras possibilidades oferecidas pelo pacote.

LEMBRE-SE

Estudar como resolver jogos usando o RL também ajuda a criar melhores soluções para problemas do mundo real. Na Uber, os engenheiros estudam algoritmos de RL, contemplam como o RL opera e fazem engenharia reversa de como ele toma decisões para desenvolver confiança na IA, como se lê no blog de engenharia da Uber, em https://eng.uber.com/atari-zoo-deep-reinforcement-learning/.

O Gym é estruturado em torno dos princípios centrais do RL, portanto há funções e métodos para descrever o agente e o ambiente. O agente também pode executar uma ação ou ficar inerte dentro do ambiente, que responderá fornecendo feedback de duas formas: um novo estado, que resume a nova situação dentro do ambiente, e uma recompensa por uma pontuação, indicando sucesso ou fracasso. A única parte que se precisa codificar é o RL, e é possível iniciar um exemplo básico usando algumas linhas de Python.

O ambiente para o experimento RL é o problema CartPole (veja `https://gym.openai.com/envs/CartPole-v1/` para detalhes). Um poste se encaixa livremente em um carrinho que se move ao longo de uma trilha (o atrito não é levado em consideração). O pêndulo começa na vertical, em equilíbrio instável, e o objetivo do ambiente é evitar que ele caia (o que requer um ângulo maior do que 15 graus da vertical). Para as ações, determina-se o aumento ou a redução da velocidade do carrinho em uma direção ou outra.

A Figura 17-2 mostra uma representação do ambiente dada pelo pacote OpenAI Gym. Um exemplo de como equilibrar um CartPole nesse experimento do mundo real é dado pelo departamento de engenharia do instituto de educação tecnológica de Creteat, em `https://www.youtube.com/watch?v=XWhGjxdug0o`.

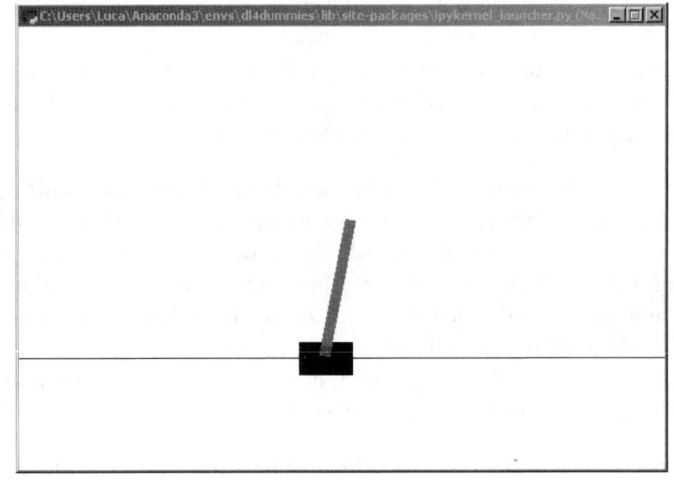

FIGURA 17-2:
O ambiente CartPole no OpenAI Gym.

O ambiente CartPole opera relatando observações destes estados:

- Posição do carrinho.
- Velocidade do carrinho.
- Ângulo do poste.
- Velocidade do poste na dica.

O ambiente é manipulado com base nestes estados:

- Empurrando o carrinho para a esquerda.
- Empurrando o carrinho para a direita.

O código a seguir cria o ambiente e testa alguns comandos aleatórios:

```
import numpy as np
import gym
env = gym.make('CartPole-v0')
np.random.seed(42), env.seed(42)
nb_actions = env.action_space.n
input_shape = (1, env.observation_space.shape[0])
```

Para criar o ambiente, basta um único comando `make`, que retorna uma classe Python usada para obter informações gerais sobre ele (por exemplo, sobre ações executáveis com o `env.action_space`), controlando o fluxo de tempo ou executando alguma ação específica dentro do ambiente.

As próximas linhas redefinem o ambiente recém-criado. Tudo retorna à posição inicial (alguns aspectos do ambiente são decididos aleatoriamente). O código usa um loop de 200 iterações para executar várias ações aleatórias amostradas do intervalo das possíveis ações (uma força aplicada ao carrinho, variando de -1 para +1). Quando as iterações se completam, o jogo termina em fracasso (quando o poste está a mais de 15 graus da vertical), ou o carrinho move mais de 2,4 unidades do centro, a variável concluída se torna verdadeira, e o experimento termina (o número de passos varia porque o processo de escolhas é aleatório).

```
observation = env.reset()
for t in range(200):
  env.render()
  act = env.action_space.sample()
  obs, rwrd, done, info = env.step(act)
  if done:
     print("Episode concluded after %i timesteps" % (t+1))
     break
env.close()
```

Apresentando o Q-learning

Construir uma solução de RL baseada em aprendizado profundo requer um grande esforço de codificação, mas você pode aproveitar um pacote existente, keras-rl (https://github.com/keras-rl/keras-rl), que contém os mais recentes algoritmos de RL de última geração. Esse pacote, desenvolvido por Matthias Plappert, um cientista pesquisador que trabalha no OpenAI, integra-se perfeitamente às redes neurais construídas com os ambientes Keras e OpenAI. O pacote é instalado emitindo-se este comando em um shell:

```
pip install keras-rl
```

Depois de instalar o keras-rl, importe as funções necessárias do Keras (para a solução de RL, use uma rede neural) e as especializadas do keras-rl para criar um agente de RL. (Os detalhes sobre como eles funcionam aparecem mais tarde neste capítulo.)

```
from keras.models import Sequential
from keras.layers import Dense, Activation
from keras.layers import Flatten, Dropout
from keras.optimizers import Adam
from rl.agents.dqn import DQNAgent
from rl.policy import EpsGreedyQPolicy
from rl.memory import SequentialMemory
```

O primeiro passo é construir uma rede capaz de descobrir o resultado em termos de recompensa de um certo estado de ambiente. Essa é a abordagem do *aprendizado baseado em valor*, e é a ideia por trás do Deep Q-Network e do Deep Q-Learning: determinar a recompensa depois de tomar certa ação, considerando o estado atual. Essa técnica não considera diretamente ações passadas e o estado associado ou a sequência completa de ações que um agente deve realizar, mas funciona de forma eficaz para muitos problemas, apontando a melhor ação entre as alternativas.

```
model = Sequential()
model.add(Flatten(input_shape=input_shape))
model.add(Dense(12))
model.add(Activation('relu'))
model.add(Dense(nb_actions))
model.add(Activation('linear'))

print(model.summary())
```

A rede neural que o código cria é simples, composta de três camadas de números decrescentes de neurônios. Todas as camadas são ativadas por uma função ReLU, mas a camada final é ativada linearmente para obter um valor de saída que é usado como a ação que o bot executará.

LEMBRE-SE O algoritmo DQN não entende como o ambiente funciona. Associando ao comportamento humano, o algoritmo simplesmente combina estados e ações às recompensas esperadas, o que é feito usando uma função matemática. O algoritmo, portanto, não consegue entender se está jogando um determinado jogo; sua compreensão do ambiente é limitada ao conhecimento do estado relatado, decorrente das ações.

Essa rede neural é alimentada pelo algoritmo DQN, junto com uma política (uma função que escolhe uma sequência de ações) e uma memória de ações e estados. A memória é necessária para permitir que o exemplo treine uma rede neural. Ele registra as experiências anteriores do agente com o ambiente e o código extrai uma série de ações considerando um estado. A rede neural usa a memória para aprender a estimar a provável recompensa de uma ação realizada em um estado.

A política Eps Greedy Q executa um dos seguintes procedimentos:

» Realiza uma ação aleatória com a probabilidade epsilon.
» Realiza uma ação atual melhor com a probabilidade (1 - epsilon).

As duas políticas mostram a troca investigação/exploração. Quando a função de política Eps Greedy Q escolhe aleatoriamente uma ação para executar, o algoritmo está investigando, porque toma uma decisão sobre uma ação inesperada, que leva a um resultado interessante. Por exemplo, no jogo Atari Breakthrough, escavar um buraco na parede e fazer a bola enlouquecer, destruindo a parede de cima, é claramente uma estratégia que surgiu aleatoriamente por investigação e que o algoritmo de RL gravou e aprendeu como extremamente útil.

```
policy = EpsGreedyQPolicy(eps=0.3)
memory = SequentialMemory(limit=50000,
                          window_length=1)

dqn = DQNAgent(model=model,
               nb_actions=nb_actions,
               memory=memory,
               nb_steps_warmup=50,
               target_model_update=0.01,
               policy=policy)

dqn.compile(Adam(lr=0.001))

training = dqn.fit(env, nb_steps=30000,
                   visualize=False, verbose=1)
```

O sistema se treina com a mesma abordagem utilizada por outras redes de aprendizado profundo. Após concluir seu aprendizado, a partir de 30 mil exemplos, ele está pronto para testar:

```
env = gym.make('CartPole-v0')
mon = gym.wrappers.Monitor(env,
                           "./gym-results",
                           force=True)
mon.reset()
dqn.test(mon, nb_episodes=1, visualize=True)
mon.close()
env.close()
```

O teste deve terminar com uma alta recompensa (o resultado esperado é de cerca de 200, mas pode ser diferente porque o teste tem um elemento de treinamento aleatório). Reveja o comportamento do carrinho usando as diretivas DQN encontradas no vídeo que gravou durante o teste:

```
import io
import base64
from IPython.display import HTML

template =
```

```
  './gym-results/openaigym.video.%s.video000001.mp4'
video = io.open(template % mon.file_infix, 'r+b').read()
encoded = base64.b64encode(video)
HTML(data='''
<video width="520" height="auto" alt="test" controls>
<source src="data:video/mp4;base64,{0}"
 type="video/mp4"/>
</video>'''.format(encoded.decode('ascii')))
```

Esmiuçando o Alpha-Go

Xadrez e Go são dois jogos de tabuleiro populares que compartilham características, como ser jogados por dois jogadores que se movem em turnos e não têm um elemento aleatório (nenhum dado é jogado, como no gamão). Além disso, eles têm regras e complexidades diferentes. No xadrez, cada jogador tem 16 peças que se movem pelo tabuleiro de acordo com seu tipo, e o jogo termina quando a peça do rei fica sem saída (xeque-mate) — incapaz de avançar. Os especialistas calculam que há cerca de 10^{123} jogos de xadrez possíveis, o que é um número grande quando se considera que os cientistas estimam o número de átomos no Universo conhecido em cerca de 10^{80}. No entanto, os computadores dominam um único jogo de xadrez determinando os possíveis movimentos longe o suficiente para ter uma vantagem contra qualquer oponente humano. Em 1997, o Deep Blue, um supercomputador da IBM programado para jogar xadrez, derrotou Garry Kasparov, o campeão mundial.

LEMBRE-SE Um computador não prefigura um jogo de xadrez completo usando força bruta (calculando todos os movimentos possíveis do começo ao fim do jogo). Ele usa algumas heurísticas e sua capacidade de analisar um certo número de movimentos futuros. O Deep Blue é um computador com alto desempenho computacional, que antecipa mais movimentos futuros no jogo do que qualquer computador anterior a ele.

No Go, há uma grade de 19x19 linhas contendo 361 pontos, nos quais cada jogador coloca uma pedra (geralmente, preta ou branca) cada vez que um jogador joga. O objetivo do jogo é colocar mais pedras no tabuleiro do que o oponente. Considerando que, em média, cada jogador tem cerca de 250 movimentos possíveis em cada turno, e que um jogo consiste de cerca de 150 jogadas, um computador precisaria de memória suficiente para guardar 150^{250} jogos, o que é da ordem de 10^{360} tabuleiros. Do ponto de vista dos recursos, o Go é mais complexo do que o xadrez, e os especialistas acreditavam que nenhum software de computador seria capaz de vencer um mestre humano Go na próxima década usando a mesma abordagem do Deep Blue. No entanto, o AlphaGo conseguiu a façanha com técnicas de RL.

O DeepMind, um centro de pesquisa do Google, em Londres, desenvolveu um sistema de computador chamado AlphaGo, em 2016, que apresentava habilidades para jogar Go nunca antes atingidas por qualquer solução de hardware e software. Depois de configurar o sistema, o DeepMind testou o AlphaGo contra o mais forte campeão do Go que vivia na Europa, Fan Gui, que fora campeão europeu de Go três vezes. O DeepMind desafiou-o em uma partida a portas fechadas, e o AlphaGo venceu todos os jogos, deixando Fan Gui impressionado com o estilo de jogo demonstrado pelo computador.

Então, depois que Fan Gui ajudou a refinar as habilidades do AlphaGo, a equipe do DeepMind, liderada pelo CEO Demis Hassabis e cientista-chefe David Silver, desafiou Lee Sedol, um jogador profissional sul-coreano no nono dan, o nível mais alto a que um mestre chega. O AlphaGo ganhou uma série de quatro jogos contra Lee Sedol e perdeu apenas um. Tirando o jogo que perdeu por causa de um movimento inesperado do campeão, levou os outros e o surpreendeu, fazendo movimentos inesperados e impactantes. Na verdade, ambos os jogadores, Fan Gui e Lee Sedol, acharam que jogar contra o AlphaGo foi como jogar contra um concorrente advindo de uma realidade paralela: os movimentos do AlphaGo nunca tinham sido vistos.

> **DICA**
> A história por trás do AlphaGo é tão fascinante que virou filme. Vale a pena assistir, em `https://www.imdb.com/title/tt6700846/`.

Sabendo se você está pronto para vencer

No xadrez, é possível explorar movimentos futuros e ir longe com o computador certo. O número de peças, seus movimentos limitados e o estado do tabuleiro determinam o que tem mais probabilidade de acontecer. Além disso, pode-se avaliar quão bem o jogo está progredindo ou como um movimento varia por causa da natureza do jogo em si (as peças de xadrez têm um valor). No Go, não há como fazer essas determinações porque o número de movimentos possíveis se altera apenas alguns movimentos à frente. Além disso, o valor do movimento não é determinável porque o jogo precisa ser concluído antes de se entender como cada movimento contribuiu para o desfecho.

Como a estratégia subjacente ao Go difere da do xadrez, os programas de computador que jogam Go usam outra abordagem para determinar quais movimentos devem ser feitos. Essa abordagem é chamada de pesquisa de árvore de Monte Carlo (MCTS). Na MCTS, o computador simula muitos jogos completos do estado atual do tabuleiro, primeiro usando movimentos aleatórios e, em seguida, usando os movimentos mais bem-sucedidos que encontrou durante o jogo aleatório. Isso não é muito diferente da abordagem de investigação/exploração do RL. Usando essa abordagem, um computador determina se um movimento no Go é bom ou não, simulando jogos suficientes para obter uma resposta confiável.

O AlphaGo usa o MCTS, mas é compatível com o processamento do algoritmo de redes neurais. O sistema é feito de dois componentes:

» **Uma olhada em um futuro sistema de movimentação:** Um método de previsão semelhante ao usado pelo Deep Blue. É um sistema de pesquisa de árvores porque se ramifica pelas possíveis jogadas, usando a MCTS.

» **Algumas CNNs:** Orientam o sistema de pesquisa de árvores.

Há dois tipos de redes de aprendizado profundo: de políticas e de valores. Ambas as redes processam a imagem da placa, procurando padrões locais e gerais, como os usados no processamento de imagens que diferencia entre um cão e um gato. O papel das duas redes de políticas (uma mais lenta, porém mais precisa; uma mais rápida, porém mais complexa) é orientar a seleção de ações. Essas redes de políticas geram uma probabilidade para cada movimento possível, de modo que o MCTS simula jogos realistas com base em sugestões, não aleatoriamente. A rede de valor fornece uma probabilidade de ganhar, dado o estado da placa.

Ao usar as duas redes de valor, que conferem uma intuição da situação do jogo, e a rede de políticas, que ajuda o computador a prefigurar o futuro, o AlphaGo propicia a melhor estratégia e os melhores movimentos durante o jogo.

Como essa arquitetura não é de ponta a ponta, porque envolve muitos sistemas diferentes, os engenheiros do DeepMind treinaram o AlphaGo primeiramente usando jogos executados por amadores fortes para abrir o caminho para as redes neurais. (Eles usaram 160 mil jogos amadores de uma comunidade online de Go.) Por fim, deixaram o AlphaGo jogar contra si mesmo para aprender como melhorar e refinar suas habilidades no jogo. Aqui, as técnicas de RL tiveram um papel fundamental: ensinaram os computadores a jogar gamão, xadrez, pôquer, scrabble e, finalmente, a fazer o AlphaGo desafiar-se milhões de vezes, trabalhando no tipo de ambiente rápido e intenso de construção de experiência com que os humanos não conseguem lidar.

David Silver, pesquisador-chefe do projeto AlphaGo, declarou que o autoaprendizado é eficaz na construção de sistemas inteligentes porque o oponente que esses sistemas enfrentam está sempre no nível certo de habilidade — nunca muito baixo nem muito alto. Deixar um sistema aprender jogando contra si mesmo foi algo que aconteceu com o TD-Gammon, em 1992, bem como com o computador WOPR, no filme *WarGames*, de 1983. (Nesse sentido, o computador WOPR é tão emblemático para a IA quanto o HAL9000 em *2001: Uma Odisseia no Espaço*.)

Aplicando o autoaprendizado em escala

A equipe do DeepMind, que criou o AlphaGo, não parou após o sucesso de sua solução: aposentou o AlphaGo e criou sistemas ainda mais incríveis. Primeiro, a equipe construiu o AlphaGo Zero, que é o AlphaGo treinado jogando contra ele mesmo. Então criou o Alpha Zero, um programa genérico que aprende sozinho a jogar xadrez e shogi, o xadrez japonês.

Se o AlphaGo demonstrou como resolver um problema considerado impossível para os computadores, o AlphaGo Zero demonstrou que os computadores obtêm supercapacidades usando o autoaprendizado (que é, basicamente, o RL). No fim das contas, seus resultados foram ainda melhores do que aqueles que partiram da experiência humana: o AlphaGo Zero desafiou o AlphaGo e venceu 100 partidas, sem perder nenhuma.

Um artigo publicado na *Nature* (disponível no site do DeepMind, em `https://deepmind.com/research/publications/mastering-game-go-without-human-knowledge/`) explica que o AlphaGo Zero começou a aprender fazendo movimentos aleatórios. Essa abordagem é semelhante à forma como o algoritmo de reforço DQN aprendeu a equilibrar um carrinho no exemplo de codificação. Em cerca de 29 milhões de jogos que jogou sozinho, o AlphaGo Zero atingiu um nível superior ao do AlphaGo. Além disso, o AlphaGo Zero é menos complexo em termos de modelos de aprendizado profundo e hardwares necessários. Ele precisa de um único computador e de 4 dos chips TPU personalizados do Google, enquanto o AlphaGo original demandava várias máquinas e 48 TPUs.

O AlphaGo, o AlphaGo Zero e o Alpha Zero são o divisor de águas do RL, assim como uma esperança para futuras aplicações. Na verdade, além de jogar Go, xadrez e shogi, esses sistemas não fazem mais nada. Como o Deep Blue, eles concentram-se em uma única tarefa que executam em um nível qualitativamente sobre-humano. Os pesquisadores do DeepMind vislumbram outras possíveis aplicações que agora são difíceis e desafiadoras para os seres humanos, como dobrar proteínas, otimizar o consumo de energia em uma rede ou descobrir novas substâncias químicas.

SACANDO A IMPORTÂNCIA DO ALPHA ZERO

A proeza do Alpha Zero é mais notável que a do AlphaGo. Este livro destaca o papel dos dados em aprimorar o desempenho do aprendizado profundo. Mais dados com um modelo simples superam um algoritmo mais inteligente que tenha menos dados. Porém o Alpha Zero atingiu o ápice do desempenho começando com nenhum dado. Essa capacidade extrapola a ideia de que os dados são supremos para toda forma de IA (como Alon Halevy, Peter Norvig e Fernando Pereira afirmaram, anos atrás, no artigo em `https://static.googleusercontent.com/media/research.google.com/it//pubs/archive/35179.pdf`). O Alpha Zero existe porque conhecemos os processos geradores usados pelos jogadores de Go, e os pesquisadores do DeepMind conseguiram recriar um ambiente de Go perfeito.

Quantos às leis, há muitas situações além do Go. Os cientistas conhecem as leis básicas que regem o mundo físico porque as investigam há séculos, com as mentes mais brilhantes tentando entendê-las — de Isaac Newton a Albert Einstein e Stephen Hawking. Esse conhecimento abre as portas para a criação de modelos geradores que replicam e simulam os processos de pensamento usados para criar os dados necessários para que o aprendizado profundo e os modelos de IA aprendam. Se esse processo parecer muito avançado, observe: ele já está aqui. As pessoas já discutem como um videogame ajuda a construir carros melhores, como se lê no artigo em `https://www.inverse.com/article/26307-grand-theft-auto-open-ai`.

4 A Parte dos Dez

NESTA PARTE...

Considere aplicações reais do aprendizado profundo.

Encontre as melhores ferramentas para tarefas de aprendizado profundo.

Descubra uma profissão que faz uso do aprendizado profundo.

NESTE CAPÍTULO

» Interagindo diretamente com pessoas

» Verificando a eficácia de tecnologias verdes

» Usando a probabilidade para prever o futuro

» Imitando processos criativos

Capítulo 18
Dez Aplicações do Aprendizado Profundo

Este capítulo é curtinho. Nem sequer resume as maneiras como o aprendizado profundo o afeta. Considere este capítulo um petisco tentador — um aperitivo que abre seu apetite para explorar ainda mais o mundo do aprendizado profundo. Algumas das aplicações presentes aqui já são comuns. É provável que já tenha usado pelo menos uma delas hoje — e, mais ainda, que tenha usado várias. Depois de ler este capítulo, reserve um tempinho para considerar as maneiras como o aprendizado profundo afeta sua vida. Embora a tecnologia esteja sendo usada de maneira ampla, esse é apenas o começo. Estamos no início de uma nova geração e a IA ainda é apenas um embrião.

Este capítulo não fala de robôs assassinos, futuros distópicos, revolta das máquinas ou qualquer um dos cenários fantásticos que vemos nos filmes. Retrata a vida real, abordando as aplicações de IA existentes com as quais se pode interagir.

Recuperando a Cor de Imagens e Vídeos em Preto e Branco

Provavelmente você tem alguns vídeos ou fotos em preto e branco de membros da família ou eventos especiais que adoraria ver em cores. A cor consiste em três elementos: matiz (a cor atual), brilho (o quanto a cor se escurece ou clareia) e saturação (a intensidade da cor). Leia mais sobre esses elementos em `http://learn.leighcotnoir.com/artspeak/elements-color/hue-value-saturation/`. Curiosamente, muitos dos artistas daltônicos usam variações de brilho em suas criações (veja um exemplo em `https://www.nytimes.com/2017/12/23/books/a-colorblind-artist-illustrator-childrens-books.html`). Então, a ausência de matiz (elemento que a arte em preto e branco não possui) não é o fim do mundo. Muito pelo contrário, alguns artistas veem essa ausência como vantagem (veja `https://www.artsy.net/article/artsy-editorial-the-advantages-of-being-a-colorblind-artist` para obter mais detalhes).

Ao visualizar algo em preto e branco, você vê brilho e saturação, mas não vê matiz. A *colorização* é o processo de adicionar o matiz novamente. Os artistas geralmente realizam esse processo por meio de uma seleção minuciosa de cores, conforme está descrito em `https://fstoppers.com/video/how-amazing-colorization-black-and-white-photos-are-done-5384` e `https://www.diyphotography.net/know-colors-add-colorizing-black-white-photos/`. No entanto, a IA automatizou esse processo usando redes neurais convolucionais (CNNs), conforme descrito em `https://emerj.com/ai-future-outlook/ai-is-colorizing-and-beautifying-the-world/`.

LEMBRE-SE A maneira mais fácil de usar a CNN para colorização é encontrar uma biblioteca para ajudá-lo. O site Algorithmia em `https://demos.algorithmia.com/colorize-photos/` dispõe de uma baita biblioteca e mostra alguns exemplos de códigos. Ou teste a aplicação colando um link no espaço apropriado. O artigo em `https://petapixel.com/2016/07/14/app-magically-turns-bw-photos-color-ones/` descreve o quanto essa aplicação funciona bem. É fantástico!

Reconhecendo Movimentos Humanos em Tempo Real

O reconhecedor de movimentos humanos não identifica quem está em um vídeo, mas que membros de uma pessoa estão no vídeo. Por exemplo, um reconhecedor de movimentos informa se o cotovelo da pessoa aparece no vídeo e onde aparece. O artigo em `https://medium.com/tensorflow/real-time-human-pose-estimation-in-the-browser-with-tensorflow-js-7dd0bc881cd5` explica como toda a técnica de reconhecimento funciona. Na verdade, ele mostra como o sistema funciona por meio do gif de uma pessoa, no primeiro caso, e de três pessoas, no segundo caso.

O reconhecimento de movimentos humanos possui inúmeras utilidades. Por exemplo, ajuda as pessoas a melhorar seu desempenho em diversos tipos de esportes — desde golfe até boliche. O reconhecimento também impulsiona a criação de jogos de videogame. Imagine ser capaz de rastrear o posicionamento de um jogador sem a atual variedade de equipamento necessário. Teoricamente, o reconhecimento de movimentos humanos também efetua perícias criminais e determina a probabilidade de uma pessoa cometer um crime.

Outra aplicação interessante do reconhecimento de movimentos humanos é para fins médicos e de reabilitação. Softwares baseados em aprendizado profundo informam se você está realizando seus exercícios corretamente e acompanham seu desenvolvimento. Uma aplicação desse tipo auxiliaria o trabalho de um mentor em reabilitação, cuidando de você quando não estivesse em um centro médico (uma atividade chamada telerreabilitação). Veja `https://matrc.org/telerehabilitation-telepractice` para obter detalhes).

LEMBRE-SE

Felizmente, dá para começar a trabalhar com o reconhecimento de movimentos hoje usando a biblioteca tfjs-models (PoseNet) em `https://github.com/tensorflow/tfjs-models/tree/master/posenet`. Teste-o com uma webcam, complementada pelo código-fonte em `https://ml5js.org/docs/posenet-webcam`. Demora um pouco para carregar, então seja paciente.

Analisando o Comportamento em Tempo Real

A análise de comportamento dá um passo além do reconhecimento de movimento humano, descrito na seção anterior. Quando você realiza uma análise de comportamento, a questão não é quem, mas como. Essa aplicação específica da IA afeta a maneira como os fornecedores criam produtos e sites. Artigos como o https://amplitude.com/blog/2016/06/14/10-steps-behavioral-analytics se concentram em definir e caracterizar, de maneira completa, o uso da análise de comportamento. Na maioria dos casos, a análise de comportamento o ajuda a ver como o processo que o designer do produto espera que você siga não corresponde ao processo que você realmente usa.

A análise do comportamento também desempenha um papel em outras áreas da vida. Por exemplo, ajuda médicos a prever problemas em pessoas que têm sintomas específicos, como autismo, e ajuda o paciente a superá-los (veja detalhes em https://www.autismspeaks.org/applied-behavior-analysis-aba-0). A análise do comportamento também ajuda professores de artes a mostrar aos alunos como aprimorar suas habilidades. Ela também é aplicada à área jurídica para descobrir motivações. (A responsabilidade é óbvia, mas o que leva uma pessoa a fazer algo é essencial para uma remediação justa de um comportamento indesejado.)

DICA Felizmente, você já pode começar a fazer análises de comportamento com o Python. Por exemplo, o site https://rrighart.github.io/GA/ fala a respeito da técnica (e também fornece código-fonte) em relação à análise de web analytics.

Traduzindo Idiomas

A internet criou um ambiente que possibilita não saber com quem você realmente está falando, onde está essa pessoa ou, às vezes, até mesmo quando ela está falando com você. No entanto, algo não mudou: a necessidade de traduzir um idioma para outro quando os interlocutores não falam um idioma em comum. Em alguns casos, um equívoco de tradução se torna algo engraçado, supondo que os interlocutores tenham senso de humor. No entanto, esses equívocos também levam a diversos tipos de sérias consequências, incluindo a guerra (veja https://unbabel.com/blog/translation-errors-war-iraq-hiroshima-vietnam/). Consequentemente, embora softwares de tradução sejam facilmente acessíveis na internet, é necessário selecionar com cuidado qual produto usar. Um dos mais populares dentre esses aplicativos é o Google Tradutor (https://translate.google.com/), mas muitos outros

estão disponíveis, como o DeepL (https://www.deepl.com/en/translator).
De acordo com a *Forbes*, a tradução automática é uma das áreas em que a IA
se destaca (veja https://www.forbes.com/sites/bernardmarr/2018/08/24/
will-machine-learning-ai-make-human-translators-an-endangered-
species/#114274573902).

LEMBRE-SE Os aplicativos de tradução geralmente dependem de redes neurais recorrentes bidirecionais (BRNNs), conforme descrito em https://blog.statsbot.co/
machine-learning-translation-96f0ed8f19e4. Não é preciso criar a própria
BRNN porque há muitas APIs disponíveis. Por exemplo, é possível obter acesso
ao Python pela API do Google Tradutor, usando a biblioteca encontrada em
https://pypi.org/project/googletrans/. A questão é que a tradução é possivelmente uma das aplicações mais populares do aprendizado profundo, e
muitas pessoas a usam sem nem sequer perceber.

Economizando com Energia Solar

Determinar se a energia solar realmente compensará na sua localização é difícil, a menos que muitas outras pessoas próximas a estejam usando. Além
disso, é ainda mais difícil saber o quanto você economizará. É claro que você
não quer instalar energia solar se ela não satisfizer suas metas econômicas,
como economizar custos em longo prazo (embora, em geral, isso aconteça).
Alguns projetos de aprendizado profundo por reforço o ajudam a não depender
de adivinhação para investir em energia solar, como o Project Sunroof [Projeto
Teto Solar, em tradução livre], encontrado em https://www.google.com/get/
sunroof. Felizmente, esse tipo de estimativa está disponível no link https://
github.com/ColasGael/Machine-Learning-for-Solar-Energy-Prediction.

Superando os Seres Humanos em Jogos Eletrônicos

As competições de IA versus humanos continuam despertando interesse. De
xadrez a Go, a IA parece ter se tornado imbatível — pelo menos, imbatível
em um único jogo. Ao contrário dos humanos, a IA é específica, e é improvável que uma IA que consiga vencer no Go se dê bem no xadrez. Mesmo
assim, 2017 é com frequência mencionado como o começo do fim da era dos
humanos vencendo a IA em jogos, como descrito em https://newatlas.com/
ai-2017-beating-humans-games/52741/. Claro, a competição já dura há
algum tempo, e é possível encontrar competições em que a IA venceu muito
antes de 2017. De fato, algumas fontes (https://en.wikipedia.org/wiki/
AlphaGo) mencionam a data de uma vitória de Go em outubro de 2015. O artigo

https://interestingengineering.com/11-times-ai-beat-humans-at-games-art-law-and-everything-in-between descreve 11 outras vezes que a IA venceu.

O problema é criar uma IA customizada que vença determinado jogo e perceba que, ao se especializar nele, não se sairá bem em outros. O processo de construir uma IA para apenas um jogo parece complicado. O artigo em https://medium.freecodecamp.org/simple-chess-ai-step-by-step-d55a9266977 explica como construir uma simples IA de xadrez, que, na verdade, não derrotará um mestre, mas conseguirá competir com um jogador intermediário.

No entanto, é cedo para dizer que os seres humanos estão ultrapassados. No futuro, as pessoas competirão contra a IA em mais de uma modalidade. Esse tipo de competição já é abundante, como o triatlo, que consiste em três modalidades esportivas na mesma competição, em vez de apenas uma. O fator determinante então seria a flexibilidade: a IA não consegue simplesmente sentar e aprender mais de uma modalidade, logo a vantagem humana é a flexibilidade. Esse tipo de uso da IA demonstra que é muito provável que os seres humanos e a IA cooperem no futuro, com a IA especializada em tarefas específicas e o ser humano fornecendo a flexibilidade para executar todas as tarefas.

Produzindo Vozes Digitais

É provável que seu carro já fale com você, pois muitos veículos automotivos já falam regularmente com os motoristas hoje em dia. Surpreendentemente, a produção de vozes digitais é tão boa que é difícil distinguir a voz artificial de uma voz real. Artigos como esse: https://qz.com/1165775/googles-voice-generating-ai-is-now-indistinguishable-from-humans/ discorrem a respeito de como a experiência de encontrar vozes artificiais que parecem bastante reais está se tornando cada vez mais comum. A questão é muito comentada agora que muitos call centers dizem que você está falando com um computador e não com uma pessoa.

Embora as respostas de voz digital dependam de scripts, possibilitando a produção de respostas com um nível extremamente alto de fidelidade, o reconhecimento de fala é um pouco mais difícil de ser realizado (apesar de ter melhorado bastante). Para trabalhar com reconhecimento de fala com êxito, geralmente é necessário limitar a entrada a palavras-chave. Usando as palavras-chave que o reconhecimento de fala foi projetado para entender, você evita a necessidade de um usuário repetir uma solicitação. Essa necessidade de palavras-chave revela que você está falando com um computador — simplesmente peça algo inesperado e o computador não saberá o que responder.

A maneira fácil de implementar o próprio sistema de fala é conectá-lo a uma API, como o Cloud Speech to Text (`https://cloud.google.com/speech-to-text/`). Claro, você precisará de algo personalizável. Neste caso, usar uma API será útil. O artigo em `https://medium.com/@sundarstyles89/create-your-own-google-assistant-voice-based-assistant-using-python-94b577d724f9` mostra como criar seu aplicativo baseado em fala usando o Python.

Prevendo Dados Demográficos

A demografia — estatísticas vitais ou sociais que agrupam pessoas de acordo com certas características — sempre foi meio arte e meio ciência. Existem inúmeros artigos a respeito de como fazer seu computador gerar dados demográficos para clientes (ou possíveis clientes). O uso de dados demográficos é amplo, mas os mais comuns se voltam a prever o produto que um determinado grupo comprará (em comparação com o da concorrência). A demografia é um meio importante de categorizar as pessoas e, em seguida, prever suas ações com base nas associações. Aqui estão os principais métodos de IA para coletar informações demográficas:

» **Histórico:** Com base nas ações anteriores, a IA generaliza quais são as ações mais prováveis que você execute no futuro.

» **Atividade atual:** Com base na ação que você acabou de executar e, talvez, em outras características, como o gênero, um computador prevê sua próxima ação.

» **Características:** Com base nas características que definem você, como gênero, idade e região em que vive, um computador tenta prever suas decisões.

CUIDADO

É possível encontrar artigos sobre recursos preditivos da IA que parecem bons demais para ser verdade. Por exemplo, o artigo em `https://medium.com/@demografy/artificial-intelligence-can-now-predict-demographic-characteristics-knowing-only-your-name-6749436a6bd3` diz que a IA agora prevê sua demografia com base apenas em seu nome. A empresa que produziu o artigo, Demografy (`https://demografy.com/`), afirma fornecer gênero, idade e afinidade cultural com base apenas em seu nome. Embora o site afirme ser 100% preciso, essa estatística é altamente improvável, porque alguns nomes são ambíguos quanto ao gênero, como Renee, e outros são atribuídos a diferentes gêneros em países diferentes. Sim, a previsão demográfica funciona, mas tenha cuidado antes de acreditar em tudo o que esses sites informam.

Se quiser testar a previsão demográfica, há várias APIs online. Por exemplo, a API DeepAI em `https://deepai.org/machine-learning-model/demographic-recognition` descobre idade, gênero e histórico cultural com base na aparência de uma pessoa em um vídeo. Cada uma das APIs online é específica, portanto escolha uma API pensando no tipo de dados de entrada que ela oferece.

Gerando Arte a partir de Imagens do Mundo Real

O Capítulo 15 apresenta algumas boas concepções a respeito de como o aprendizado profundo usa o conteúdo de uma imagem do mundo real e certo domínio estilístico para criar uma combinação dos dois. Na verdade, algumas obras de arte geradas a partir dessa abordagem estão bem valorizadas em leilões. Você encontra todos os tipos de artigos sobre esse modelo específico de produção artística, como o da *Wired*, em `https://www.wired.com/story/we-made-artificial-intelligence-art-so-can-you/`.

No entanto, mesmo que as fotos sejam boas para pendurar na parede, é provável que queira produzir outros tipos de arte. Por exemplo, gerar uma versão 3D de sua imagem usando produtos como o Smoothie 3D. Os artigos em `https://styly.cc/tips/smoothie-3d/` e `https://3dprint.com/38467/smoothie-3d-software/` descrevem como esse software funciona. Não é o mesmo que uma escultura: em vez disso, você usa uma impressora 3D para criar uma versão 3D da sua imagem. O artigo em `https://thenextweb.com/artificial-intelligence/2018/03/08/try-this-ai-experiment-that-converts-2d-images-to-3d/` oferece um teste para ver como o processo funciona.

LEMBRE-SE A saída de uma IA não é necessariamente visual. Por exemplo, o aprendizado profundo permite compor músicas com base no conteúdo de uma imagem, conforme descrito em `https://www.cnet.com/news/baidu-ai-creates-original-music-by-looking-at-pictures-china-google/`. Esta forma de arte esclarece o método usado pela IA. Ela transforma conteúdo que não entende de uma forma para outra. Como seres humanos, vemos e entendemos a transformação, mas tudo que o computador vê são números a ser processados usando algoritmos inteligentes criados por outros seres humanos.

Prevendo Desastres Naturais

As pessoas têm tentado prever desastres naturais desde que existem pessoas e desastres naturais. Ninguém quer se envolver em um terremoto, tornado, erupção vulcânica ou qualquer outra catástrofe natural. Ser capaz de fugir a tempo é a principal preocupação, dado que os humanos não conseguem controlar suficientemente bem o ambiente para evitar uma dessas catástrofes.

O aprendizado profundo fornece os meios para procurar padrões extremamente sutis que surpreendem as mentes humanas. Esses padrões ajudam a prever catástrofes naturais, de acordo com o artigo sobre a solução do Google em `http://www.digitaljournal.com/tech-and-science/technology/google-to-use-ai-to-predict-natural-disasters/article/533026`. O fato de o software prever qualquer desastre é simplesmente incrível. No entanto, o artigo em `http://theconversation.com/ai-could-help-us-manage-natural-disasters-but-only-to-an-extent-90777` adverte que confiar em tal software exclusivamente seria um erro. O excesso de confiança na tecnologia é um tema constante neste livro, por isso não se surpreenda com o fato de o aprendizado profundo não ser perfeito na previsão de catástrofes naturais também.

> **NESTE CAPÍTULO**
>
> » Aumentando seu ambiente de desenvolvimento
>
> » Criando ambientes especiais
>
> » Executando tarefas de negócios
>
> » Acessando hardware especializado

Capítulo **19**

Dez Queridinhas do Aprendizado Profundo

O aprendizado profundo é complexo, e, se tentar escrever cada pedaço de todo código que precisar, nunca terá tempo para realizar nenhuma análise, o que leva um tempo considerável por si só. Consequentemente, você precisa de ferramentas que o ajudem a fazer o trabalho com menos esforço. Ao longo do livro, várias ferramentas foram descritas e usadas. No entanto, com exceção do TensorFlow e do Keras, as ferramentas descritas anteriormente são, em geral, um bom ponto de partida, ou algo a considerar para facilitar a curva de aprendizado. As ferramentas deste capítulo são especiais. Elas o auxiliam a realizar uma ampla gama de tarefas com resultados profissionais.

Compilando com o Theano

O Theano (http://deeplearning.net/software/theano/) é uma biblioteca do Python que agiliza o trabalho com várias expressões matemáticas. Substitua o TensorFlow, que instalou na seção "Obtendo uma cópia do TensorFlow e do Keras", no Capítulo 4, pelo Theano quando desejar. A escolha de qual usar é bastante complicada, como mostram as discussões em `https://www.analyticsindiamag.com/tensorflow-vs-theano-researchers-prefer-artificial-intelligence-framework/` e em `https://www.reddit.com/r/MachineLearning/comments/4ekywt/tensorflow_vs_theano_which_to_learn/`. No entanto, a velocidade do Theano não entrou em pauta.

Após treinar com alguns modelos deste livro, você já sabe que a velocidade é importante — até essencial. O código do Capítulo 12 poderia ser acelerado de alguma forma, e bibliotecas como essa o ajudariam nesse sentido (veja o box "O custo de uma saída realista", no Capítulo 12, para ler uma discussão sobre problemas de velocidade). Aqui estão os recursos subjacentes que tornam o Theano incrivelmente rápido:

» Uso de GPU transparente.
» Geração dinâmica de código C.
» Otimizações especializadas.

CUIDADO

O Theano é atualmente o quarto framework mais usado (como mostrado em `https://towardsdatascience.com/deep-learning-framework-power-scores-2018-23607ddf297a`), e por isso que aparece neste capítulo. No entanto, como afirmado em `https://groups.google.com/forum/m/#!msg/theano-users/7Poq8BZutbY/rNCIfvAEAwAJ`, seus desenvolvedores não o atualizam mais. Veja as notas finais da atualização em `http://www.deeplearning.net/software/theano/NEWS.html` e leia as reações dos desenvolvedores à sua estagnação em `https://www.quora.com/Is-Theano-deep-learning-library-dying`. Muitos desenvolvedores ainda defendem sua utilização, como discutido em `https://www.reddit.com/r/MachineLearning/comments/47qh90/is_there_a_case_for_still_using_torch_theano/`.

Incrementando o TensorFlow com o Keras

Vários capítulos deste livro descrevem o uso do Keras (`https://keras.io/`) com o TensorFlow. A seção "Obtendo uma cópia do TensorFlow e do Keras", do Capítulo 4, informa como adquirir esses produtos e instalá-los. Muitos dos exemplos do livro não são exibidos sem o Keras, portanto, você já deve ter visto um pouquinho do que ele pode fazer.

Felizmente, se optar pelo Theano em vez de trabalhar com o TensorFlow, ainda é possível associá-lo ao Keras. Você também pode usar a versão incorporada do Keras com o TensorFlow (leia mais em `https://www.tensorflow.`

`org/api_docs/python/tf/keras`). A conexão entre o Keras e o TensorFlow só ficará mais forte quando o TensorFlow 2.0 for finalmente lançado (veja detalhes em `https://medium.com/tensorflow/standardizing-on-keras-guidance-on-high-level-apis-in-tensorflow-2-0-bad2b04c819a`).

DICA
Curiosamente, o Keras também é compatível com a instalação do CNTK (Microsoft Cognitive Toolkit). O Keras suporta todos os três por um backend, conforme descrito em `https://keras.io/backend/`. Basta usar um kit de ferramentas subjacente diferente para fazer uma alteração em um arquivo de configuração. Assim, você pode testar para saber qual kit de ferramentas atende melhor a suas necessidades, e o código Keras permanecerá o mesmo. Porém há uma ressalva: o código deve ser escrito usando a API de backend Keras abstrata para que seja compatível com vários kits subjacentes. Este livro não mostra como usar a API de backend abstrata, portanto a técnica demanda um estudo adicional de sua parte.

Computando Gráficos Dinâmicos com o Chainer

Em algum momento você pode ter usado uma biblioteca como o Pylearn2, que se baseia no TensorFlow (leia mais em `http://deeplearning.net/software/pylearn2/`), para preencher a lacuna entre os algoritmos e o aprendizado profundo. Contudo, novos produtos, como o Chainer (`https://chainer.org/`), ganharam destaque por razões como as discutidas em `https://www.quora.com/Which-is-better-for-deep-learning-TensorFlow-or-Chainer`. A ênfase é facilitar o acesso à funcionalidade que a maioria dos sistemas confere hoje ou acessar por meio de hosts online. Consequentemente, procure o Chainer para obter estes recursos:

- » Suporte de CUDA para acesso à GPU.
- » Suporte a várias GPUs com pouco esforço.
- » Suporte a uma variedade de redes, incluindo de alimentação adiante, CNNs, recorrentes e recursivas.
- » Suporte à arquitetura por lote.
- » Controle de instruções de fluxo em computação antecipada sem perder a retropropagação.
- » Funcionalidade de depuração significativa para facilitar a localização de erros.

Simulando o Ambiente do MATLAB com o Torch

Para obter o desempenho ideal das soluções de aprendizado profundo, você precisa de suporte à GPU, que é onde o Torch (http://torch.ch/) entra em ação. Ele prioriza a GPU ao desenvolver soluções, o que permite obter os núcleos adicionais e os recursos de processamento otimizados típicos dela. Para oferecer velocidade máxima, o Torch conta com o compilador LuaJIT (http://luajit.org/) para compilar o aplicativo em vez de interpretá-lo. (Os interpretadores tendem a deixar os aplicativos mais lentos.) Ele também tem uma linguagem C subjacente e uma implementação CUDA (https://www.geforce.com/hardware/technology/cuda) que transforma o código de alto nível em uma linguagem de baixo nível, para que seja executada o mais rápido possível.

O Torch é acompanhado de alguns recursos semelhantes aos encontrados no NumPy, mas com ênfase em aprendizado profundo. (A documentação do pacote está em http://torch.ch/docs/package-docs.html.) Por exemplo:

» Arrays n-dimensionais.
» Recursos de manipulação de matrizes.
» Rotinas de álgebra linear.

Além desses recursos, há alguns particularmente dedicados às necessidades de IA, incluindo o aprendizado profundo:

» Modelos de redes neurais.
» Modelos baseados em energia.
» Rotinas de otimização numérica.
» Suporte rápido e confiável à GPU.

Dinamizando Tarefas com o PyTorch

O PyTorch (https://pytorch.org/) é um grande concorrente do TensorFlow. Um item na página principal que provavelmente chamará sua atenção é que você pode clicar em várias opções para exibir as instruções de instalação necessárias para sua plataforma, usando a técnica que desejar. Na verdade, de todos os produtos online, este é o mais fácil de instalar. A facilidade na instalação também se estende a outros aspectos do produto, como a depuração, conforme descrito em https://medium.com/@NirantK/

the-silent-rise-of-pytorch-ecosystem-693e74b33f1e. Observe que esse artigo também descreve alguns elementos ausentes e como corrigi-los.

Você usa o PyTorch tanto quanto o TensorFlow e o Keras, mas há diferenças que precisa conhecer, como o artigo https://hub.packtpub.com/what-is-pytorch-and-how-does-it-work/ descreve. Essas diferenças não são ruins, e você poderia facilmente argumentar que contribuíram para o rápido crescimento do PyTorch (veja detalhes em https://venturebeat.com/2018/10/16/github-facebooks-pytorch-and-microsofts-azure-have-the-fastest-growing-open-source-projects/). Muitos desenvolvedores associam o PyTorch a outros produtos, como o Fastai, que é descrito em https://twimlai.com/twiml-talk-186-the-fastai-v1-deep-learning-framework-with-jeremy-howard/.

Acelerando a Pesquisa com o CUDA

O CUDA (https://developer.nvidia.com/how-to-cuda-python) está disponível em várias formas, para várias línguas e uma gama de necessidades. Por exemplo, a versão C/C++ aparece em https://developer.nvidia.com/cuda-math-library. Esta seção avalia a oferta do Python, mas outras versões também existem e seus recursos diferem da versão discutida nesta seção. Não importa a forma que assuma, o CUDA aborda o uso de GPUs, especialmente as GPUs em dispositivos NVIDIA, como o Titan V (https://www.nvidia.com/en-us/titan/titan-v/).

Não é preciso ter uma GPU no seu sistema para usar o CUDA. Em vez disso, acesse as GPUs em qualquer um dos vários sites hospedados, incluindo o Amazon AWS, o Microsoft Azure e o IBM SoftLayer. Na verdade, sua instalação vem com o CUDA Amazon Machine Image (AMI), mantida pelo NVIDIA, no AWS, então você não precisa nem mesmo trabalhar muito para acessar esse suporte.

CUIDADO
O CUDA oferece uma grande flexibilidade na utilização de diversas fontes de GPU, cujo preço é uma curva de aprendizado mais alta e codificação adicional na maioria dos casos, porque você não pode fazer muitas suposições sobre o uso do pacote. Consequentemente, antes mesmo de instalá-lo, leia a postagem do blog em https://devblogs.nvidia.com/numba-python-cuda-acceleration/ que informa mais sobre como usar o CUDA para executar tarefas do mundo real. No entanto, depois de ultrapassar a curva de aprendizado, você descobre que pode executar uma incrível variedade de tarefas que talvez não conseguisse de outro modo.

Ao trabalhar com CUDA, muitos desenvolvedores o associam à biblioteca CUDA Deep Neural Network (cuDNN) (https://developer.nvidia.com/cudnn). Esta é uma biblioteca especial de rotinas otimizadas compatíveis com as aplicações do CUDA ao aprendizado profundo.

CONSIDERANDO A ÉTICA DA IA

Seria fácil escrever um livro inteiro sobre ética e IA, pois ela tem um grande potencial de uso indevido. Por exemplo, o artigo em `https://medium.com/futuresin/facebooks-suicide-algorithms-is-invasive-25e4ef33beb5` discute o uso de algoritmos de prevenção de suicídio com que o Facebook monitora seus usuários. O Facebook usa regularmente algoritmos para monitorar os usuários e acha que fazê-lo sem permissão é perfeitamente aceitável. O CEO Mark Zuckerberg acha que a privacidade está morta e todos devem se acostumar com isso (veja detalhes em `http://www.nbcnews.com/id/34825225/ns/technology_and_science-tech_and_gadgets/t/privacy-dead-facebook-get-over-it/#.XFh14FVKhpg`).

Livros como *1984*, de George Orwell, são fenômenos de vendas (veja `https://www.nytimes.com/2017/01/25/books/1984-george-orwell-donald-trump.html`), em parte, por causa da insegurança quanto às informações pessoais. A tendência do Facebook de manter suas informações sempre visíveis para o público o tem levado a perder usuários, de acordo com o artigo em `https://www.recode.net/2018/2/12/16998750/facebooks-teen-users-decline-instagram-snap-emarketer`. Esses artigos compartilham a noção de que as pessoas sabem que uma empresa abusa de uma tecnologia em grande escala e não estão felizes com isso.

O problema surge quando as pessoas não estão cientes do que uma empresa está fazendo. Com todas as rápidas mudanças tecnológicas atuais, não é possível se manter atualizado. Neste caso, os funcionários precisam apresentar suas preocupações à organização, como aconteceu quando os funcionários da Amazon criticaram Jeff Bezos pela venda do Rekognition. (`https://aws.amazon.com/rekognition/`) para segurança pública, usado para realizar a vigilância em massa por meio do reconhecimento facial (`https://www.pcmag.com/commentary/366229/the-ai-industrys-year-of-ethical-reckoning`).

Após a Segunda Guerra Mundial, a sociedade foi ficando cada vez mais complexa, mas também mais frágil. Para proteger as pessoas dos perigos que surgem dentro e fora do Estado, as forças armadas e a segurança pública algumas vezes utilizam essas novas tecnologias para vigilância, controle e influência. Se os cientistas não reclamam e regulam o uso das novas tecnologias para tais fins, seu uso extensivo e indiscriminado corrói os direitos das pessoas e até mesmo cria um estado totalitário, semelhante ao do livro *1984*. Somente o comportamento ético dos cientistas conscientes de como sua tecnologia é usada mitigará esse comportamento decididamente antiético.

Viabilizando as Necessidades Corporativas com o Deeplearning4j

As empresas são consideradas tediosas porque executam as mesmas tarefas repetidas vezes com diferentes parâmetros quando se trata de dados. No entanto, usar uma rede neural para lidar com as necessidades de dados de uma empresa é complicado porque as várias tarefas diferem muito para um único modelo de rede neural que se adéque a todas as situações. O Deeplearning4j (`https://deeplearning4j.org/`) permite combinar várias redes superficiais (camadas) para criar uma rede neural profunda. Essa abordagem reduz muito o tempo necessário para treinar uma rede neural profunda, e o tempo é algo que, em geral, falta às empresas.

LEMBRE-SE Essa solução específica é escrita em Java e funcionará com qualquer linguagem compatível com JVM, incluindo Scala, Clojure ou Kotlin. Os cálculos subjacentes são escritos em C e em CUDA, portanto também se pode usar essa solução com esses idiomas, se tudo o que você deseja fazer é acessar os cálculos subjacentes. Para usar essa solução com o Python, é preciso executá-lo no Keras. O exemplo em `https://www.javacodegeeks.com/2018/11/deep-learning-apache-kafka-keras.html` demonstra o que está envolvido na criação de uma solução nesse ambiente. Certifique-se de analisá-lo por algum tempo antes de entrar de cabeça.

Extraindo Dados com Neural Designer

Muitos dos produtos listados neste capítulo não estão totalmente concluídos; eles têm aquela sensação grosseira que pesquisadores e experimentadores amam. No entanto, algumas pessoas só precisam de uma solução que funcione. O Neural Designer (`https://www.neuraldesigner.com/`) é essa solução, e executa uma variedade de tarefas, incluindo:

» Descoberta de relações complexas.
» Reconhecimento de padrões desconhecidos.
» Previsão de tendências.
» Reconhecimento de associações de dados.

Diferentemente de muitas outras soluções, o Designer Neural também se aplica a setores particulares. Há informações específicas para o seguinte:

- Setor bancário e de seguros (https://www.neuraldesigner.com/solutions/solutions-banking-insurance).
- Engenharia e manufatura (https://www.neuraldesigner.com/solutions/solutions-engineering-manufacturing).
- Varejo e atendimento ao cliente (https://www.neuraldesigner.com/solutions/solutions-retail).
- Saúde (https://www.neuraldesigner.com/solutions/solutions-health).

Treinando Algoritmos com o Microsoft Cognitive Toolkit (CNTK)

O Microsoft Cognitive Toolkit (CNTK) (https://www.microsoft.com/en-us/cognitive-toolkit/) é outro framework de backend utilizado para o aprendizado profundo, bem como o TensorFlow e o Theano. Você pode executar o Keras em qualquer um dos três. Consequentemente, as pessoas sempre comparam os três para ver qual apresenta o melhor desempenho, como essa comparação entre o CNTK e o TensorFlow em https://minimaxir.com/2017/06/keras-cntk/. Há uma breve visão geral dos três backends em http://kaggler.com/keras-backend-benchmark-theano-vs-tensorflow-vs-cntk/.

Além de comparar a velocidade das três estruturas e outros problemas de desempenho, também é preciso analisar os recursos. Obviamente, todos os três executarão o Keras — geralmente, com algumas modificações (leia mais na seção "Incrementando o TensorFlow com o Keras", deste capítulo). No entanto, cada uma das três backends também possui funções especiais. Por exemplo, se quiser usar o Azure, o CNTK provavelmente é a melhor solução, porque os cientistas da Microsoft são os mais familiarizados com os recursos atuais e futuros do Azure. Obviamente, você esperaria esse tipo de funcionalidade do CNTK.

DICA

Um dos recursos mais interessantes do CNTK é a extensa galeria de modelos, em https://www.microsoft.com/en-us/cognitive-toolkit/features/model-gallery/. Há exemplos em vários idiomas, com alguns dos exemplos específicos de um idioma e outros que suportam vários. Observe atentamente essa página e verá que ela inclui modelos para C++, C# e .NET genéricos, que são difíceis de encontrar em outros backends.

Esgotando Toda a Capacidade da GPU com o MXNet

O MXNet (`https://mxnet.apache.org/`) tem alguns recursos interessantes, bons para se experimentar, mas o produto provavelmente não está pronto para uma produção porque o site informa que ele ainda está em fase de incubação. Este produto oferece alguns modelos incríveis, que reduzirão significativamente o tempo necessário para criar muitos aplicativos de aprendizado profundo.

LEMBRE-SE

Para trabalhar com o MXNet, você depende do Gluon (também é possível, teoricamente, usar o módulo API, mas parece um pouco difícil nesse momento). O Gluon é a interface imperativa descrita em `https://beta.mxnet.io/guide/crash-course/index.html` (observe novamente que esse é um site beta, não um site concluído). Ao passar pelo curso intensivo, a primeira coisa que você nota é que Gluon parece fácil. Para usar o Gluon com o Python, leia sobre o pacote Python, em `https://mxnet.incubator.apache.org/api/python/gluon/gluon.html`. As informações em `https://beta.mxnet.io/` o ajudarão a obter uma instalação razoavelmente boa, embora com alguns problemas.

Felizmente, a documentação do MXNet para o Gluon é ótima (`https://mxnet.apache.org/api/python/gluon/model_zoo.html`) e há recursos adicionais no Medium (`https://medium.com/apache-mxnet`). O mais impressionante é o grande número de modelos com que esse produto já é compatível. Além disso, há um número considerável de exemplos que facilitam sua curva de aprendizado (`https://github.com/apache/incubator-mxnet/tree/master/example`) e também tutoriais (`https://mxnet.apache.org/versions/master/tutorials/index.html`). De modo geral, esse é um produto a ser considerado por causa de seu potencial significativo de redução da carga de trabalho.

NESTE CAPÍTULO

» Trabalhando com pessoas

» Desenvolvendo novas tecnologias

» Analisando os dados

» Desenvolvendo pesquisas

Capítulo **20**

Dez Profissões que Usam o Aprendizado Profundo

E ste livro abrange muitos usos diferentes para o aprendizado profundo — desde os recursos ativados por voz do seu assistente digital até os carros autônomos. Usar o aprendizado profundo para melhorar seu cotidiano é bom, claro, mas a maioria das pessoas precisa de outras razões para adotar uma tecnologia, como conseguir um emprego. Felizmente, o aprendizado profundo não afeta apenas sua capacidade de localizar informações mais rapidamente, mas também oferece oportunidades de trabalho realmente interessantes e com o fator "uau" que somente ele oferece. Este capítulo apresenta uma visão geral de dez ocupações interessantes que, até certo ponto, dependem dele hoje. Este material representa apenas a ponta do iceberg; mais ocupações do que este livro conseguiria descrever já usam o aprendizado profundo, e a lista só aumenta.

Gerenciando Pessoas

Um filme aterrorizante chamado *O Círculo* (`https://www.amazon.com/exec/obidos/ASIN/B071GB3P5N/datacservip0f-20/`, o original, *The Circle*) faria você acreditar que a tecnologia moderna será ainda mais invasiva do que o grande irmão do livro *1984*, de George Orwell. Parte da história do filme envolve a instalação de câmeras em todos os lugares — até mesmo nos quartos. A protagonista acorda todas as manhãs para cumprimentar todos que a observam. Sim, isso pode lhe dar calafrios.

No entanto, o aprendizado profundo real não tem a ver com monitorar e julgar as pessoas, em sua maioria. É mais como a nuvem global de recursos humanos da Oracle (`https://cloud.oracle.com/en_US/global-human-resources-cloud`). Longe de ser assustadora, essa tecnologia em particular faz você parecer inteligente e que domina todas as atividades do seu dia, como mostra o vídeo em `https://www.youtube.com/watch?v=NMm_cIHeEZ0&list=PL2Gxt-CBX-Ep2n5ytNGkl3bRUnUKAMI1Z`. O vídeo é um pouco exagerado, mas dá uma boa ideia de como o aprendizado profundo pode facilitar seu trabalho.

A ideia por trás dessa tecnologia é tornar o sucesso acessível às pessoas. Se observar o vídeo e os materiais associados do Oracle, verá que a tecnologia ajuda a alta gestão a sugerir caminhos potenciais para as metas dos funcionários dentro da organização. Em alguns casos, os funcionários gostam da situação atual, mas o software consegue sugerir formas de tornar o trabalho ainda mais envolvente e divertido. O software impede que os funcionários se percam no sistema e ajuda a gerenciá-los em um nível personalizado para que cada um deles receba informações personalizadas.

Aprimorando a Medicina

O aprendizado profundo afeta a prática da medicina de várias maneiras, como se percebe ao ir ao médico ou ficar um tempo em um hospital. Ele auxilia no diagnóstico de doenças (`https://www.cio.com/article/3305951/health-care-industry/the-promise-of-artificial-intelligence-in-diagnosing-illness.html`) e na busca pela cura (`https://emerj.com/ai-sector-overviews/machine-learning-medical-diagnostics-4-current-applications/`). O aprendizado profundo é usado até mesmo para melhorar o processo de diagnóstico para problemas difíceis de detectar, incluindo oftalmológicos (`https://www.theverge.com/2018/8/13/17670156/deepmind-ai-eye-disease-doctor-moorfields`). No entanto, uma de suas principais aplicações na medicina é para a pesquisa.

O ato aparentemente simples de encontrar os pacientes corretos para fins de pesquisa não é tão simples assim. Os pacientes devem atender a critérios rigorosos, ou corre-se o risco de os resultados dos testes serem inválidos. Os pesquisadores agora contam com o aprendizado profundo para realizar tarefas como encontrar o paciente certo (https://emerj.com/ai-sector-overviews/ai-machine-learning-clinical-trials-examining-x-current-applications/), e definir os critérios de avaliação e otimizar os resultados. Obviamente, a medicina precisará de muita gente treinada tanto na área quanto no uso de técnicas de aprendizado profundo aplicadas à medicina (https://healthitanalytics.com/features/what-is-deep-learning-and-how-will-it-change-healthcare) para manter o ritmo atual de progresso.

Desenvolvendo Novos Dispositivos

A inovação em algumas áreas da tecnologia de computadores, como o sistema básico, que agora é uma commodity, diminuiu ao longo dos anos. No entanto, a inovação em áreas recentes aumentou consideravelmente. Um inventor hoje tem mais saídas possíveis para novos dispositivos do que nunca. Uma dessas novas áreas é o método para realizar tarefas de aprendizado profundo (https://www.oreilly.com/ideas/specialized-hardware-for-deep-learning-will-unleash-innovation). Para criar o potencial para executar tarefas de maior complexidade, muitas organizações agora usam hardware especializado que excede os recursos das GPUs — a tecnologia de processamento atualmente preferida para o aprendizado profundo.

Este livro fala muito sobre várias tecnologias da área, mas elas ainda estão engatinhando, então um inventor inteligente consegue criar algo interessante sem trabalhar tanto. O artigo em https://blog.adext.com/en/artificial-intelligence-technologies-2019 fala sobre novas tecnologias de IA, mas mesmo essas tecnologias estão na superfície das possibilidades.

DICA O aprendizado profundo atrai a atenção de inventores e investidores devido ao potencial para rever a atual lei de patentes e a maneira como as pessoas criam novas coisas (https://marketbrief.edweek.org/marketplace-k-12/artificial-intelligence-attracting-investors-inventors-academic-researchers-worldwide/). Uma parte interessante da maioria dos artigos desse tipo é que eles preveem um aumento significativo de empregos que giram em torno de vários tipos de aprendizado profundo, a maioria na área de criação. Basicamente, é possível usar o aprendizado profundo de alguma forma que se associe a uma ocupação dinâmica atual para encontrar um emprego ou desenvolver um negócio próprio.

Atendendo Melhor ao Cliente

Muitas das discussões deste livro referem-se a chatbots (veja os Capítulos 1, 2, 11 e 14) e outras formas de atendimento ao cliente, incluindo serviços de tradução. Caso esteja curioso, experimente interagir com um chatbot em `https://pandorabots.com/mitsuku/`. No entanto, o uso de chatbots e de outras tecnologias de atendimento ao cliente causa certa preocupação.

Alguns grupos de consumidores acham que o atendimento humano ao cliente está condenado, como no artigo de `https://www.forbes.com/sites/christopherelliott/2018/08/27/chatbots-are-killing-customer-service-heres-why/`. No entanto, se você já teve que lidar com um chatbot para realizar qualquer coisa complexa, sabe que a experiência é duvidosa. Então, o novo paradigma é combinar seres humanos e chatbot, como descrito em `https://chatbotsmagazine.com/bot-human-hybrid-the-new-era-of-customer-support-346e1633e910`.

LEMBRE-SE Grande parte da tecnologia atual supostamente substitui um ser humano, mas, na maioria dos casos, isso não é possível. Por enquanto, espere se deparar com muitas situações em que seres humanos e bots trabalham em equipe. O bot reduz o esforço de executar tarefas fisicamente intensas, bem como as rotineiras e tediosas. O ser humano fará as coisas mais interessantes e fornecerá soluções criativas para situações inesperadas. Consequentemente, as pessoas precisam de treinamento para trabalhar nessas áreas e se sentir seguras de que não perderão seu emprego.

Olhando os Dados por Outro Ângulo

Olhe para uma série de sites e outras fontes de dados e perceberá que cada um tem sua forma de apresentar os dados. Um computador não entende as diferenças na apresentação e não é influenciado por um visual ou outro. Na verdade, ele não entende dados; ele procura padrões. O aprendizado profundo permite que os aplicativos coletem mais dados por si mesmos, garantindo que vejam os padrões apropriados, mesmo quando esses padrões diferem do que o aplicativo já viu (veja detalhes em `https://www.kdnuggets.com/2018/09/data-capture-deep-learning-way.html`). Mesmo que o aprendizado profundo melhore e acelere a coleta de dados, um ser humano ainda precisa interpretá-los. Na verdade, os seres humanos ainda precisam garantir que o aplicativo colete dados bons, porque ele não entende nada sobre os dados.

Outra maneira de entender os dados sob novas perspectivas é realizar o aumento de dados (`https://medium.com/nanonets/how-to-use-deep-learning-when-you-have-limited-data-part-2-data-augmentation-c26971dc8ced`). Novamente, o aplicativo faz o trabalho pesado, mas um ser humano precisa determinar que tipo de aumento propiciar. Em outras palavras, o ser humano executa a parte criativa e interessante, e o aplicativo apenas a segue, garantindo que tudo funcione.

LEMBRE-SE Esses dois primeiros usos de aprendizado profundos são interessantes e geram empregos, mas o uso mais interessante será para atividades que ainda não existem. Um ser humano criativo pode procurar maneiras que o aprendizado profundo tem sido usado e criar algo novo. Este artigo descreve alguns usos interessantes de IA, aprendizado de máquina e aprendizado profundo, que estão tornando-se habituais: `https://www.wordstream.com/blog/ws/2017/07/28/machine-learning-applications`.

Analisando Mais Rápido

Quando a maioria das pessoas fala de análise, pensa em um pesquisador, algum tipo de cientista ou especialista. No entanto, o aprendizado profundo se esgueira por lugares interessantes, que exigirão a participação humana para que seu uso se complete, como na previsão de acidentes de trânsito: `https://www.hindawi.com/journals/jat/2018/3869106/`.

Imagine um departamento de polícia alocando recursos com base nos padrões de fluxo de tráfego para que um policial já esteja esperando no local de um acidente previsto. O chefe da polícia precisaria saber como usar uma aplicação desse tipo. É claro que esse uso específico ainda não aconteceu, mas é bem provável, porque a tecnologia já está disponível. Portanto, a análise de desempenho não será mais um trabalho para aqueles com "Dr." na frente dos nomes; será para todos.

A análise, por si só, não é tão útil assim. É o ato de combinar a análise com uma necessidade específica em um ambiente específico que se torna útil. O que você faz com a análise define seus efeitos no contexto ao seu redor. Um ser humano entende esse conceito de análise com um propósito; uma solução de aprendizado profundo só a executa e retorna uma saída.

Criando um Ambiente Melhor

Este livro discute o funcionamento do aprendizado profundo, mas o que isso realmente significa é que ele tornará sua vida melhor e seu emprego mais agradável se tiver as habilidades que lhe permitam interagir bem com uma IA. O artigo em `https://www.siliconrepublic.com/careers/future-ai-workplace-office` descreve como a IA poderia mudar o local de trabalho no futuro. Um elemento importante dessa discussão é tornar o trabalho mais convidativo.

Em um ponto da história humana, o trabalho foi realmente agradável para a maioria das pessoas. Não é que eles cantassem e rissem o tempo todo, mas muitas pessoas ficavam ansiosas para começar cada dia. Mais tarde, durante a Revolução Industrial, as pessoas viraram burros de carga, fazendo com que cada dia longe do trabalho fosse o único prazer de que desfrutavam. O problema se tornou tão grave que há músicas populares sobre isso, como "Working for the Weekend" [Trabalhando para o final de semana, em tradução livre] (`https://www.youtube.com/watch?v=ahvSgFHzJIc`). Removendo os excessos do local de trabalho, o aprendizado profundo pode torná-lo agradável novamente.

DICA

O aprendizado profundo afetará fortemente o ambiente de trabalho de várias maneiras, e não apenas o desempenho. Por exemplo, tecnologias que se baseiam nele têm o potencial de melhorar sua saúde (`https://www.entrepreneur.com/article/317047`) e, portanto, sua produtividade. É uma vitória para todos, porque você aproveitará a vida e trabalhará mais, enquanto seu chefe aproveitará mais desse potencial oculto de seus esforços.

Uma das coisas que não se mencionam frequentemente é o efeito sobre a produtividade na taxa de natalidade em queda nos países desenvolvidos. O artigo em `https://www.mckinsey.com/featured-insights/future-of-work/ai-automation-and-the-future-of-work-ten-things-to-solve-for` avalia essa questão e traça um gráfico mostrando o impacto potencial do aprendizado profundo em vários setores. Se a tendência atual continuar, ter menos trabalhadores disponíveis acarretará uma necessidade de aumento no local de trabalho.

No entanto, você pode se perguntar sobre seu futuro se tiver medo de não se adaptar à nova realidade. O problema é que você não sabe se está seguro. O livro *Inteligência Artificial Para Leigos*, de John Paul Mueller e Luca Massaron [Ed. Alta Books], discute ocupações seguras e novas ocupações que a IA criará. É até possível acabar trabalhando no espaço em algum momento. Infelizmente, nem todo mundo quer fazer esse tipo de movimento, como os luditas não fizeram durante a Revolução Industrial (veja detalhes em `https://www.history.com/news/industrial-revolution-luddites-workers`). Certamente, o que a IA promete terá consequências ainda maiores do que a Revolução Industrial (leia sobre os efeitos da Revolução Industrial em `https://www.britishmuseum.org/research/publications/online_research_catalogues/paper_money/paper_money_of_england__wales/the_industrial_revolution.aspx`) e será ainda mais perturbador. Alguns políticos, como Andrew Wang (`https://www.yang2020.com/policies/`), já estão olhando para correções de curto prazo, como renda universal básica. Essas políticas, se promulgadas, reduziriam o impacto da IA, mas não fornecerão soluções de longo prazo. Em algum momento, a sociedade se tornará significativamente diferente do que é hoje como resultado da IA — uma transformação tão expressiva quanto a da Revolução Industrial.

Encontrando Informações Difíceis

Há algo que os computadores fazem — correspondência de padrões — excepcionalmente bem (e muito melhor do que os seres humanos). Se já teve a sensação de estar flutuando em informações e nada lhe parece relevante, você não está sozinho. A sobrecarga tem sido um problema há muitos anos e se agrava a cada ano. Há muitos conselhos sobre como lidar com a sobrecarga de informações, como o site `https://www.interaction-design.org/literature/article/information-overload-why-it-matters-and-how-to-combat-it`. O problema é que você ainda está se afogando em informações. O aprendizado profundo permite encontrar a agulha no palheiro em um período razoável de tempo. Em vez de meses, uma boa solução encontra as informações necessárias em questão de horas, na maioria dos casos.

No entanto, saber que a informação existe geralmente não é suficiente. Você precisa de informações detalhadas o bastante para responder a suas perguntas, o que geralmente significa localizar mais de uma fonte e cotejar as informações. Mais uma vez, uma solução de aprendizado profundo encontra padrões e junta os dados, para que não seja preciso combinar a entrada de várias origens manualmente.

LEMBRE-SE

Depois que a IA encontra os dados e combina as várias fontes em um único relatório coeso (esperamos), seu trabalho está pronto. Ainda cabe ao ser humano entender as informações e determinar uma maneira de usá-las bem. O computador não remove a parte criativa da tarefa; ele elimina o trabalho penoso de encontrar os recursos necessários para executá-la. Como a informação continua a aumentar, espere ver um aumento no número de pessoas que se especializam em localizar informações detalhadas ou obscuras.

O corretor de informações está tornando-se uma parte essencial da sociedade e representa uma carreira interessante que muitas pessoas nem ouviram falar. O artigo em `https://www1.cfnc.org/Plan/For_A_Career/Career_Profile/Career_Profile.aspx?id=edMrqnSJebpXYIKXsDcurwXAP3DPAXXAP3DPAX` resume o que os corretores de informações fazem.

Erguendo Construções

A maioria das pessoas vê a arquitetura como um comércio criativo. Imagine projetar o próximo Empire State Building ou algum outro edifício que resistirá ao tempo. No passado, projetar um prédio como esse levava anos. Curiosamente, o empreiteiro realmente construiu o Empire State Building em pouco mais de um ano (leia mais em `http://www.designbookmag.com/empirestatebuilding.htm`), mas isso é exceção. O aprendizado profundo e a tecnologia de computadores ajudam a reduzir consideravelmente o tempo para projetar e construir edifícios, viabilizando ferramentas como orientações virtuais (`https://pdf.wondershare.com/real-estate/virtual-tour-software-for-real-estate.html`). De fato, o uso de aprendizado profundo está melhorando a vida dos arquitetos de maneira significativa, como afirma o artigo em `https://www.autodesk.com/redshift/machine-learning-in-architecture/`.

No entanto, transformar um projeto em um tour virtual nem é o feito mais impressionante de aprendizado profundo nesse campo. Ele permite que os arquitetos localizem possíveis problemas de engenharia, realizem testes de estresse e garantam a segurança de outras maneiras, antes que o projeto saia da prancheta. Esses recursos minimizam o número de problemas que ocorrem depois que um prédio passa a ser habitado, e o arquiteto pode aproveitar os louros do sucesso, em vez do desprezo e da tragédia potencial decorrente de falhas.

Reforçando a Segurança

Acidentes acontecem! No entanto, o aprendizado profundo ajuda a prevenir acidentes — pelo menos a maior parte. Ao analisar padrões complexos em tempo real, ele auxilia as pessoas envolvidas em vários aspectos da segurança. Por exemplo, rastreando vários padrões de tráfego e prevendo o potencial de um acidente, uma solução de aprendizado profundo fornece aos especialistas em segurança sugestões para evitar que o acidente aconteça. Um ser humano não consegue realizar a análise devido a muitas variáveis. No entanto, uma solução a faz e, em seguida, fornece a saída a um ser humano para uma possível implementação.

LEMBRE-SE Como em todas as outras ocupações que envolvem o aprendizado profundo, o ser humano é responsável pela compreensão da solução. Vários tipos de acidentes desafiarão a capacidade de qualquer solução conferir respostas precisas todas as vezes. Os seres humanos não são previsíveis, mas outros seres humanos reduzem as chances de algo terrível acontecer, dada a informação correta. A solução de aprendizado profundo fornece informações corretas, mas requer previsão e intuição humana para interpretar as informações corretamente.

Índice

A

abandono, 175, 221
abordagem de modelagem cognitiva, 13
agendamento de recursos, 14
agrupamento, 187-188
    1D, 188
    2D, 188
    3D, 188
AlexNet, 197
algoritmos, 12, 26
    de segmentação, 239
    não supervisionados, 29
    supervisionados, 28
alimentação adiante, 138, 153
AlphaGo, 305-306, 308
Alpha Zero, 309
Amazon Web Services, 20
    hospedagem, 78
amostragem, 240
    aleatória, 127
Anaconda, 47-54
    Linux, 47-48
    Mac OS, 48-49
    Windows, 50-54
análise
    complexa, 14
    computacional de sentimentos, 203, 261-267
    de comportamento, 316-321
análises preditivas, 15
aperfeiçoador de função universal, 172
API, 75
aplicativo
    criar, 62-65
aprendizado, 105
    baseado em valor, 302
    de ponta a ponta, 177
    desbalanceado, 240
    em lote, 176
    não supervisionado, 30
    online, 176
    por reforço, 30, 295
    por transferência, 176
    semissupervisionado, 30
    supervisionado, 30
aprendizado de máquina, 15-16, 25-44
    definição, 26-33
    erros de entrada de dados, 41
    interação com o cliente, 42
    marketing, 41
    precisão de modelagem, 42
    previsões, 41, 41-42, 42
    regra financeira, 42
    sobreajuste, 32
    subajuste, 32
aprendizado profundo, 10-24
    definição, 10-18
    democratização, 176
    reconhecimento de imagem, 172
    tradução automática, 172
arquitetura, 339
arte da IA, 270-274, 320
    criação, 274
    David Bowie, 279
    estilo artístico, 271
    imitação, 275-279
    música, 278-279
    pastiche, 277
assistentes virtuais inteligentes, 201
atendimento ao cliente, 15, 336
ativação sigmoide, 137
autograd, 80
automação, 14, 17

B

bayesianos, 36
big data, 136, 164-167

C

C++, 88-89
Caffe2, 79
camadas
    convolucionais, 186

de entrada, 139
de saída, 139
ocultas, 140
capacidade de representação, 143
captura de tela, 53
células de documentação, 64
Chainer, 80
chatbots, 205-206, 336
circuitos integrados específicos para aplicativos (ASICs), 78
circunvoluções, 187
classificação
    de objetos, 217-232
    de sequências, 205
    localização, 235-236
    múltiplos objetos, 236-238
    região de interesse, 236
    rotulagem, 237
    segmentação, 238
Cloud Speech to Text, 319
clustering, 37
CNN, 233-250
CNNet, 242
coadaptação, 175
codificação one-hot, 118
coeficiente de regressão beta, 113
colorização, 314
comentários, 66-69
commodity, 335
computação matricial, 95
computador, 19
Computer Generated Imagery, 272
conexionismo, 35, 133
conexões peephole, 211
conferência NeurIPS, 281
conjuntos de dados, 61-62, 70
controle de acesso, 16
corpus, 253
Cortana, 82
CPU, 170
criatividade, 269-280
CUDA, 327
curva de aprendizado, 21
curva descendente, 107
custo, 21

D

dados, 19, 94-95, 167, 336
    conjunto, 96
    estruturados, 164
    não estruturados, 165
    qualidade, 168-169
    quantitativos, 117
    ramificações, 167
DCGAN, 291
decisões éticas, 23
dedução, 34
Deep Blue, 305, 308
demografia, 319-320
derivação, 253-267
desastres naturais, 321
descida de gradiente, 127, 154
    estocástica, 127
descobertas científicas, 168
destilação, 249
detecção, 235
    em dois estágios, 236
    em um estágio, 236
    facial, 249-250
diagnóstico de doenças, 334
discriminador, 283
dispositivos digitais, 167
dissipação do gradiente, 159, 172-173
distância, 184
distribuição normal padrão, 152
domínio do problema, 74
dropout. *Consulte* abandono

E

editor de imagem, 293
eficiência de máquinas, 15
ElasticNet, 221
Embedding
    camada, 265
engenharia e manufatura, 330
entropia cruzada, 106
envelhecimento de rostos, 293
épocas, 156, 193
Eps Greedy Q, 303

erro quadrático médio, 106
escalar, 95–104
estado, 203, 297
etapa do Heaviside, 152
ética, 328
evolucionista, 35
execução
    dinâmica, 83
    rápida, 83
expansão polinomial, 119
explosão do gradiente, 173

F

Facebook, 328
Facebook AI Research, 258
fala humana, 204–206
falsificação, 284
fatoração de matriz, 259
fechamento da rede, 192
filtragem, 184
fórmula de transformação, 122
fractal, 272
frameworks, 73–90
    trade-off integrado, 79
fraudes
    de reconhecimento pessoal, 249
    detecção, 14
frozen spots, 75
função
    de ativação, 137, 152
    de custo, 106, 129
        de perda, 106
    de link, 122
    de passo, 158
    doAdd, 105
    linear, 158
    make_moons, 155
    ReLU, 159
    reshape, 100
    sequential, 191
    sigmoide, 159
    tanh, 159
    vectAdd, 105

G

GAN, 295
    cíclica, 292
    Zoo, 291
GCC, 88
generalização, 108
geração de legendas, 206–207
gerador, 283
gerenciamento de pessoas, 334
GloVe, 259
Gluon, 331
Google
    AI, 205
    Brain, 172, 220
    Cloud, 78
    Colaboratory, 45, 70–72
    DeepMind, 169
    GoogleLeNet, 169, 195
    Neural Machine Translation, 205
    Tradutor, 316
GPU, 170
gráfico dinâmico, 83
GRU, 201–214
GTSRB, 224

H

hardware, 168
hiperparâmetros, 17
hiperplano, 114
hipótese distribucional, 259
histogramas de gradientes orientados, 182
hot spots, 75

I

IBM, 297
    Deep Blue, 169
    Watson, 169
ILSVRC, 219
imagem, 221, 271, 276
ImageNet, 197, 219
incorporação de palavras, 251, 257–260
indução, 34
informações, 339
integração, 165
inteligência, 11

aprendizado, 11
associação, 11
compreensão, 11
diferenciação de fatos e crenças, 11
interpretação, 11
julgamento, 11
raciocínio, 11
inteligência artificial, 11–12
ação humana, 12
ação racional, 13
pensamento humano, 13
pensamento racional, 13
internet, 167
invariância de tradução, 193
inversão de matriz, 102
iteração, 127

J
janela deslizante, 236
jogos, 317–318
Jupyter Notebook, 54–56
repositório, 56

K
Kaggle, 70
Keras, 85–86
Keras-RetinaNet, 239, 241–245
kernel, 184–186

L
LASSO, 221
LeakyReLU, 159
lei de Moore, 165–166
lematização, 253
LeNet, 188–194
LeNet5, 192, 193
construir, 190–194
limpeza, 253
linguagem, 251–268
linguística computacional, 252
localização, 235
loop de feedback, 17, 107
lote, 193
LSTM, 201–214
memória longa de curto prazo, 208
portões, 209
atualização, 211
redefinição, 211

M
manipulação de derivativos, 160
primeira ordem, 160
segunda ordem, 160
máquina de vetores de suporte (SVM), 39
máquinas de kernel, 36
matemática, 27–28, 39, 94–96
MATLAB, 20
matriz, 97–110
degenerada, 102
dimensão, 97
identidade, 102
kernel, 186
multiplicar, 99–100
operações, 100–102
singular, 102
MCTS, 306–307
mecanismo de atenção, 212–213
medicina, 334
Microsoft Cognitive Toolkit, 82, 330
Midi Net, 293
miniaturização eletrônica, 165
mínimo global, 108
mínimo local, 108
modelagem
elementos, 118–119
respostas, 117–118
modelo de regressão, 235
modelos lineares, 132
modo em lote, 146
modo em minilote, 146
modo online, 145
multicolinearidade, 125
música, 338
MXNet, 81, 331

N
neurônios, 136–138, 151
mortos, 174
neurônio do gato, 172
saturação, 152
normalização, 253, 285
notebook
criar, 57–58
exportar, 59
fechar, 59
importar, 60–61

remover, 60
salvar, 59
NumPy, 80, 97
nuvem, 70–72
NVIDIA, 239

O

Octave, 20
oeficiente de determinação, 116
otimização, 105–110
    por descida de gradiente, 115
outliers, 118

P

parada antecipada, 147
par entrada/resposta, 26
patch, 186
pausa na remoção de palavras, 253–267
perceptron, 131–136
    funcionalidade, 132–134
perda de log, 106
perda focal, 241
perícias criminais, 315
pesos, 35
pessoas falsas, 284
pirâmides de imagens, 236
Pix2Pix, 293
preenchimento
    de entrada, 264
    same padding, 184
    valid padding, 184
previsões, 16, 155
privacidade, 328
probabilidades, 122–124
procedimento de avanço, 153
processamento, 335
    de imagens, 180–194
        agrupamento, 187–188
        convoluções, 183–199
        noções básicas, 180–183
    de linguagem natural, 251, 252–256
produção pronta, 21
profundidade de filtro, 184
programação, 19–21
proteção animal, 16
publicidade, 168, 297
Python, 10, 45–72, 149, 301
    ajuda, 69
PyTorch, 81, 326

R

R, 20
R-CNN, 237
recompensa, 297
reconhecimento
    de fala, 172
    de imagens, 180–182
        bordas, 194–199
        classificação, 234–238
        contornos, 194–199
    de movimentos humanos, 315
recuo, 65–66
recursão, 203
rede neural, 131–148, 151
    arquitetura, 150–153
    artificial, 36
    erros, 146
rede regularizada, 174
redes generativas adversárias, 281–294
redes neurais, 17
    arquitetura básica, 151–152
    convolucionais, 169, 180–200
        camadas, 194
        CNNs, 180–200
    função de ativação, 158–159
    funcionalidades, 150
    jogos, 296–305
    módulos essenciais, 152–155
    recorrentes, 203–214
        bidirecionais, 317
        memória, 207–213
redes profundas, 277
    discriminatórias, 277
    geradoras, 277
redes totalmente convolucionais, 238
redução da amostra, 240
redução de dimensionalidade, 38
regra de associação, 37
regressão, 39
    de Ridge, 126
    linear, 111–130, 144
        limitação, 119
        múltipla, 113
        simples, 113
    logística, 122
regularização, 39, 125–126
    Lasso, 125
    Ridge, 125

relacionamento visual
  detecção, 245
ReLU, 137, 179
representações gráficas estatísticas, 113
ResNet, 197
resposta binária, 121-122
ressonância magnética, 188
resultado da regressão, 122
RetinaNet, 236-240
retropropagação, 35, 107, 143-146, 154
RGB, 181
Ridge, 221
Ross Girshick, 240
rotulagem de dados, 43

S

saco de palavras, 254-257
saídas
  classificação, 121-124
  numéricas, 121-124
saúde, 188, 330
Scikit-learn, 126, 155
script, 156
segmentação, 235
segurança, 15, 340
separação não linear, 135
simbologista, 34
simulação de identidade, 249
sistemas controlados por voz, 245
sistemas especialistas, 218
skip layers, 197
sobreajuste, 146-147, 221
softmax, 139
solução de forma fechada, 115
spam
  filtro, 36
SUN, 220
Suporte a frameworks de DNN, 21

T

tanh, 138-147
tarefas, 30
taxa de aprendizado, 128, 134, 161
técnicas algorítmicas, 34-36
tensores, 103-104

TensorFlow, 82-90
  Fold, 83
  TensorBoard, 84
  TF Hub, 198
Teste de Turing, 12
TFLearn, 84-85
Theano, 80, 323
títulos, 66
tokenização, 253-254
Torch, 326
tradução, 168, 204-206, 316-317
transferência
  aprendizado, 197-199
    rede pré-treinada, 198
  dados, 167
  estilo artístico, 196
  estilo neural, 276
transposição, 101
treinamento, 31, 271
tutorial kernel, 70

U

U-NETs, 238
unidade linear retificada paramétrica, 159
UTF-8, 252

V

validação, 31
vetor, 95-104
vetor de coeficiente, 133
vetorização, 104-106
VGG-19, 276
VGGNet, 197
videogame, 309
vídeos, 314
viés de aprendizado, 247
vieses, 32, 33

W

Word2vec, 259

CONHEÇA OUTROS LIVROS DA PARA LEIGOS

- Data Science Para Leigos — Lillian Pierson
- Codependência Para Leigos — Darlene Lancer
- Arduino Para Leigos — John Nussey
- Marketing Digital Para Leigos — Ryan Deiss, Russ Henneberry
- Gerenciamento de Projetos Para Leigos — Stanley E. Portny
- Atitudes Sustentáveis Para Leigos — Rosana Jatobá, Rafael Loschiavo Miranda
- Jornalismo Para Leigos — Heródoto Barbeiro, Udo Simons
- Psicologia Cognitiva Para Leigos — Dr. Peter J. Hills, Dr. J. Michael Pake
- Previsão de Vendas no Excel Para Leigos — Conrad Carlberg

Todas as imagens são meramente ilustrativas.

+ CATEGORIAS
Negócios - Nacionais - Comunicação - Guias de Viagem - Interesse Geral - Informática - Idiomas

SEJA AUTOR DA ALTA BOOKS!

Envie a sua proposta para: autoria@altabooks.com.br

Visite também nosso site e nossas redes sociais para conhecer lançamentos e futuras publicações!

www.altabooks.com.br

ALTA BOOKS EDITORA

/altabooks • /altabooks • /alta_books

Este livro foi impresso nas oficinas gráficas da Editora Vozes Ltda.,
Rua Frei Luís, 100 – Petrópolis, RJ.